PROJETO DE PRODUTO

Blucher

MIKE BAXTER

PROJETO DE PRODUTO

Guia prático para o *design* de novos produtos

3.ª edição

Tradução
ITIRO IIDA

Projeto de produto

3ª edição - 2011
6ª reimpressão - 2020

Blucher

Rua Pedroso Alvarenga, 1245, 4º andar
04531-934 - São Paulo - SP - Brasil
Tel.: 55 11 3078-5366
contato@blucher.com.br
www.blucher.com.br

Segundo o Novo Acordo Ortográfico, conforme 5. ed.
do *Vocabulário Ortográfico da Língua Portuguesa*,
Academia Brasileira de Letras, março de 2009.

FICHA CATALOGRÁFICA

Baxter, Mike

Projeto de produto: guia prático para o design de novos produtos / Mike Baxter; tradução Itiro Iida. - 3. ed. - São Paulo: Blucher, 2011.

Título original: Product design: a practical guide to systematic methods of new product development.

Bibliografia.
ISBN 978-85-212-0614-9

1. Administração de projetos 2. Desenho industrial 3. Engenharia - Projetos 4. Produtos novos - Design I. Título. II. Título: Guia prático para o design de novos produtos.

11-06431 CDD-658.5752

Índices para catálogo sistemático:

1. Produtos novos: Design e desenvolvimento: Administração da produção 658.5752
2. Projeto de produto: Administração da produção 658.5752

Dedicatória

À equipe do *Design Research Centre* da Universidade de Brunel, sem a qual não teria sido possível produzir este livro.

Agradecimentos

Este livro foi escrito com apoio do *Design Research Centre* – DRC, ligado à Universidade de Brunel, Inglaterra. O professor Eric Billett merece o nosso reconhecimento, assim como o professor Mike Sterling, Linda Cording e Dr. John Kirkland.

Muitas ideias contidas nas páginas seguintes foram criadas, desenvolvidas e refinadas pelo pessoal do DRC. Meu agradecimento particular é dirigido a Chris McCleave, pela sua ajuda no planejamento estratégico, e a Tom Inns, pelas diversas sugestões sobre gerenciamento do projeto. Richard Bibb ajudou muito nas pesquisas preliminares e Paul Veness naquelas posteriores. Meu agradecimento também ao Paul pelo projeto da capa e pelo paciente trabalho de revisão do manuscrito. A Dan Brady e Mike White, meus agradecimentos pelos trabalhos de arte. Agradeço também a Sally Trussler pelas fotografias que ela tirou especialmente para o livro. Lesley Jenkinson tolerou meu perfeccionismo com incrível bom humor. E, por fim, meus agradecimentos a Aileen, por suportar durante seis meses a minha obcecação, e por trazer meus pés ao chão toda vez que estava levantando voo.

Diversas pesquisas em que este livro se baseia foram fomentadas por órgãos e agências governamentais. Com esses apoios foi possível transferir, para pequenas empresas, os conhecimentos gerados na Universidade, durante dois anos. A experiência adquirida nesse processo constitui a matéria básica deste livro. Muitos exemplos apresentados neste livro, em particular os da Plasteck, são baseados em casos reais, apoiados por programas governamentais de financiamento. Algumas vezes, para preservar a confidencialidade comercial, os nomes das empresas e alguns dados de projeto foram modificados.

Prefácio

O objetivo deste livro é apresentar o processo de desenvolvimento de um novo produto, do jeito que é feito em modernas empresas. Isso significa desenvolver o projeto, não apenas sob o aspecto visual dos produtos, mas incluindo também o projeto para a fabricação, o projeto para as necessidades do mercado, o projeto para redução de custos, o projeto para confiabilidade e o projeto com preocupação ecológica.

Este livro **abrange** a todos os aspectos do desenvolvimento de produto para a produção em massa. Relaciona-se mais com o Desenho Industrial e a Engenharia do que com a arquitetura do projeto e o artesanato. Os problemas de projeto variam, desde uma "maquilagem" superficial dos produtos existentes, até a concepção de um produto completamente novo.

Geralmente, os livros sobre desenvolvimento de produtos abordam o assunto do ponto de vista do mercado ou da engenharia: como identificar e satisfazer as necessidades dos consumidores ou, por outro lado, como criar e projetar um produto. Este livro procura integrar esses dois aspectos. A descoberta das necessidades de mercado e a concepção e desenvolvimento de produtos, para satisfazer a essas necessidades, são considerados como partes do mesmo processo. Dessa forma, este livro tem a **pretensão** de cobrir o processo de desenvolvimento de novos produtos de forma integral, partindo da pesquisa de mercado e passando pelo projeto conceitual, desenvolvimento e especificações para a fabricação.

Grande parte das informações contidas neste livro resultou de pesquisas acadêmicas sobre inovação e desenvolvimento do produto, sem perder de vista as suas aplicações industriais. Foi escrito para administradores, desenhistas industriais, engenheiros e técnicos que trabalham em empresas industriais, bem como para estudantes dessas áreas. As informações contidas neste livro foram baseadas em produtos reais, existentes no mercado.

O **tema central** deste livro é o gerenciamento e o controle do processo de desenvolvimento de produto. A inovação trata com incertezas e requer decisões baseadas em variáveis de previsão difícil ou até impossível. Devido a isso, o desenvolvimento de produto geralmente é malfeito ou, muitas vezes, objeto de improvisações. Como as novas tecnologias encorajam e facilita um ritmo mais rápido de inovações, as empresas são colocadas diante do dilema – inovar ou perecer. Elas, devem, então, dominar o processo de inovação, por uma questão de sobrevivência.

O **espírito** deste livro é, não obstante, otimista. A inovação pode ser bem administrada. O processo de inovação pode ser descrito de forma racional e sistemática: podem ser localizadas as causas que determinam o sucesso ou fracasso das inovações. O desenvolvimento de novos produtos pode ser programado, orçamentado e rigorosamente controlado. Embora os riscos não possam ser completamente eliminados, podem ser minimizados com uma boa administração. Mais importante que isso, os custos do desenvolvimento podem ser contidos, identificando-se os produtos pouco promissores antes que eles consumam muitos investimentos.

O **objetivo** deste livro é convencer os leitores que a aplicação de métodos sistemáticos é compensador. Procura dar um entendimento sobre a administração da inovação e, ao mesmo tempo, apresentar os métodos sistemáticos que possibilitam essa inovação.

Este livro foi escrito com um **estilo** que combina a simplicidade e a facilidade de leitura com a precisão e o rigor acadêmico. A favor da simplicidade, as referências foram omitidas ao longo do texto. Entretanto, para aqueles leitores mais entusiastas, sugestões de leituras complementares são apresentadas nas notas ao final de cada capítulo. Procurei também evitar o uso de certos jargões típicos dos desenhistas industriais.

A **melhor maneira de ler este livro** é tratá-lo como um companheiro de "viagem" durante o processo de desenvolvimento de um produto real. Não é um livro que exija leitura do início ao fim. Percorra os capítulos de 1 a 5 para adquirir uma visão geral do processo. Para trabalhar com o desenvolvimento de um novo projeto, comece no Capítulo 6. Para a construção física de um novo projeto, vá diretamente ao Capítulo 9.

Conteúdo

Capítulo 1

Introdução

A **inovação** é um ingrediente vital para o sucesso dos negócios. A economia de livre mercado depende de empresas competindo entre si, para superar os resultados alcançados por outras empresas. As empresas precisam introduzir continuamente novos produtos, para impedir que os competidores mais agressivos acabem abocanhando parte de seu mercado.

> "A tática gerencial de encurtar deliberadamente a vida de produtos no mercado, introduzindo rapidamente novos produtos, é uma arma estratégica contra os competidores mais lentos. Essa prática foi introduzida pelos japoneses, mas está sendo copiada cada vez mais pelos países ocidentais. Como resultado, todos os competidores devem esforçar-se para produzir cada vez mais rápido um número maior de novos produtos, do que no passado." Christopher Lorenz[1]

Recentemente, a pressão inovadora cresceu muito. Com o lançamento dos produtos globalizados, aumentou a pressão competitiva que vem do exterior. Isso ocorre não apenas com as gigantescas empresas multinacionais. Os contratos internacionais de licença e as franquias podem espalhar produtos pelo mundo, por meio de uma rede de pequenas e médias empresas. Agora se exige uma visão muito mais ampla. Para piorar as coisas, a vida média dos produtos no mercado está cada vez mais curta.

Novas tecnologias, como o CAD e as ferramentas de trocas rápidas, estão reduzindo o tempo de desenvolvimento e lançamento de novos produtos. Os consumidores têm maiores opções de escolha, e a cada dia surgem novidades. Um fabricante, que não seja capaz de se mover com rapidez suficiente nesse novo mundo de negócios, pode ficar seriamente comprometido. As estatísticas sobre sucesso dos negócios mostram uma clara participação crescente dos novos produtos (Ver Tabela 1.1).

Tabela 1.1 ■ Percentagens das vendas totais e lucros gerados por novos produtos em empresas.[2]

Novos produtos		
Ano	**% das vendas totais**	**% dos lucros**
1976-1980	33	22
1981-1986	40	33
1985-1990	42	–
Projeção 1995	52	46

Para os *designers* essa é uma notícia promissora. O design é a atividade que promove mudanças no produto. Mas nem tudo é festa. O fracasso de novos produtos é outro indicador que tem frequentado as estatísticas. Os números variam, porque há diferentes entendimentos sobre o que se pode considerar um novo produto e o que se constitui em um sucesso. De um modo geral, de cada 10 ideias sobre novos produtos, 3 serão desenvolvidas, 1,3 serão lançadas no mercado e apenas 1 será lucrativa.[3] Portanto, é uma corrida em que apenas 10% conseguem chegar ao destino. *Design* é um "veículo" diferente para se dirigir. O desenvolvimento completo de um produto, por si só, não garante o seu sucesso. Deve-se escolher bem o destino, percorrer uma boa estrada, mudar de curso quando for necessário, driblar os obstáculos, evitar os acidentes — e manter uma boa velocidade média para não ser ultrapassado pelos concorrentes. Isso é o significado do processo do projeto de produto no moderno mundo dos negócios.

A cada 10 ideias sobre novos produtos, 3 serão desenvolvidas, 1,3, lançadas no mercado e apenas 1 será lucrativa.

■ INOVAÇÃO – RISCO E COMPLEXIDADE

O segredo de uma inovação bem-sucedida é a gerência do risco. Esse assunto será o tema central deste livro. A gerência do risco deve estar especialmente atenta para as seguintes situações:

- Estabelecimento **das metas**. Ao lançar novo produto no mercado, devem-se estabelecer metas, verificar se satisfaz aos objetivos propostos, se é bem-aceito pelos consumidores, e se o projeto pode ser fabricado a um custo aceitável, considerando a vida útil do produto no mercado. O processo de inovação deve considerar todos esses fatores e minimizar os riscos de fracasso do novo produto.
- **Eliminação do produto**. Deve-se tomar uma decisão tão logo se comprove que o projeto **não** atingirá as metas estabelecidas. A

inovação deve ser acompanhada criticamente em todas as etapas, de modo que o desenvolvimento de produtos considerados insatisfatórios seja interrompido o mais rápido possível, para não acumular perdas. Considerando que apenas uma pequena parte dos novos desenvolvimentos será bem-sucedida, é necessário que a gerência tome decisões rápidas, para reduzir as perdas ao mínimo possível.

"Existem apenas duas funções importantes nos negócios: *marketing* e inovação — tudo o mais é custo". Peter Drucker

O desenvolvimento de novos produtos é uma atividade complexa, envolvendo diversos interesses e habilidades, tais como:

- Os **consumidores** desejam novidades, melhores produtos, a preços razoáveis.
- Os **vendedores** desejam diferenciações e vantagens competitivas.
- Os **engenheiros de produção** desejam simplicidade na fabricação e facilidade de montagem.
- Os ***designers*** gostariam de experimentar novos materiais, processos e soluções formais.
- Os **empresários** querem poucos investimentos e retorno rápido do capital.

Portanto, o desenvolvimento de novos produtos é necessariamente uma solução de compromisso. Diversos tipos de interesses devem ser atendidos. Não é possível, por exemplo, atender só aos desejos do engenheiro de produção e prejudicar aqueles dos vendedores ou de consumidores, e assim por diante. No mínimo, deve-se estabelecer um compromisso entre os fatores que adicionam **valor** ao produto e aqueles que provocam aumento de custo. No primeiro grupo estão, por exemplo, o aumento da funcionalidade e a melhoria de qualidade. No segundo, a escolha de componentes mais caros para o produto e a dilatação do tempo de projeto. Esse compromisso estará bem estabelecido se resultar em um produto capaz de competir no mercado em constantes mudanças. Do contrário, o produto poderá fracassar e os recursos aplicados no seu desenvolvimento serão perdidos.

"Pode-se identificar um bom trabalhador pelas suas ferramentas". *Provérbio popular*

A atividade de desenvolvimento de um novo produto não é tarefa simples. Ela requer pesquisa, planejamento cuidadoso, controle meticuloso e, mais importante, o uso de métodos sistemáticos. Os métodos sistemáticos de projeto exigem uma abordagem interdisciplinar, abrangendo métodos de *marketing*, engenharia de métodos e a aplicação de conhecimentos sobre estética e estilo. Esse casamento entre ciências sociais, tecnologia e arte aplicada nunca é uma tarefa fácil, mas a necessidade de inovação exige que ela seja tentada.

Os melhores *designers* do futuro serão multifuncionais e se sentirão à vontade discutindo pesquisa de mercado, fazendo um *rendering* a cores de um novo produto ou selecionando o tipo de material que deve ser usado no produto. O mais importante é ter conhecimentos básicos e metodológicos para o desenvolvimento de novos produtos, para coordenar as atividades de projeto. Os conhecimentos específicos poderão ser obtidos com outros profissionais dentro da própria empresa ou com consultores externos. A capacidade de usar métodos básicos em cada uma dessas três áreas – ***marketing*, engenharia e desenho industrial** – capacitará o *designer* a ter uma visão global sobre o processo de desenvolvimento de novos produtos.

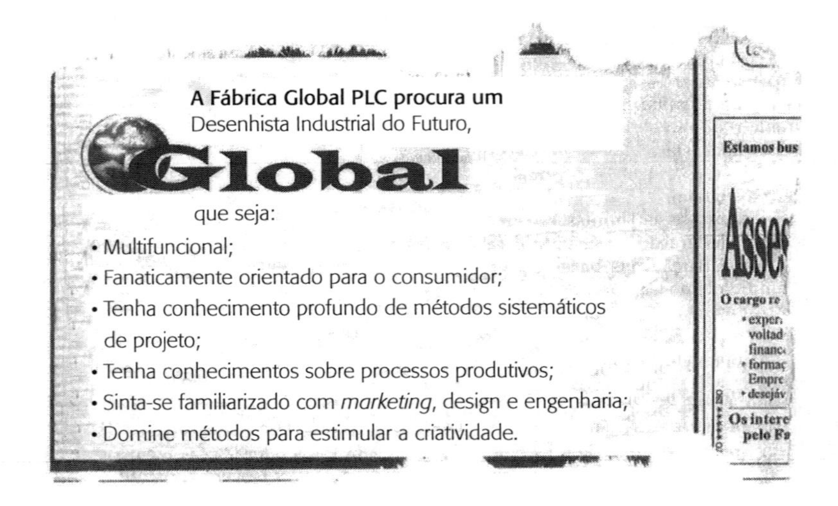

A Fábrica Global PLC procura um
Desenhista Industrial do Futuro,

Global

que seja:

- Multifuncional;
- Fanaticamente orientado para o consumidor;
- Tenha conhecimento profundo de métodos sistemáticos de projeto;
- Tenha conhecimentos sobre processos produtivos;
- Sinta-se familiarizado com *marketing*, design e engenharia;
- Domine métodos para estimular a criatividade.

REGRAS BÁSICAS DO PROJETO SISTEMÁTICO: OS TRÊS MACACOS

Não enxergar o pecado! Enxergar o pecado, no dicionário de desenvolvimento de novos produtos, significa ter sensibilidade para identificar os projetos de produtos que poderão falhar no mercado. Antecipar uma provável falha é vital para o desenvolvimento de novos produtos. De fato, este é, provavelmente, a segunda tarefa mais importante do *designer*. Ela é superada apenas pela tarefa de criar produtos que serão bem-sucedidos. Para evitar essa falha, é preciso fixar claramente as metas realísticas a serem esperadas do novo produto — é uma condição necessária para avaliar o seu sucesso. A meta mais importante é a expectativa dos consumidores. Outra meta importante é a compatibilidade do projeto: com disponibilidade de máquinas e mão de obra do fabricante; necessidades do mercado; canais de distribuição; e conformidade com normas técnicas e padrões. Os projetistas que falham na determinação de metas não enxergam o pecado, ou seja, não estabelecem as condições adequadas para que o novo produto seja bem-sucedido. Se essas falhas forem identificadas em tempo hábil, poderão economizar muito trabalho, tempo e dinheiro. E, como diz o velho ditado: "se você não sabe para onde ir, qualquer caminho serve".

As metas claras e realistas servem para visualizar as condições para que o produto possa ser bem-sucedido.

Não ouvir o pecado! Fixar metas para o novo produto não vai adiantar muito, se isso não for acompanhado e avaliado durante todo o processo. Verificar o que está acontecendo e comparar aquilo que foi realizado com o que estava previsto periodicamente é a única maneira de descobrir se as coisas estão caminhando no rumo certo. Quando houver algum desvio, é necessário corrigi-lo. Em outros casos não compensa fazer essa correção, devido ao custo elevado, e o projeto, então, deve ser descartado. Os *designers* que não ouvem os sinais de alerta, indicando que algo está errado durante o desenvolvimento, provavelmente acabarão ouvindo um grande estrondo do fracasso após o lançamento do produto.

Não falar sobre o pecado! A liberdade de criar é o coração do projeto. A criatividade, como disse Thomas Edison, é "1% de inspiração e 99% de transpiração". A transpiração representa o esforço necessário para a construção das bases da criatividade e geração de ideias (o assunto será examinado com mais profundidade no Capítulo 4). Os registros históricos sobre os grandes inventos tendem a valorizar apenas o momento final da descoberta, quando ocorreu o *eureca*!

Quanto mais você explorar as alternativas possíveis para solucionar o problema, mais perto estará da melhor solução. Na verdade, esse momento pode ser apenas o ponto culminante de muitos meses ou anos de pesquisa debruçando-se sobre o problema, analisando as alternativas e explorando as muitas ideias que não serviram, até que a solução seja finalmente encontrada. Em muitos casos, foram essas alterna-

Regras básicas para o projeto sistemático:

- Estabeleça metas para o desenvolvimento de novos produtos. Elas devem ser claras, concisas, específicas e verificáveis.
- Acompanhe o processo de geração de um novo produto durante várias etapas, comparando aquilo que foi realizado com as metas estabelecidas. Elimine o produto tão logo tenha evidências de que o mesmo não está indo pelo caminho certo.
- Seja criativo. Gere muitas ideias para que possa selecionar a melhor. Não se intimide em apresentar ideias que possam ser consideradas inviáveis numa etapa posterior.

Diferentemente de outros livros, este não apresenta um método a ser adotado como caminho único no desenvolvimento de novos produtos.

tivas fracassadas que criaram o caminho para a solução. O mesmo acontece com o desenvolvimento de novos produtos. Como já foi dito antes, de cada 10 ideias resulta apenas 1 produto de sucesso. A criatividade deve ter, então, liberdade para gerar ideias em grande quantidade, para se aproveitar 10% delas. A quantidade e a qualidade das ideias rejeitadas é provavelmente a melhor medida da capacidade criativa de uma pessoa. Quando uma pessoa tem uma única ideia e teima em desenvolvê-la, tanto pode ser uma boa ideia como uma medíocre ou completamente inútil. O sucesso neste caso vai depender muito da sorte ou acaso. Quando se seleciona uma entre dez, a probabilidade de se encontrar uma boa ideia se torna muito maior. Assim, quanto mais alternativas você explorar, maiores serão as suas chances de encontrar uma boa solução. Nesse caso, a qualidade do novo produto está relacionada com a quantidade de ideias geradas, pois o processo de geração dessas ideias tem um componente aleatório. O uso das técnicas de criatividade facilita a geração de dezenas ou até centenas de ideias em curto espaço de tempo. O uso inadequado dessas técnicas pode corresponder, nas palavras de Thomas Edison, a uma falta de transpiração.

Diferentemente de outros livros sobre projeto de produtos, este não apresenta um método a ser adotado como caminho único para o desenvolvimento de novos produtos. Aqui se apresenta uma estrutura para o gerenciamento do projeto de produto, conforme foi proposto por Pahl e Beitz.(4) A meu ver, esses procedimentos estão bem apresentados na norma inglesa IBS 7000.(5)

Dentro dessa estrutura gerencial, foram elaborados alguns quadros, denominados **ferramentas** *toolkit* de projeto, para condensar as principais etapas do processo de desenvolvimento de novos produtos. O conjunto dessas Ferramentas se caracteriza por:

- fazer uma abordagem sistemática do problema de desenvolvimento de novos produtos;
- propor metodologias para o desenvolvimento de novos produtos fortemente orientadas para o mercado; e
- apresentar técnicas para estimular a criatividade na busca de soluções inovadoras.

Raramente, você precisará usar todos os métodos simultaneamente. Assim, cada Ferramenta de projeto deve ser usada de acordo com a tarefa em que você esteja trabalhando, a cada momento. Essas Ferramentas foram testadas em diversas ocasiões. Os problemas de projeto nem sempre apresentam as mesmas exigências e, portanto, os mesmos métodos de solução. As descrições dos diferentes métodos foram colocadas no livro de acordo com o uso mais comum dos mesmos. Sempre que possível, esses métodos são ilustrados com exemplos práticos, para melhor entendimento. Os assuntos serão assim distribuídos:

Capitulo 2. Apresenta uma visão geral do processo de desenvolvimento de produto. Começa com uma revisão das causas determinantes do sucesso ou fracasso no desenvolvimento de novos produtos. O desenvolvimento do produto é apresentado como atividade gerencial de risco. São apresentadas recomendações para se reduzir esse risco. Apresenta também os fundamentos da administração do desenvolvimento de produto e o conceito de pensamento convergente e divergente, nos diversos estágios desse processo.

Capítulo 3. Apresenta o problema do estilo. Começa com uma descrição dos fatores psicológicos, pelos quais um objeto é considerado atrativo. Em seguida, mostra como esses fatores levam ao estabelecimento de regras gerais de estilo e, depois, como estes podem ser aplicados ao processo de projeto.

Capítulo 4. Apresenta os métodos para estimular a criatividade. Primeiro, genericamente e, depois, aplicados ao processo de projeto. Diversas técnicas para estimular a criatividade são apresentadas em forma de Ferramentas de projeto.

Capítulo 5. Fala sobre empresas inovadoras. São apresentadas estratégias empresariais e administração de pessoal para o desenvolvimento de produtos. Analisa-se por que uma empresa pode ser continuamente inovadora, enquanto outras têm dificuldade em introduzir uma simples melhoria nos produtos atuais.

Capítulo 6. Apresenta os estágios do desenvolvimento de produto. Faz uma revisão dos objetivos do planejamento de produto e descreve métodos de pesquisa de mercado, análise dos produtos concorrentes, identificação de oportunidades de novos produtos e preparação das especificações de projeto.

Capítulo 7. Apresenta a forma de se passar do projeto conceitual para o projeto detalhado e como se deve trabalhar em cooperação com a engenharia para viabilizar o processo de fabricação.

Capítulo 8. Aborda a questão do projeto conceitual e os métodos para gerar e selecionar os conceitos do projeto.

As *Ferramentas* do Projeto

Os principais conceitos e métodos foram organizados em quadros, chamados de Ferramentas do Projeto. Elas contêm descrições resumidas de métodos sistemáticos para o desenvolvimento de novos produtos. Podem ser consideradas como um conjunto de recomendações para estimular ideias, analisar problemas e estruturar as atividades de projeto. No total, são apresentadas 34 Ferramentas, contendo 38 métodos, desde formas para analisar a estratégia de inovação de uma empresa, até técnicas para avaliar o fracasso de produtos ou reduzir custos. No conjunto, essas Ferramentas se constituem em instrumentos apropriados para se trabalhar no desenvolvimento de novos produtos.

Capítulo 9. Trata do detalhamento e apresentação do projeto. Mostra como o projeto deve ser apresentado para a fabricação e como se deve fazer a análise das falhas no teste de protótipo.

NOTAS DO CAPÍTULO 1

1. Lorenz, C. *The Design Dimension.* Oxford: Basil Blackwell, 1986.
2. Page, A. L., *New Product Development Practices Survey: Performance and Best Practices.* Artigo apresentado na 15ª Conferência Anual da PDMA, outubro 1991.
3. Alguns dados podem ser encontrados em Page, 1991 (ver nota 2, acima). Veja também Hollins, B. e Pugh, S. 1987, *Successful Product Design.* London: Butterworth & Co., e Cooper, R. G., *Winning at New Products.* Boston: Addison-Wesley Publishing, 1993.
4. Pahl, G. e Beitz, W., *Projeto na Engenharia: Fundamentos do Desenvolvimento Eficaz de Produtos/Métodos e Aplicações*. São Paulo: Blucher, 2005.
5. BSI *Guide to Managing Product Design,* BS 7000. London: British Standard Institution, 1989.

Capítulo 2

Princípios do desenvolvimento de novos produtos

O desenvolvimento de novos produtos é uma atividade importante e arriscada, como foi apresentado no capítulo anterior. Mas por que é tão arriscada? O que provoca o fracasso de tantos produtos? Diversos estudos realizados na Inglaterra, Estados Unidos e Canadá(1) analisaram o processo de desenvolvimento de produtos, para saber como foram feitos e se isso teria alguma relação com o seu desempenho comercial. No total, mais de 14 mil novos produtos foram estudados em cerca de 1 000 empresas. Alguns deles resultaram em sucesso e outros, em fracasso comercial. Estudando-se o que houve de diferente durante a fase de desenvolvimento entre os produtos bem-sucedidos e aqueles que fracassaram, foi possível identificar alguns fatores-chaves para o desenvolvimento de novos produtos.

SUCESSO E FRACASSO DE NOVOS PRODUTOS

Diversos fatores determinam as diferenças entre sucesso e fracasso no lançamento de novos produtos. Eles podem ser classificados em três grupos principais (Figura 2.1).

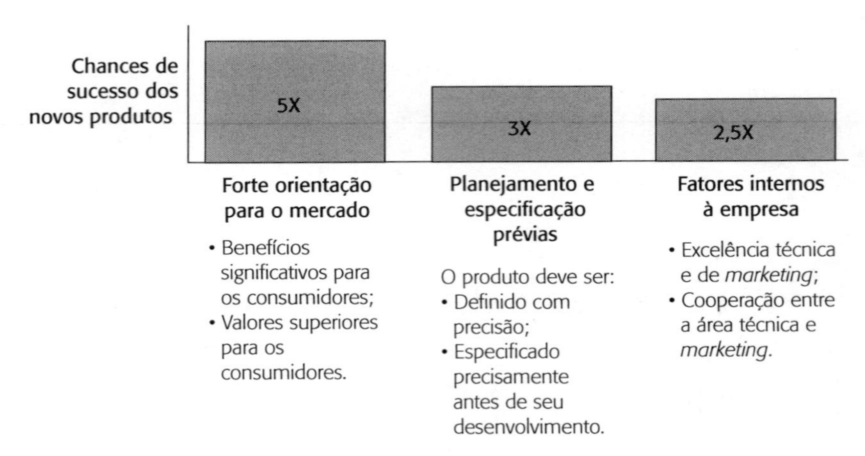

Figura 2.1 ■ Fatores de sucesso no desenvolvimento de novos produtos.[2]

Orientação para o mercado. O fator mais importante, e provavelmente o mais óbvio, é o produto ter forte diferenciação em relação aos seus concorrentes no mercado e apresentar aquelas características valorizadas pelos consumidores. Produtos que eram vistos pelos consumidores como tendo melhores qualidades que os dos concorrentes e mais valor tinham 5,3 vezes mais chances de sucesso do que aqueles que eram considerados apenas marginalmente diferentes. Isso parece ser óbvio, mas três situações devem ser consideradas.

Primeira: se a diferença em relação aos concorrentes for grande e se você pretende focalizar algum aspecto particular do produto, deve dirigi-lo para as necessidades do mercado.

Segunda: se você consegue identificar apenas pequenas diferenças no novo produto, talvez seja melhor eliminá-lo durante a fase de desenvolvimento, pois há grande possibilidade de fracasso comercial.

Terceira: outro fator que contribui é antecipar o lançamento, de modo que o novo produto chegue bem antes dos concorrentes ao mercado. Assim, pode-se ganhar tempo precioso antes da chegada desses concorrentes.

Planejamento e especificação. Os produtos que eram submetidos a cuidadosos estudos de viabilidade técnica e econômica antes do desenvolvimento tinham 2,4 vezes mais chances de sucesso, em relação àqueles sem estudo de viabilidade. O estudo de viabilidade técnica deve abranger a disponibilidade de materiais, componentes, processos produtivos e mão de obra qualificada, enquanto a viabilidade **econômica** refere-se às necessidades de investimentos, custos e retorno do capital.

Além disso, produtos que eram bem especificados, em termos de funções, tamanhos, potências e outros aspectos, antes do desenvolvimento, tinham 3,3 vezes mais chances de sucesso, em relação aos que não tinham essas especificações. Em resumo — faça estudos detalhados de viabilidades técnica e econômica e concentre esforços na especificação do produto desejado, antes de começar o projeto. Isso é equivalente a não navegar às cegas. Só se deve lançar ao mar quando o porto de destino estiver bem determinado.

Fatores internos à empresa. Mantendo-se a alta qualidade nas atividades técnicas ligadas ao desenvolvimento de novos produtos, as chances de sucesso são 2,5 vezes maiores. Particularmente, quando a equipe técnica é talhada para as necessidades de desenvolvimento do novo produto, as chances são 2,8 vezes maiores. Quando as funções de *marketing* e vendas estão bem entrosadas com a equipe de desenvolvimento, as chances de sucesso são 2,3 vezes maiores. Quando se registra um grande nível de cooperação entre o pessoal técnico e de *marketing* dentro da empresa, as chances de sucesso do novo produto são 2,7 maiores em relação a outros sem essa harmonia.

Muitas outras conclusões semelhantes são tiradas desse tipo de estudo. Elas influenciam bastante a natureza do desenvolvimento de novos produtos. Uma das conclusões mais genéricas é a regra do jogo de Robert Cooper:(2) "quando a incerteza for alta, faça apostas baixas; se a incerteza diminuir, aumente o valor das apostas".

Na atividade de desenvolvimento de novos produtos, a incerteza é alta na fase inicial. Você não tem uma ideia clara do que resultará, como vai ser feito, quanto custará e qual será o grau de aceitação dos consumidores. Como resultado, você precisa manter as suas apostas baixas. Assim, evite investir pesado (por exemplo, no protótipo ou nas matrizes para a produção) até que os estágios preliminares do desenvolvimento tenham reduzido algumas dessas incertezas. Isso pode ser feito com algumas providências baratas. Pode-se fazer um projeto preliminar, produzir alguns esboços ou modelos, estimar custos e conversar com fornecedor e consumidores. Isso exige apenas tempo e um mínimo de material. Se o produto se mostrar promissor nessa fase, pode-se aumentar o valor da aposta, porque o grau de incerteza foi reduzido. Essas ideias podem ser apresentadas de forma esquemática no diagrama chamado de funil de decisões (ver Figura 2.2).

FUNIL DE DECISÕES

O funil de decisões[3] é uma forma de visualizar as variações do risco e incerteza, ao longo do processo de desenvolvimento do novo produto. É, em essência, um processo de tomada de decisões, (Figura 2.2) em que as formas retangulares sombreadas representam as alternativas possíveis, e as formas vazadas e arredondadas representam as **decisões**, durante a seleção de **alternativas**.

Figura 2.2 ■ Funil de decisões, mostrando o processo convergente da tomada de decisões, com a redução progressiva dos riscos.

Estratégia de negócios. As empresas devem decidir se querem ou não inovar. Certamente, as empresas precisam inovar, porque são pressionadas pela concorrência e pela obsolescência cada vez mais rápida dos seus produtos, fazendo declinar suas vendas. Muito provavelmente inovarão, mas isso nem sempre acontece. Muitas empresas têm uma linha tradicional de produtos, que vendem bem em um mercado também tradicional. Para elas, a inovação pode parecer desnecessária, colocando em perigo os seus negócios. A decisão de **inovar ou não** é muito arriscada e com grande grau de incerteza. A decisão de inovar pode implicar em investimentos consideráveis, com retorno incerto. Entretanto, uma decisão de não inovar pode decretar a sua exclusão do mercado, devido à competição de outras empresas mais agressivas em inovação.

Oportunidade de negócios. Se a empresa decidir a favor da inovação e colocá-la no seu plano estratégico, a próxima etapa é examinar todas as possíveis oportunidades de inovação. O objetivo aqui é selecionar a melhor oportunidade possível. Não confundir isso com a escolha de produtos específicos — não se trata de escolher ocasionalmente entre uma chaleira ou uma cafeteira.

O enfoque aqui deve ser mais amplo e sistemático. Deve-se primeiro estabelecer uma política de inovação para a empresa — que tipo de inovação é mais adequada para a empresa? Por exemplo: 1) introduzir produtos econômicos, simplificando e cortando os custos de produção; 2) deslocar-se para um mercado mais sofisticado, mudando o estilo dos produtos e com o uso de materiais mais nobres; ou 3) redesenhar a linha de produtos existentes, no sentido de prolongar a vida dos mesmos e diluir os custos fixos.

A política de inovação deve estender-se para um conjunto de novos produtos, estabelecendo-se metas a médio e longo prazos. Um grupo de especialistas deve ocupar-se de alguns aspectos específicos da inovação. Uma atividade contínua, ao longo dos anos, dentro de uma estratégia definida, tem-se mostrado mais frutífera que as atividades ocasionais, intermitentes, sem essa continuidade.(4) Estratégias estreitas tendem a ser mais arriscadas, em relação àquelas de mais largo espectro. Por exemplo, uma empresa pode decidir pela redução de custos e o corte nos preços, quando o mercado está em expansão e ávido por produtos melhores e diferenciados. Isso pode levar a muitos fracassos, antes que o erro seja percebido e corrigido.

Projeto e desenvolvimento de produtos. Vem agora a etapa de desenvolvimento de um produto novo. As decisões, nessa fase, envolvem menores riscos e incertezas, em relação às etapas anteriores (decisões sobre estratégia e oportunidades de inovação). Os riscos e as incertezas vão-se reduzindo, à medida que se tomam decisões sobre: 1) a oportunidade específica para o desenvolvimento de novo produto; 2) os princípios de operação do novo produto (projeto conceitual); 3) a configuração do produto (desenhos de apresentação e modelos), e, finalmente, 4) o projeto detalhado para produção.

Algum grau de incerteza pode persistir, mesmo quando o novo produto for fabricado e estiver estocado, pronto para a distribuição. Mas minimizar o risco e a incerteza é a essência da atividade de desenvolvimento do produto. Desenvolver novos produtos de acordo com o funil de decisões é mais seguro do que a improvisação do tipo: "vamos fazer e experimentar para ver se dá certo".

Aplicação do funil de decisões: tomada de decisões em uma pequena empresa eletrônica		
Decisão/Ação	**Risco**	**Risco gerencial**
Inovar ou não?		
Sim, a empresa pretende desenvolver novos produtos.	Estratégia errada? A empresa não está preparada (técnica, comercial e gerencialmente) para desenvolver novos produtos.	Analise as forças e fraquezas da empresa.
Possíveis oportunidades de inovação		
A empresa desenvolverá um produto inédito, baseado no estado da arte da tecnologia.	Oportunidade errada? O retorno do investimento será muito demorado para uma pequena empresa.	Analise o mercado e a linha atual de produtos da empresa nesse mercado.
Possíveis produtos		
Um novo tipo de controle remoto para uso em TV iterativa.	Produto errado? Depende do sucesso da TV iterativa.	Estabeleça aliança com o detentor da tecnologia-chave.
Possíveis conceitos		
O produto deve funcionar como *mouse* sem fio, dirigindo *menus* na tela e tendo apenas um botão de comando.	Conceito errado? Depende de *software*, que está fora de controle da empresa.	Verifique o valor do conceito em pesquisa de mercado. Estabeleça parceria com o detentor do *software*.
Possíveis configurações		
Comunicação IR, botão *micro-switch* selado, caixa de plástico ABS injetada, bateria de 9V.	Configuração errada? Faixa inadequada de operação, vida curta da bateria, caixa de plástico que se quebra com queda.	Verifique as falhas no teste do protótipo.
Possíveis detalhes		
Protótipo completo produzido.	Problemas na fabricação? Montagem incorreta, defeitos nos componentes, peças fora das especificações de tolerância.	Repita testes com protótipo e introduza procedimentos de controle de qualidade.

ETAPAS DO FUNIL DE DECISÕES

As seis etapas que compõem o funil de decisões representam uma sequência útil e sensível no processo de desenvolvimento de novos produtos. Alguns autores que apresentam esquemas semelhantes preferem desdobrá-lo em um maior número de etapas, enquanto outros os preferem mais simplificados. A definição precisa de cada etapa, o que ela contém, onde começa e onde termina, não é tão importante. O importante é compreender que, nesse processo, os riscos de fracasso do novo produto são progressivamente reduzidos, à medida que se tomam decisões hierarquizadas. Isso se estende desde a identificação de uma necessidade estratégica de inovação, até o lançamento comercial do produto. Como esse é um processo complexo e longo, subdividi-lo em algumas etapas facilita o controle de qualidade do desenvolvimento. A necessidade de flexibilidade, entretanto, torna-se óbvio quando se consideram os diferentes aspectos do controle de qualidade. Por exemplo, o comprometimento financeiro geralmente é feito em quatro etapas (Figura 2.3).

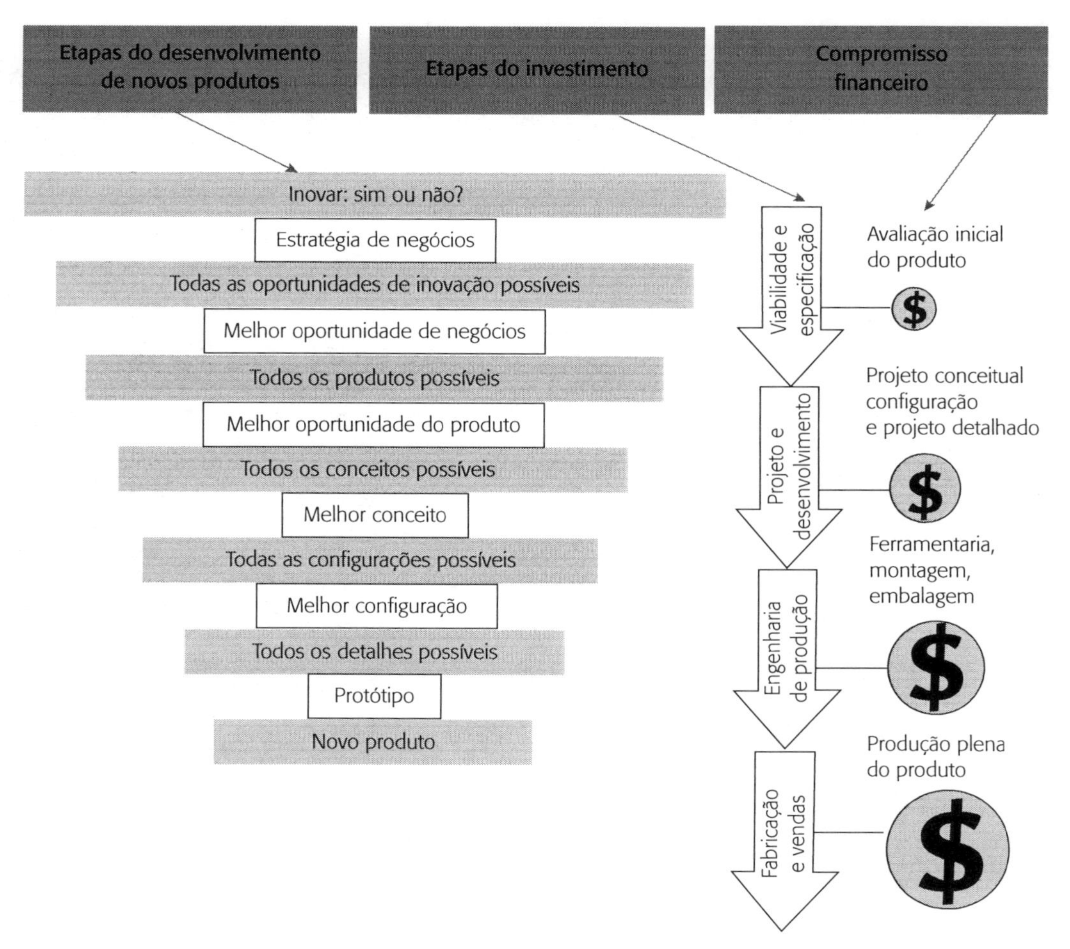

Figura 2.3 ▪ O compromisso financeiro tende a crescer substancialmente, quando o processo de desenvolvimento do produto avança.

O funil de decisões reduz, de forma progressiva e sistemática, os riscos de fracasso do novo produto.

- Viabilidade e especificação – Alocação inicial de uma pequena verba, para pesquisar a viabilidade comercial do novo produto. Se for considerado promissor, deve-se elaborar a especificação do produto.
- Projeto e desenvolvimento – Se a especificação for aprovada, deve-se destinar recursos para se iniciar o projeto do produto. Isso envolve recursos maiores que os da etapa anterior, mas ainda é apenas uma pequena parcela do que exigirá o desenvolvimento completo do produto.
- Engenharia de produção – Após o desenvolvimento completo no papel e testes com modelos e protótipos, deve-se iniciar a fabricação. Isso pode exigir recursos para a ferramentaria e a organização da produção e montagem. Pode haver outros custos indiretos durante a preparação para a produção do novo produto, representados pela paralisação temporária dos equipamentos, mão de obra e ocupação de espaço de outros produtos que estão dando lucro.
- Fabricação e vendas – Finalmente, há o investimento para o lançamento do novo produto. Isso envolve a produção para estoque inicial, distribuição para os atacadistas e propaganda. Muito dinheiro pode estar envolvido nessa fase. Se o produto fracassar nessa fase, poderá provocar, além dos prejuízos financeiros, o comprometimento da imagem da empresa. Esse custo intangível pode ser muito grande.

"O segredo é fracassar com pouco dinheiro, aprender com os erros e obter sucesso com muito dinheiro. Assumir os riscos da inovação exige muita experiência." H. B. Attwater, Presidente da General Mills, Inc.[5].

Assim, o escalonamento do processo de desenvolvimento de novos produtos em diversas etapas é importante para o planejamento e o controle de qualidade desse processo. A definição de cada etapa pode ser alterada, adaptando-a de acordo com a natureza do produto e o funcionamento da empresa.

DA TEORIA À PRÁTICA DA DECISÃO GERENCIAL

Alguns *designers* não concordam com a divisão do projeto em etapas. Eles argumentam que o processo, na prática, não segue uma sequência linear, tendendo a ser aleatório. A mente humana explora algumas ideias no nível conceitual enquanto, ao mesmo tempo, está pensando em detalhes de outras. As ideias surgem aleatoriamente, de várias maneiras. Não é possível delimitá-las em etapas predefinidas. Até se chegar ao projeto final as ideias surgem, desaparecem e retornam diversas vezes, num processo iterativo. Nessa situação, como se coloca o funil de decisões?

Neste ponto é importante deixar bem claro o que **é** e o que **não é** o funil de decisões. O funil de decisões representa a tomada de decisões sequenciais durante o desenvolvimento de novos produtos. Ele mostra as alternativas disponíveis e as decisões tomadas ao longo do processo de desenvolvimento. É útil, porque vai reduzindo progressivamente o risco ao longo do processo de desenvolvimento. Não é preciso esperar que o produto esteja completamente desenvolvido e lançado para se testar a sua aceitação no mercado.

O funil de decisões não pretende ser uma representação das atividades de projeto. A inspiração de uma nova ideia não pode ser representada linearmente. Para se chegar a um produto, geralmente se exploram diversos conceitos e o processo é repetido inúmeras vezes.

Funil de decisões — uma analogia

O gráfico a seguir é uma pequena seção de uma rodovia. É uma representação esquemática e mostra os cruzamentos e as saídas existentes, a partir da estrada principal. Ele não sugere que a estrada seja completamente reta e que os cruzamentos sempre se façam em ângulos retos. Mostra simplesmente as bifurcações existentes ao longo da estrada, onde o motorista deve tomar decisões. As atividades exigidas para se trafegar ao longo dessa estrada são muito mais complexas. Existem muitas curvas e lombadas. Deve-se tomar cuidado com o tráfego de outros veículos. Se você perder um cruzamento, pode entrar no cruzamento seguinte e fazer o retorno. Nenhum desses aspectos é mostrado no mapa esquemático. Contudo, o mapa tem a sua utilidade e é suficiente para que um motorista experiente possa chegar ao seu destino. Ele é semelhante ao funil de decisões. Este não mostra todas as atividades para se desenvolver um novo produto, mas as alternativas e as decisões disponíveis ao projetista. E é tudo que um *designer* experiente precisa para navegar no processo de desenvolvimento de novo produto.

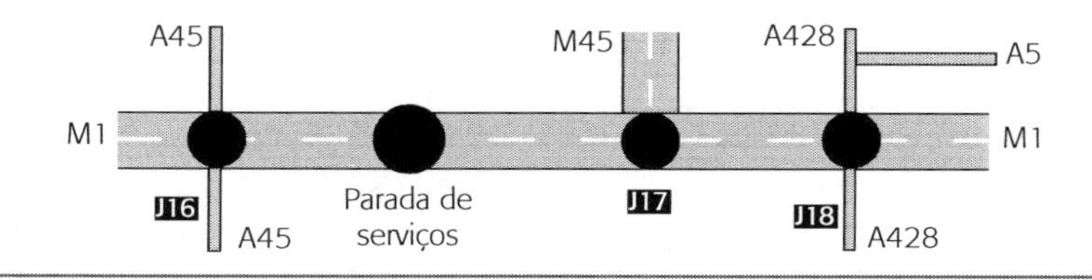

Um diagrama para representar essa atividade deveria ser cheio de espirais, representando as realimentações. O funil de decisões não procura representar essa complexidade do processo criativo, mas apenas alertar para as principais alternativas e decisões a serem tomadas ao longo do processo. Ele não retrata a forma de pensar do projetista e nem a forma como ele trabalha, mas simplesmente ordena o processo de decisão. Podem-se estabelecer as diferenças de outra forma: as atividades de desenvolvimento do produto ocorrem em diversas etapas do funil de decisões. A Figura 2.4 mostra as atividades de *marketing,* projeto do produto e engenharia ocorrendo paralelamente ao longo do funil de decisões.

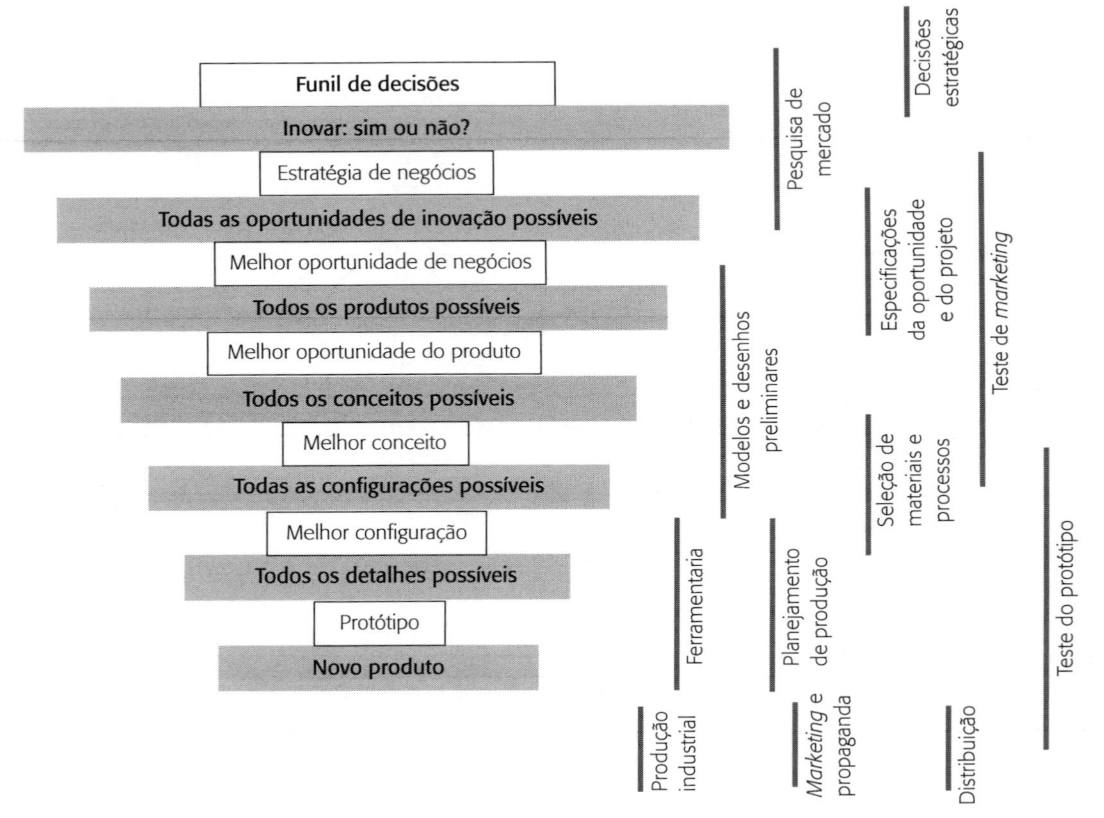

Figura 2.4 ■ As atividades de *marketing*, do produto e engenharia podem ocorrer em paralelo.

É importante chamar a atenção sobre dois aspectos. Em primeiro lugar, muitas atividades de projeto se estendem por mais de uma etapa do funil de decisões. Isso significa que a qualidade delas pode ser controlada, à medida que se avança para aspectos mais detalhados do projeto. Em segundo lugar, as atividades de projeto não são estanques. Na década de 1960 era comum dividir o processo de desenvolvimento em três estágios separados entre si: 1) o *marketing* estabelecia os requisitos do projeto e os enviava para o projeto e desenvolvimento; 2) projeto e desenvolvimento realizava o novo produto até o protótipo e especificações técnicas, que eram enviadas à produção; 3) os engenheiros deveriam tomar as providências para colocar o produto na linha de produção.[6] Desde então, parece que o bom-senso prevaleceu e, como conclusão óbvia: o pessoal de *marketing,* projeto e desenvolvimento e os engenheiros de produção passaram a trabalhar juntos. Há pelo menos duas vantagens nisso. Primeira, ao trabalhar em cooperação, o tempo total de desenvolvimento é encurtado, pois um não precisa ficar esperando o outro terminar. Em segundo lugar, e mais importante, a troca mútua de informações melhora a qualidade do projeto, e o produto passa a ter mais chances de sucesso comercial.

GERENCIAMENTO DAS ATIVIDADES DE PROJETO

A organização das atividades de projeto é sempre complexa. A Figura 2.5 apresenta esquematicamente as atividades para o desenvolvimento de um produto relativamente simples. Essas atividades podem ser classificadas em quatro etapas.

1) **Ideias preliminares.** A primeira começa assim que for dada a partida ao processo de desenvolvimento, explorando algumas ideias para um primeiro teste de mercado. Nessa etapa, o produto pode ser apresentado na forma de um simples *desenho de apresentação*, para ser mostrado a um pequeno número de potenciais consumidores ou vendedores. Se for aprovado, deve-se passar para a segunda etapa.
2) **Especificações.** A segunda etapa inclui a especificação da oportunidade, especificação do projeto, e volta-se, então, para o projeto conceitual, para selecionar o melhor conceito.
3) **Configurações.** O conceito selecionado é submetido a um segundo teste de mercado, iniciando a terceira etapa. Se o novo teste de mercado também for satisfatório, deverão ser iniciadas as atividades de configuração do produto. Nessa etapa é comum se descobrirem alternativas de projeto que não foram consideradas anteriormente, ou promover alguma mudança técnica, envolvendo materiais e processos de fabricação. Isso pode levar ao retrocesso de uma ou duas etapas, para se verificar as implicações dessa mudança. Se essa mudança afetar algum aspecto-chave, é necessário retroceder

para revisar a especificação de oportunidade. Isso, por sua vez, pode provocar revisões da especificação do projeto e do projeto conceitual. Naturalmente, o tempo gasto nessas revisões costuma ser menor que o do desenvolvimento original, pois o caminho já é conhecido. Chegando-se novamente à configuração do produto, pode-se selecionar aquela melhor, de acordo com as especificações do projeto, e isso irá para o terceiro teste de mercado.

4) **Produção.** Sendo aprovado, passa-se para os desenhos detalhados do produto e seus componentes, desenhos para fabricação e a construção do protótipo. A aprovação "oficial" desse protótipo encerra o processo de desenvolvimento do produto. É a "luz verde" para se começar a produção e lançá-lo no mercado.

Como se observa, as atividades de projeto não seguem uma linha reta, mas são marcadas por avanços e retornos, pois uma decisão tomada numa determinada etapa pode afetar a alternativa anteriormente adotada. Essas reciclagens apresentam duas vantagens. Em primeiro lugar, melhoram o produto, por aproximações sucessivas. A cada reciclagem, determinados detalhes podem ser resolvidos e o conceito vai ficando cada vez mais claro. Em segundo lugar, as reciclagens permitem enxergar certas oportunidades e problemas que tenham passado despercebidos. É muito tentador, quando surge alguma novidade durante o processo de desenvolvimento, incorporá-lo logo ao projeto, sem examinar todas as suas implicações. Fazendo-se uma revisão das etapas anteriores, podem-se analisar todas as implicações dessa nova ideia, evitando-se surpresas desagradáveis quando o produto já estiver na fase de lançamento.

Há também casos em que é necessário adiantar algumas etapas no processo de desenvolvimento, por razões técnicas ou comerciais. Por exemplo, se for necessário obter a aprovação da administração superior, é possível que ela solicite uma estimativa dos custos de produção. Nesse caso, essa estimativa deve ser feita da melhor maneira possível, mesmo antes de se concluir o projeto, sabendo-se que está sujeita a uma margem de erro. Se for aprovado, o desenvolvimento pode continuar e, então, poderão ser preparadas estimativas mais precisas, posteriormente.

Dessa forma, o desenvolvimento do produto pode ser considerado um processo estruturado.

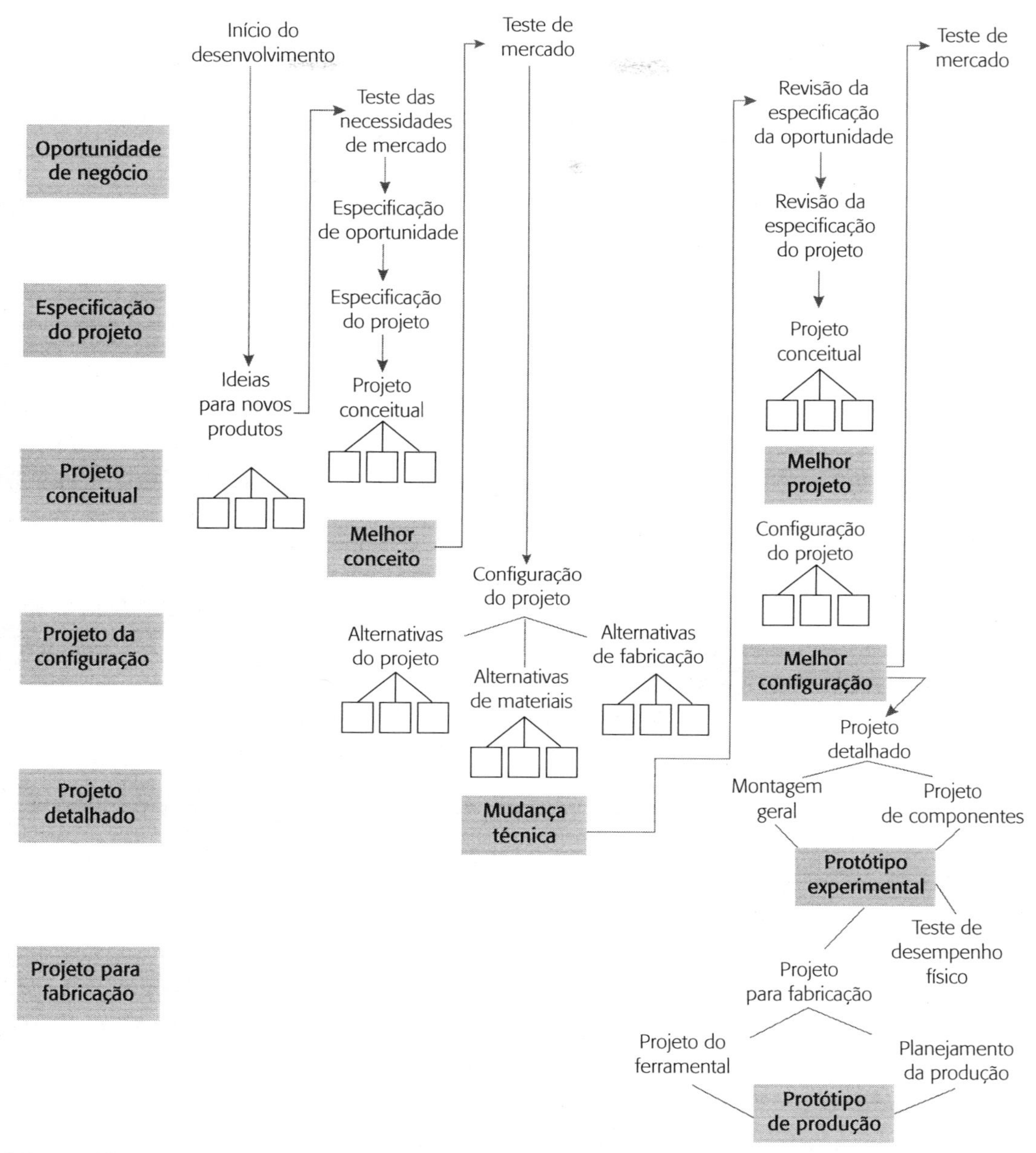

Figura 2.5 ■ Atividades de projeto nas diferentes etapas do desenvolvimento de produto.

Cada etapa desse processo compreende um ciclo de geração de ideias, seguido de uma seleção das mesmas. Às vezes, você será obrigado a omitir algumas etapas e pular a para frente. Em outras ocasiões, uma mesma etapa poderá ser repetida diversas vezes, mas tudo isso faz parte do processo. O processo decisório é estruturado e ordenado, mas nada indica que as atividades geradoras dessas decisões também devam seguir a mesma estrutura.

CONTROLE DE QUALIDADE DO DESENVOLVIMENTO DE PRODUTO

O controle de qualidade já foi mencionado diversas vezes e vamos ver agora como ele pode ser aplicado ao desenvolvimento de novos produtos. Muitas pessoas aceitam a ideia de controlar a qualidade de tarefas industriais ou administrativas bem estruturadas e de natureza repetitiva. Isso ocorre porque é relativamente fácil estabelecer metas e comparar os resultados dessas tarefas em relação às metas. Quando se trata do desenvolvimento de novos produtos, isso não é tão fácil. No início do processo de desenvolvimento de produto, as metas precisam ser fixadas, mesmo que o produto ainda não exista.

Como se pode determinar as metas para o controle de qualidade, sem mesmo conhecer o produto que se quer controlar? Essa é a principal dificuldade que surge, quando se pensa em aplicar os procedimentos tradicionais de controle de qualidade. Para superar essa dificuldade, precisamos recorrer ao ciclo PDCA *(Plan, Do, Check, Action)*, do controle de qualidade, que estabelece:[7]

- P – Planeje o que vai ser realizado;
- D – Realize-o;
- C – Confira o que foi realizado;
- A – Atue para corrigir os erros.

Esse ciclo PDCA gira continuamente, planejando, realizando, conferindo e atuando sobre os erros.

É claro que você não pode especificar exatamente como será o novo produto, antes que ele seja desenvolvido. Mas também não é admissível que você não saiba absolutamente nada sobre ele. Toda vez que se identificar uma oportunidade para o desenvolvimento de um novo produto, algumas metas serão fixadas. Um produto que é idealizado para ser mais barato que os competidores tem metas de custo e preço. Um novo produto que é imaginado para funcionar melhor que os concorrentes significa que tem metas funcionais. Até um produto que se destina a alcançar um concorrente mais inovador precisa, ao menos, funcionar tão bem quanto este, sem acréscimos de custo. Assim, pode-se pensar em metas para novos produtos, embora com menos precisão e menos dados quantitativos, em relação a outros tipos de tarefas rotineiras.

Vamos voltar ao funil de decisões. À medida que o desenvolvimento avança ao longo desse funil, o controle de qualidade pode se tornar mais específico, pois as características do produto vão-se definindo melhor (Figura 2.6). Nas etapas finais, quando o novo produto assumir o seu aspecto físico, os controles de qualidade se assemelham aos métodos tradicionais das indústrias. O primeiro controle é exercido sobre as especificações de oportunidade, contendo as metas comerciais básicas para o novo produto. Quais são os aspectos diferenciadores desse novo produto, em relação aos concorrentes? Como os consumidores serão induzidos a preferir esse novo produto? Quais são as estimativas iniciais de custo e a margem de lucro? Qual é o volume esperado de vendas, e qual é o retorno do investimento ao longo da vida desse produto no mercado?

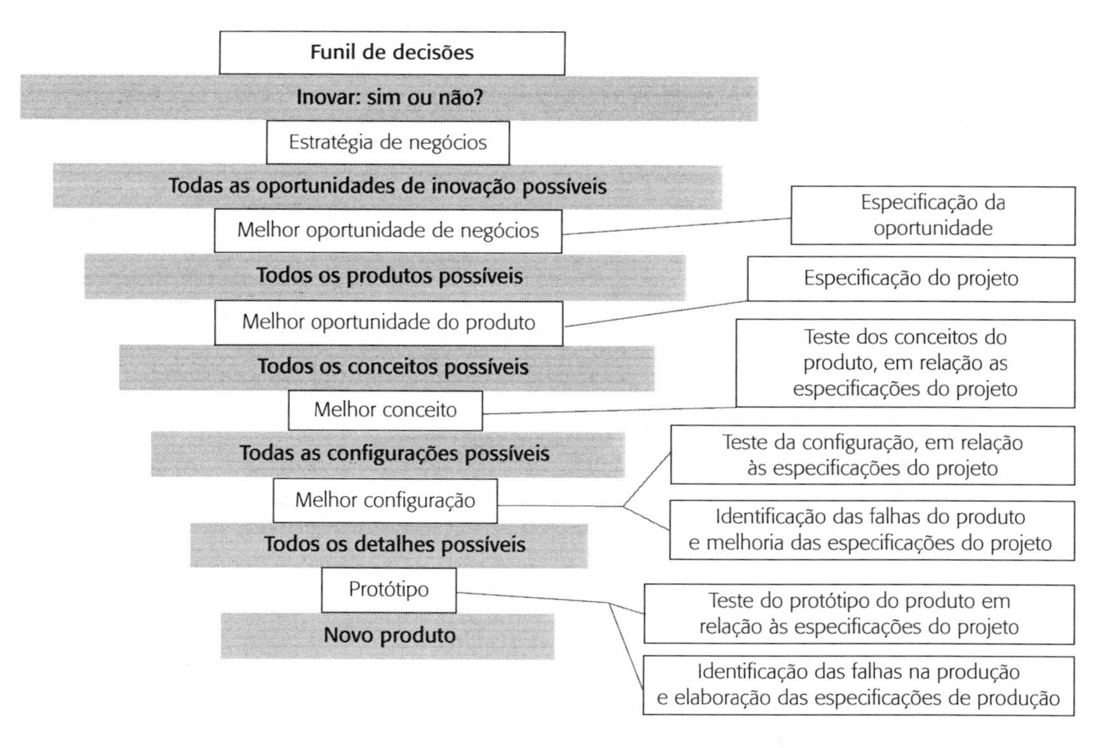

Figura 2.6 ■ Controle de qualidade do desenvolvimento de novos produtos ao longo do funil de decisões.

Em seguida, vem a **especificação do projeto**, na qual se realiza o controle de qualidade mais importante. Nessa etapa são fixadas as metas técnicas para o novo produto, abrangendo desde as suas funções básicas, sua aparência, até as embalagens e a forma de embarque para as distribuidoras. A especificação do projeto deve ser um documento de consenso, refletindo os interesses de *marketing*, vendas, projeto e desenvolvimento e a engenharia de produção da empresa. Esse documento deve conter também o critério para se avaliar o sucesso comercial do produto. Espera-se que qualquer produto que atenda a essas especificações seja bem-sucedido no mercado. Qualquer outro produto que não atenda a elas provavelmente será um fracasso no mercado, e deve ser eliminado durante o processo de desenvolvimento, antes que cause maior estrago (Figura 2.7).

O descarte de produtos inviáveis

O pronto reconhecimento e o descarte de produtos inviáveis é vital para o desenvolvimento de novos produtos. Os dados a seguir[8] mostram a curva de sobrevivência de novos produtos, desde a primeira ideia até se chegar a produtos lucrativos, com uma mortalidade de 95%. A taxa de 5% de sucesso mostra que não é fácil obter lucro com os novos produtos. Assim, é importante gerar o maior número possível de alternativas para o novo produto e eliminar aquelas que não servem. Esse descarte deve ser feito o mais rápido possível, durante o processo de desenvolvimento.

Quanto mais se demorar na tomada de decisão, maiores serão as perdas com os fracassos. Paradoxalmente, o principal indicador de um bom procedimento de desenvolvimento de novos produtos é justamente a quantidade de novas ideias rejeitadas e a rapidez com que isso é feito.

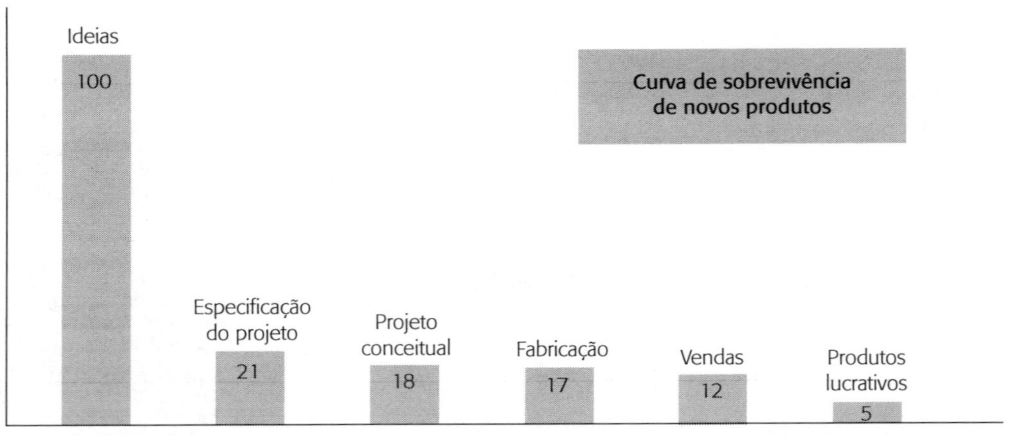

Figura 2.7 ■ Os processos bem controlados de desenvolvimento de novos produtos promovem o descarte de produtos considerados inviáveis, o mais rápido possível.

A especificação do projeto, então, torna-se o padrão referencial para a comparação de todas as alternativas geradas durante o desenvolvimento do projeto. Assim, os conceitos, as configurações e os protótipos podem ser avaliados em relação a esse padrão, para se selecionar as melhores alternativas. A especificação do projeto deve ser melhorada quando se chega à configuração e ao projeto detalhado. Isso é feito usualmente por meio de uma técnica que procura antecipar e controlar as possíveis falhas futuras do produto. Eventualmente, quando o desenvolvimento do produto chega à etapa de fabricação, a especificação do projeto deve ser transformada em especificação de produção para controlar o processo produtivo. Nesse caso, devem ser determinados os pontos de controle de qualidade a serem realizados durante o processo de fabricação, que podem ser, por exemplo, na recepção da matéria-prima, montagem dos circuitos elétricos e assim por diante, até a montagem final do produto.

METAS DE QUALIDADE

As metas de qualidade começam como simples declarações de objetivos dos negócios, tornam-se refinadas nas metas intermediárias de projeto e, por fim, são mais detalhadas nas especificações de produção. A meta de qualidade refere-se a alguma característica ligada à aparência ou função do novo produto. Ela pode ser elaborada de duas maneiras. Em primeiro lugar, existem as **exigências dos consumidores**, representando as características básicas que devem ser incluídas, para que o produto seja comercialmente viável, isso pode incluir os requisitos exigidos por lei, como nível máximo de poluição ou requisitos de segurança, e as normas técnicas ou padrões industriais. Devem incluir também todos os requisitos que um consumidor exige de um produto, na ocasião da compra. Por exemplo, ao comprar uma tesoura, qualquer consumidor exigirá que a lâmina esteja afiada e que a sua pega seja confortável. Outras características, como cores, estilo, duração do fio são menos importantes e não se constituem em pré-requisitos absolutos dos compradores. Eles não são, a rigor, **demandas** das especificações de projeto, mas, como veremos a seguir, **desejos**.

As exigências, na especificação de projeto, podem ser vistas como condições obrigatórias do controle de qualidade. Se, durante o desenvolvimento do produto, algumas dessas especificações não for atingida, o produto deve ser eliminado, pois elas se constituem em critérios mínimos para o produto ser aceito no mercado. Se o produto não satisfizer a essas exigências, significa que situa-se abaixo do critério mínimo para o seu sucesso comercial. É importante conhecer a possibilidade de insucesso, tão cedo quanto possível, para descartar o produto durante o seu desenvolvimento, antes que redunde em mais desperdícios de recursos (Figura 2.7).

A segunda maneira de especificar as metas de qualidade é por meio dos **desejos**. São características dos produtos que são desejáveis, para diferenciá-los de outros produtos concorrentes no mercado. Enquanto as exigências têm características básicas, que fazem funcionar o produto, os desejos podem ser considerados como características secundárias, que adicionam valor ao produto. A lista dos desejos pode incluir tarefas de engenharia, desenho industrial e *marketing*. Os desejos de engenharia podem incluir a redução do número de componentes e, assim, simplificar a montagem e a manutenção. Os de desenho industrial, melhoria dos aspectos ergonômicos ou uso de materiais alternativos; e os de *marketing*, o acréscimo de acessórios, para aumentar a utilidade do produto. Os desejos, na especificação do projeto, podem ser vistos como indicações para o controle de qualidade. O número de desejos atendidos, durante o processo de desenvolvimento do projeto, pode ser uma medida do **valor** acrescido ao produto, acima e além dos seus requisitos básicos.

METAS DO DESENVOLVIMENTO DE PRODUTOS

A fixação de metas no desenvolvimento de produtos só é útil se for acompanhada dos procedimentos para verificar se essas metas serão atingidas. Essas metas podem ser alcançadas em duas etapas. Primeira, gerando todas as alternativas possíveis para se alcançar essas metas. Segunda, selecionando-se a melhor dessas alternativas. Esse é o procedimento adotado pelas metodologias em geral para se estimular a criatividade, separando-se a fase de ideação daquela de julgamento das ideias. Nessa segunda etapa, a seleção é realizada com o uso das especificações do projeto. Esse tipo de procedimento repete-se diversas vezes, ao longo do funil de decisões.

A seleção inicial do melhor conceito envolve primeiro pensar em todos os princípios de operação para o produto e, depois, a seleção do melhor deles, baseando-se nas especificações do projeto. No estágio final do desenvolvimento, para a seleção da melhor configuração para o projeto, é necessário pensar, primeiro, em todas as formas possíveis de fabricação do produto e, em segundo lugar, fazer a seleção da melhor configuração, baseando-se nas especificações do projeto. Assim, esse ciclo se repete ao longo de todo o processo de desenvolvimento de novos produtos, operando em fronteiras cada vez mais fechadas, determinadas pelas etapas precedentes, até se chegar em uma ou duas alternativas finais de projeto.

Esse caminho é delimitado pelas especificações de projeto. São elas que comandam a seleção das alternativas em cada etapa, para serem detalhadas nas etapas posteriores. As especificações de projeto são igualmente importantes para o controle de qualidade durante o desenvolvimento. Elas é que determinam a vida ou morte dos produtos, conforme atendam ou não às demandas contidas na especificação.

Este capítulo começou mostrando como o desenvolvimento de novos produtos pode ser arriscado, e termina de modo semelhante. O desenvolvimento de novos produtos sempre é arriscado. Mas existem formas de reduzir esse risco e aumentar as chances de sucesso. Se você seguir um método sistemático de desenvolvimento, poderá levar uma grande vantagem sobre os concorrentes que atuem aleatoriamente. Isso será melhor apresentado do Capítulo 6 em diante.

Ferramenta 1:

Conceitos-chaves do desenvolvimento de produtos

1. Os novos produtos são desenvolvidos para o consumidor.

O desenvolvimento de produtos deve ser orientado para o consumidor. O *designer* de produtos bem-sucedido é aquele que consegue decifrar a mente do consumidor: ele consegue interpretar as necessidades, sonhos, desejos, valores e expectativas do consumidor. É muito difícil introduzir novos produtos, principalmente aqueles com maior grau de inovação. Os consumidores apresentam tendência conservadora e só estão dispostos a mudar de hábito se tiverem uma boa razão para isso. Essa razão pode ser um novo produto, com uma clara diferenciação em relação aos existentes e com um evidente acréscimo de valor para o consumidor. Como resultado, tais produtos têm cinco vezes mais chances de sucesso (ver Figura 2.1), comparado com aqueles que apresentam pouca diferenciação e um mínimo de valores adicionais. Assim, a orientação para o mercado é um elemento-chave para o desenvolvimento de novos produtos.

2. O desenvolvimento de novos produtos é um problema de difícil solução.

O desenvolvimento de novos produtos é um problema multifatorial: o sucesso ou fracasso depende de muitos fatores, tais como: simpatia dos consumidores, aceitação dos distribuidores, facilidade de fabricação, durabilidade e confiabilidade do produto. O problema também é nebuloso: muitas vezes não se tem clareza da definição do problema no início do processo. Devido a isso, o modo como o seu desenvolvimento é conduzido tem uma grande influência sobre o seu sucesso ou fracasso.

- **Resolva o problema por etapas.** O desenvolvimento do produto é o processo de transformar uma ideia sobre um produto em um conjunto de instruções para a sua fabricação. Isso só pode ser feito em etapas. Em cada etapa, devem ser abordados maiores detalhes do projeto. Tenha certeza de que o produto funciona, antes de passar para o seu detalhamento.
- **Siga as especificações.** Escreva os requisitos daquilo que o produto dever ser (exigências) e daquilo que o produto poderia ter (desejos) para ser comercialmente atrativo. As especificações assim elaboradas devem ser aprovadas por consenso entre os vários departamentos da fábrica (*marketing*, projeto e engenharia de produção). Em cada etapa do processo de desenvolvimento, pense em todas as alternativas possíveis e selecione aquela que melhor atenda às especificações. Interrompa o processo assim que for constatado desvio irreversível em atender as especificações.

3. Invista nos estágios iniciais do desenvolvimento

Os estágios iniciais são os mais importantes no processo de desenvolvimento de novos produtos. Quando o projeto conceitual estiver pronto, deve-se definir o seu mercado potencial, seus princípios operacionais e os principais aspectos técnicos. Até aqui um grande número de decisões terá sido tomado e um considerável volume de recursos financeiros, alocado. Contudo, os gastos com o desenvolvimento ainda são relativamente pequenos — a pesquisa ocorreu só no papel e os trabalhos de projeto consistem de desenhos e modelos baratos. A introdução de mudanças em etapas posteriores, como na fase de engenharia de produção, pode implicar em refazer matrizes de elevadíssimos custos.

Assim, como mostra o gráfico de barras (Figura 2.8), a taxa de retorno nos estágios iniciais do desenvolvimento é bem mais favorável que nos estágios posteriores. A chave do sucesso no desenvolvimento do produto consiste, então, em investir mais tempo e talento durante os estágios iniciais, quando custam pouco. Qualquer modificação em estágios mais avançados requer custos muito maiores — é muito mais barato mudar no papel do que em modelos e protótipos. A Figura 2.9 mostra como os custos de desenvolvimento são pequenos nos estágios iniciais, começam a crescer durante a configuração e detalhamento e sobem verticalmente no início da fabricação.

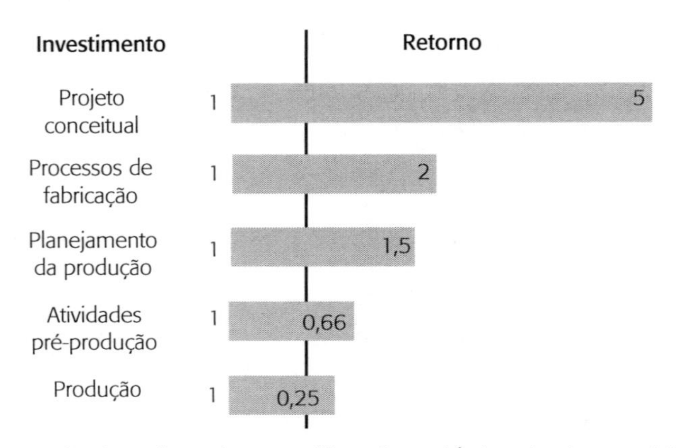

Figura 2.8 ■ Taxas de retorno dos investimentos nos diferentes estágios de desenvolvimento de novos produtos.

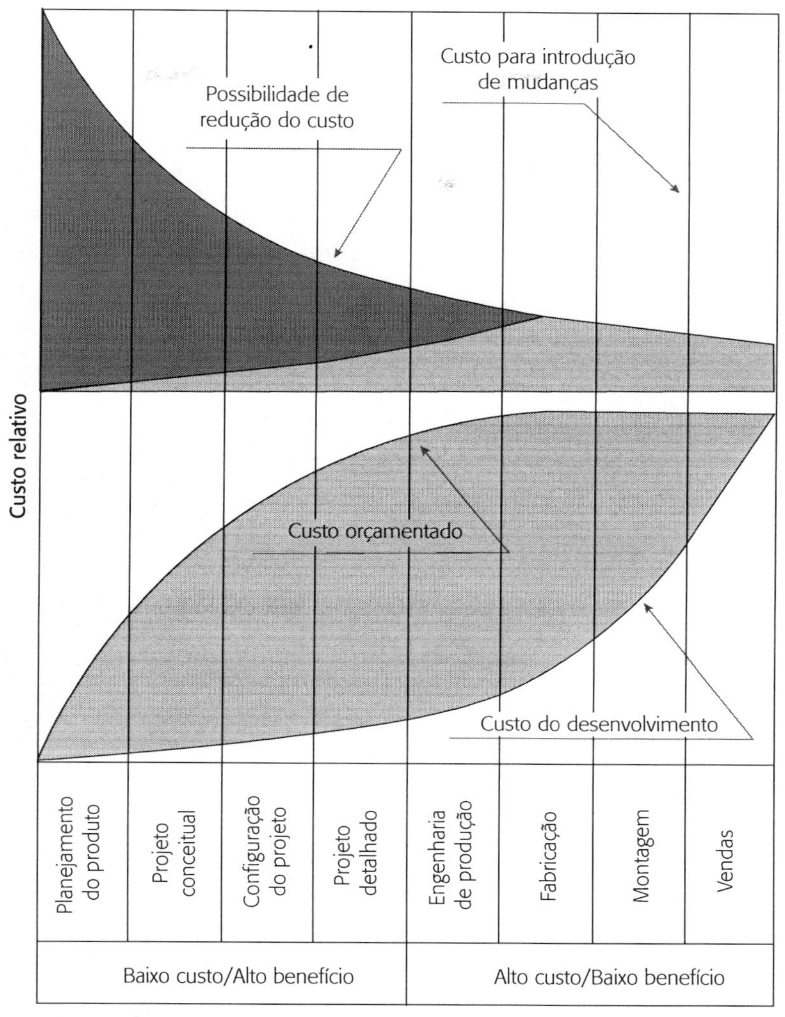

Figura 2.9 ■ Custos e benefícios em diferentes estágios do processo de desenvolvimento.[9]

Os custos orçamentados, contudo, seguem um padrão diferente. Os custos orçamentados significam decisões para gastos futuros. A decisão mais importante nesse sentido ocorre nas etapas iniciais de desenvolvimento. A decisão, por exemplo, de produzir um carro luxuoso, em vez de um carro popular, exige um enorme compromisso financeiro. A decisão, durante a etapa de conceituação do novo produto, de produzir um carro com motor elétrico em vez dos tradicionais motores a explosão, envolve um grande orçamento. Quando se chega ao projeto detalhado, grande parte do custo deve estar orçamentado, embora ainda não se tenham efetivado os gastos. Como resultado desse padrão de custos, a possibilidade de redução de custos é maior nos estágios iniciais de desenvolvimento, quando os custos orçamentados ainda não foram efetivamente gastos.

Os projetos que começam com uma boa especificação, discutida e acordada entre todas as pessoas que tomam decisões na empresa, e cujos estágios iniciais de desenvolvimento sejam bem acompanhados, têm três vezes mais chances de sucesso, do que aqueles com especificações vagas ou acompanhamentos iniciais malfeitos (ver Figura 2.1). Assim, é muito importante começar certo no processo de desenvolvimento.

NOTAS DO CAPÍTULO 2

1. Estudos sobre o sucesso e fracasso de novos produtos:

   Inglaterra: Freeman, C., *The Economics of Industrial Innovation*, 2ª edição, London: Francis Pinter, 1988;

   E.U.A.: Booz-Allen & Hamilton Inc. *New Product Management for the 1980's.* New York: Booz-Allen & Hamilton Inc, 1982;

   Canadá: Cooper, R. G., *Winning at New Products.* Boston: Addison Wesley Publishing Co., 1993.
2. Esta classificação é uma interpretação do autor, a partir dos dados apresentados por Cooper (1993) – ver referência acima.
3. O funil de decisão é um conceito desenvolvido pelo autor a partir das ideias sobre o gerenciamento do desenvolvimento de produtos de Cooper (1993) (ver nota 1, acima) e de Wheelwright, S. C. e Clark, K. B., *Revolutionising Product Development: Quantum Leaps in Speed, Efficiency and Quality.* New York: Free Press, 1992.
4. Booz-Allen & Hamilton (citado na nota 1) concluiu que o desempenho no desenvolvimento de novos produtos pode aumentar em até 27%, se cada novo produto for desenvolvido por uma equipe de projeto.
5. A citação de Attwater encontra-se em Gruenwald, G., *New Product Development.* Lincolnwood, llinois: NTC Business Book, 1988. *N.T.* Publicado em português: *Como Desenvolver e Lançar um Produto Novo no Mercado.* São Paulo: Makron Books, 1993.
6. Um bom estudo de caso sobre a indústria automobilística encontra-se em Ingrassia, R e White, J. B., *Comeback: The Fali and Rise of the American Automobile Industry.* New York: Simon & Schuster, 1994.
7. Os princípios básicos do controle de qualidade são apresentados no ISO 9000. Para introdução geral à gerência de qualidade, veja Fox, M. J., *Quality Assurance Management.* London: Chapman & Hall, 1993. N.T. Em português, ver Campos, V. F., *TQC – Controle Total da Qualidade (no estilo japonês).* Belo Horizonte: Fundação Christiano Ottoni, 1992.
8. A curva de sobrevivência de novos produtos foi publicada em Hollins, B. e Pugh, S., *Successful Product Design,* London: Butterworth & Co., 1990. Veja também em Cooper, 1993 (nota 1, acima).
9. Esse dado foi compilado de Booz-Allen & Hamilton, 1982 (veja nota 1) e incorporado aos conceitos de Cooper, 1993 (veja nota 1) e Wheelwright, S. C. e Clark, K. B., *Revolutionising Product Development: Quantum Leaps in Speed, Efficiency and Quality.* New York: Free Press, 1992.

Capítulo 3

Princípios do estilo

Estilo de um produto é a qualidade que provoca a sua atratividade visual. A forma visual pode ser feia, desequilibrada ou grosseira; ou pode ser transformada em uma forma bela, que é admirada por todos que a olhem. Hoje, todos os segmentos da sociedade, desde consumidores individuais até o governo, aceitam a ideia de que o estilo é uma forma importante de adicionar valor ao produto, mesmo sem haver mudanças significativas no seu funcionamento técnico. Nem sempre o estilo precisa ser vistoso, elaborado ou dispendioso.

Muitos cursos de projeto do produto enfatizam o ensino do estilo. Isso geralmente é feito com exercícios para desenvolver a prática do estilo. Essa é uma habilidade básica que todos os *designers* deveriam ter, tanto nos desenhos esquemáticos, desenhos de acabamento *(renderings)* ou na execução de modelos.[1] Uma parte igualmente importante na estilização de produtos é a inspiração inicial para criar formas visuais. Para isso, é necessário conhecer os princípios do estilismo e como eles se aplicam na elaboração dos estilos de produtos. Não existem métodos bem estruturados para isso. Existem muitas publicações sobre os aspectos tecnológicos do produto, mas são raras aquelas sobre o estilo. Neste livro, apresento o estilo como um componente tão importante quanto os aspectos funcionais do produto. Isso não significa que o estilo seja reduzido a algumas receitas. Um bom estilo é sempre uma arte, que depende do talento e do esforço do *designer*.

Este capítulo descreve os princípios do estilo de produtos. Nos capítulos seguintes, esses princípios serão aplicados em procedimentos operacionais. Isso é feito de modo a facilitar a criação do estilo e também a organizar as atividades de projeto.

PERCEPÇÃO VISUAL DE PRODUTOS[2]

Quando se fala de um produto atraente, raramente nos referimos ao seu som, cheiro ou paladar. A percepção humana é amplamente dominada pela visão e, quando se fala no estilo do produto, referimo-nos ao seu estilo visual, pois o sentido visual é predominante sobre os demais sentidos. A atratividade de um produto depende, então, basicamente de seu aspecto visual.

Nós enxergamos um objeto quando a luz emitida pelo mesmo penetra nos olhos e atinge as células fotossensíveis da retina, gerando um impulso elétrico. A imagem, a que chamamos de visão, é a interpretação que o nosso cérebro apresenta sobre um conjunto de pequenos impulsos elétricos, que são gerados nas células da retina e conduzidos até o cérebro por meio das células do sistema nervoso. Essas células dividem a imagem visual em diversos componentes, como linhas, cores e movimentos. Esses componentes da imagem são transmitidos ao cérebro, onde são processados para produzir um significado, podendo ser armazenados na memória para uso futuro.

O cérebro faz uma integração engenhosa dos componentes da imagem visual que recebe, pois a nossa percepção é algo inteiro e coerente. Do contrário, perceberíamos linhas, pontos, cores e movimentos separadamente. Como se pode ver, conhecer o processamento que o cérebro realiza, para produzir a imagem, é muito importante para o estilo do produto. Vamos examinar alguns componentes desse processamento.[3]

1. Os dois estágios do processamento visual. A percepção da informação visual pode ser feita em dois estágios. Em primeiro lugar, a imagem é varrida visualmente, para reconhecimento de padrões e formas. Este é um processo muito rápido, não requerendo decisão voluntária e é chamado de **pré-atenção**. A segunda parte envolve uma focalização deliberada sobre detalhes da imagem, nas quais se quer prestar **atenção visual**. Para ilustrar esse mecanismo, olhe para a Figura 3.1. Num relance, você pode perceber que há algo de diferente na parte superior direita da figura. Este é o resultado do estágio de pré-atenção. Você não será capaz de dizer exatamente o que é diferente e nem identificar o contorno do mesmo. Passando para a segunda fase e focalizando os olhos para essa parte diferente, pode-se identificar um retângulo composto de 6 linhas e 9 colunas, com as letras em negrito.

Figura 3.1 ■ Note que há algo diferente na parte superior direita da figura.

2. Primeira percepção global. O processamento visual do estágio de pré-atenção é chamado de "primeira percepção global", porque: 1) a pré-atenção é uma etapa preliminar, que precede a atenção visual; 2) o processamento da pré-atenção é global, ou seja, olhamos para o objeto inteiro e não para determinados detalhes; e 3) orienta a visão posterior, que é focalizada nos detalhes. Isso significa que essa percepção prévia será dominante e determinará, pelo menos parcialmente, a atenção subsequente. Na Figura 3.1, a pré-atenção identificou uma área de interesse na parte superior direita e dirigiu os olhos para essa parte, para uma exploração visual mais detalhada. Você notou que uma letra no canto esquerdo inferior também está em negrito? Se não, é porque a primeira percepção global dirigiu a sua atenção para o retângulo, excluindo outras partes da figura.

Vamos considerar outro exemplo, mostrado na Figura 3.2. Este é um caso de imagem ambígua, mostrando a cabeça e os ombros de uma jovem, com a face voltada para o fundo da figura. Mostra também a face de uma idosa, em perfil. É impossível perceber simultaneamente as duas imagens, devido à primeira percepção global. Se a mente se fixar em uma das duas imagens, uma percepção global será produzida. Você, então, pode examinar os detalhes: na jovem, a linha pronunciada do queixo, a elegância da gargantilha, o lenço volumoso sobre a cabeça e o luxuoso casaco. Na senhora idosa, o nariz aquilino, a protuberância do queixo, os lábios finos e os olhos profundos. Geralmente, a imagem que você perceber primeiro vai determinar a estratégia para a exploração posterior dos detalhes. Para enxergar a outra imagem, você precisará piscar, desviar os olhos ou tirar a figura temporariamente do campo de visão. É como se fosse necessário apagar a primeira imagem. Depois de percebida essa segunda imagem, ela determinará também a exploração posterior dos seus detalhes, de modo que não é possível perceber uma das imagens e explorar os detalhes da outra.

Figura 3.2 ■ Imagem ambígua: jovem ou idosa?

A partir dessa propriedade da visão pode-se formular o seguinte princípio do *design:* "**chamar a atenção e depois prender a atenção**". No projeto de um cartaz, por exemplo, o mesmo deve ter uma imagem visual global, capaz de chamar a atenção dos transeuntes. Nesse caso, as pessoas não sabem exatamente do que se trata, mas terão a curiosidade de olhar melhor, para ler o seu conteúdo. Diz-se, então, que o cartaz conseguiu prender a atenção. Observe que se ocorrer falha na primeira função de chamar a atenção, o contato com o transeunte será perdido, e ele não se deterá para ler o seu conteúdo.

3. A hipótese visual. Em casos de informações ambíguas ou incompletas, construímos hipóteses visuais em nossas mentes e as projetamos mentalmente sobre a figura. Olhe para a Figura 3.3. Sua mente tentará fazer hipóteses visuais sobre as formas (quase sempre círculos) que dominam a figura. Figuras incompletas de formas complexas também são percebidas da mesma maneira: a mente rapidamente identifica-as com um padrão conhecido. Isso corresponde a uma separação de alguns elementos-chaves da figura e a sua associação com padrões conhecidos.

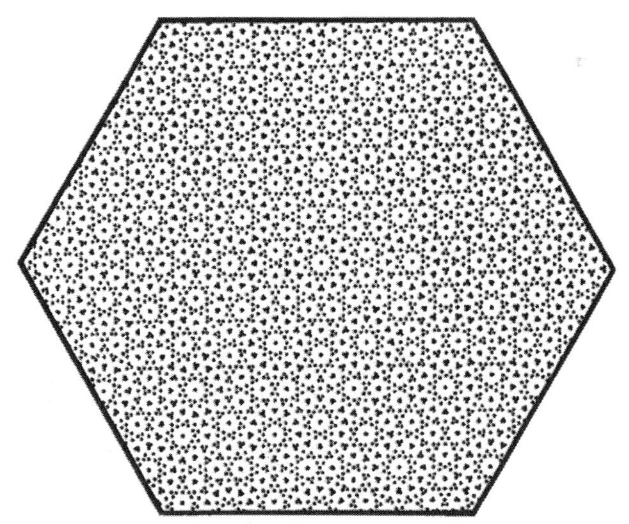

Figura 3.3 ■ Identificação de padrões conhecidos.[4]

Figura 3.4 ■ Veja um cachorro dálmata nestas manchas.[5]

A Figura 3.4 consiste de um conjunto de manchas, mas muitas pessoas identificam rapidamente um cachorro dálmata (o cachorro está com a cabeça abaixada, cheira o chão e olha para o canto superior esquerdo da figura). Uma vez identificado, esse padrão torna-se uma forte imagem da figura. Isso ocorre depois que a sua mente formou a hipótese visual do cachorro.

Essas descobertas sobre o nosso processo visual contrariam algumas noções intuitivas. Intuitivamente, acreditamos que os nossos olhos são janelas para o mundo. Mas não é bem assim. Nós enxergamos aquilo que pensamos ver. Nós olhamos para uma imagem e, sem pensar, extraímos suas principais características. A partir dessas características, a nossa mente trabalha na sua identificação com algum padrão conhecido. Segue-se uma visão mais focalizada, guiada por essa visão inicial, para se examinar os detalhes. Olhe para a Figura 3.5 e você verá um triângulo branco. Mas esse triângulo não existe: a sua imagem é construída por três círculos recortados e por linhas interrompidas. A nossa mente constrói o triângulo a partir de partes perdidas das outras figuras. E, para confirmar a sua existência, o triângulo parece se destacar, com um tom mais branco do que o fundo da página. Ilusões visuais, como essas, comprovam que a nossa percepção do mundo é distorcida. Em parte, enxergamos aquilo que queremos ver.

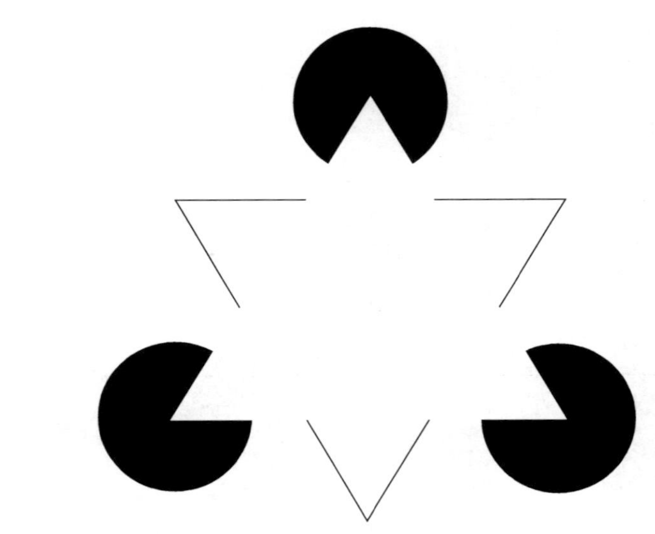

Figura 3.5 ■ O triângulo inexistente.[6]

■ PERCEPÇÃO DO ESTILO

De que forma esses conhecimentos sobre a visão influem no estilo dos produtos? Muito do que se diz sobre o estilo depende da primeira percepção global. Dizemos que os produtos exercem um apelo imediato, prendem os olhos, chamam a atenção. Esses julgamentos são instantâneos e ocorrem na fase de pré-atenção. Eles não requerem atenção deliberada e nem exame detalhado dos componentes do produto. Quando falamos da forma ou imagem de um produto, estamos nos referindo à nossa percepção global do mesmo. O estilo depende, pelo menos parcialmente, da primeira percepção global. A beleza de um produto relaciona- se, portanto, mais com as propriedades do nosso sistema visual, do que alguma coisa intrinsecamente bela no produto. Se um extraterrestre olhasse para um produto que consideramos de beleza sublime, é possível que o considere sem nenhuma graça, porque o seu padrão visual é diferente. A beleza não está só no produto, mas também nos olhos (e mente) do observador. Quando projetamos um objeto para ser belo, precisamos fazê-lo de acordo com as propriedades da visão humana. Assim, é importante entender o mecanismo da visão para aplicá-lo no estilo dos produtos.

REGRAS DA PERCEPÇÃO VISUAL

O nosso sistema visual é uma herança de longo processo evolutivo. Como já mencionamos, o ser humano evoluiu para ser um animal predominantemente visual. Em outras palavras, usamos a visão, mais que qualquer outro sentido, como audição ou olfato, para realizar as nossas tarefas diárias. A visão exerceu uma profunda influência no nosso processo evolutivo, enquanto existem outras espécies animais, como aquelas cegas, que percebem o mundo por meio de outros sentidos, como a sensibilidade térmica. Há, inclusive, uma teoria que explica a razão de sermos bípedes: seria para enxergar mais longe do que se andássemos de quatro. Assim, a visão passou a ter importância fundamental na sobrevivência do homem primitivo. Ele desenvolveu a habilidade de identificar o perigo (predadores, cobras e outros inimigos) e distinguir materiais comestíveis.

Sendo muito gregário, o homem primitivo adquiriu diversas habilidades sociais. Tornou-se capaz de identificar os indivíduos de sua tribo e ler as expressões faciais dos outros. Tudo isso contribuiu para uma vida harmoniosa em grupo. Assim, quando julgamos a beleza dos produtos atuais, estamos usando o mesmo mecanismo da visão que foi fundamental para a sobrevivência da espécie. Esse mecanismo pode ser resumido em dois tipos de regras. No primeiro tipo, existem as regras gerais, que nos permitem extrair informações visuais de qualquer cena. No segundo, há regras específicas, que nos permitem executar certos tipos de tarefas visuais, por questão de sobrevivência.

REGRAS GERAIS DA PERCEPÇÃO

Um grupo de psicólogos alemães formulou a teoria do *gestalt*,[7] nas décadas de 1920 a 40. Esses psicólogos sugeriram que a visão humana tem uma predisposição para reconhecer determinados padrões (*gestalt* significa padrão, em alemão). Na época, essa teoria foi desprezada por outros estudiosos, por considerá-la muito fantasiosa. Contudo, as modernas pesquisas sobre o mecanismo da visão comprovaram que os *gestaltistas* tinham razão.

Quando olhamos pela primeira vez para uma imagem, nosso cérebro está programado para identificar certos padrões visuais e arrumá-los em uma imagem com significado. Esse programa não vem pronto na ocasião do nascimento, mas é construído em função dos estímulos visuais recebidos na fase de crescimento. Por exemplo, se formos criados em ambiente artificial com a predominância de traços verticais, nossa visão se tornará incapaz de identificar traços horizontais. As regras do *gestalt* funcionam como regras operacionais do programa que existe em nossa mente.[8]

Provavelmente, a mais forte regra do *gestalt* é a da **simetria.**[9] Nós temos uma grande habilidade para descobrir simetrias em formas complexas, em formas naturais com simetria incompleta e até em objetos que tenham a simetria distorcida (Figura 3.6). Olhando-se um objeto sob diferentes ângulos, por exemplo, temos imagens diferenciadas, mas não teremos muita dificuldade em dizer se são simétricas ou não. Relacionada à regra da simetria, existe a regra das formas geométricas, pela qual temos mais facilidade de detectar formas geométricas simples do que aquelas irregulares ou complicadas. Isso pode ser uma consequência da nossa habilidade de detectar simetria (todas as formas geométricas simples geralmente são simétricas).

Figura 3.6 ▪ Nós temos uma habilidade especial para detectar simetria.[9]

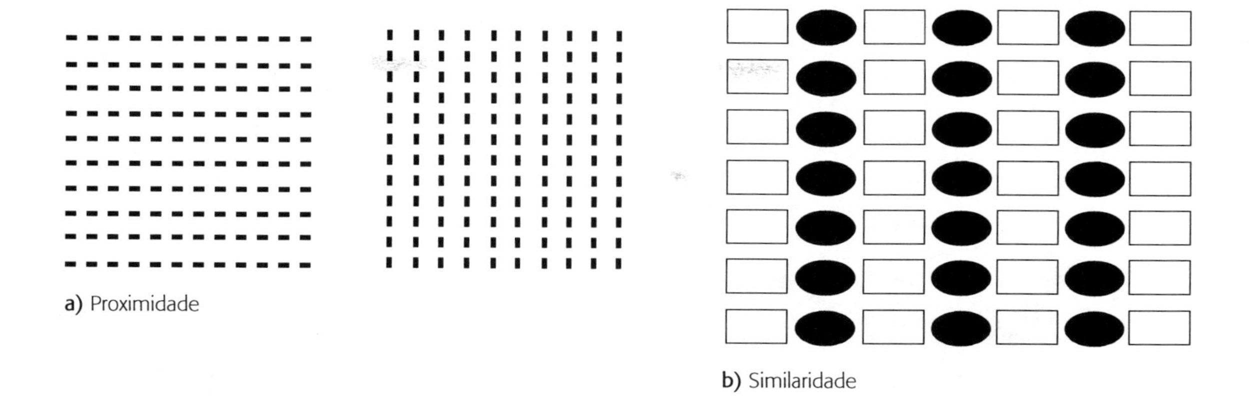

a) Proximidade

b) Similaridade

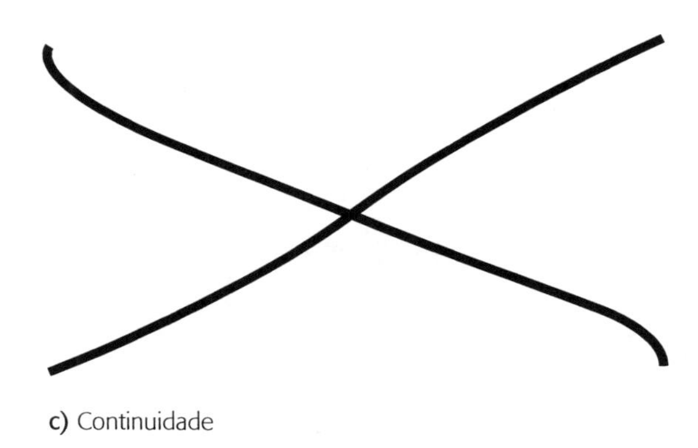

c) Continuidade

Figura 3.7 ▪ As regras do *gestalt*.

Nós temos uma habilidade especial para detectar padrões regulares, que os psicólogos *gestaltistas* desmembram em três regras: proximidade; similaridade; e continuidade.[8] Pela regra da **proximidade**, objetos ou figuras que se situam próximos entre si tendem a ser percebidos como um conjunto único. Isso é ilustrado na Figura 3.7a. Os pontos da esquerda tendem a ser percebidos na horizontal, porque estão mais próximos no sentido horizontal. Os pontos da direita tendem a ser percebidos na vertical, porque estão mais próximos no sentido vertical. Pela regra da **similaridade**, objetos ou figuras que tenham forma ou aspecto semelhantes entre si tendem a ser vistos como um padrão. Na Figura 3.7b, os elementos são percebidos em colunas verticais, devido à semelhança de formas. Essa tendência é mais forte que a proximidade entre os elementos horizontais, cujas distâncias entre si são menores. A regra da **continuidade** propõe que a percepção tende a dar continuidade, trajetória ou prolongamento aos componentes da figura. A Figura 3.7c é percebida como duas linhas curvas se cruzando, porque cada linha apresenta continuidade ou trajetória, que é interpretada como uma coisa contínua, mesmo após o ponto de interseção das duas linhas. A mesma figura poderia ser vista como dois "V" se encontrando pelos vértices, mas essa imagem é dominada pela anterior.

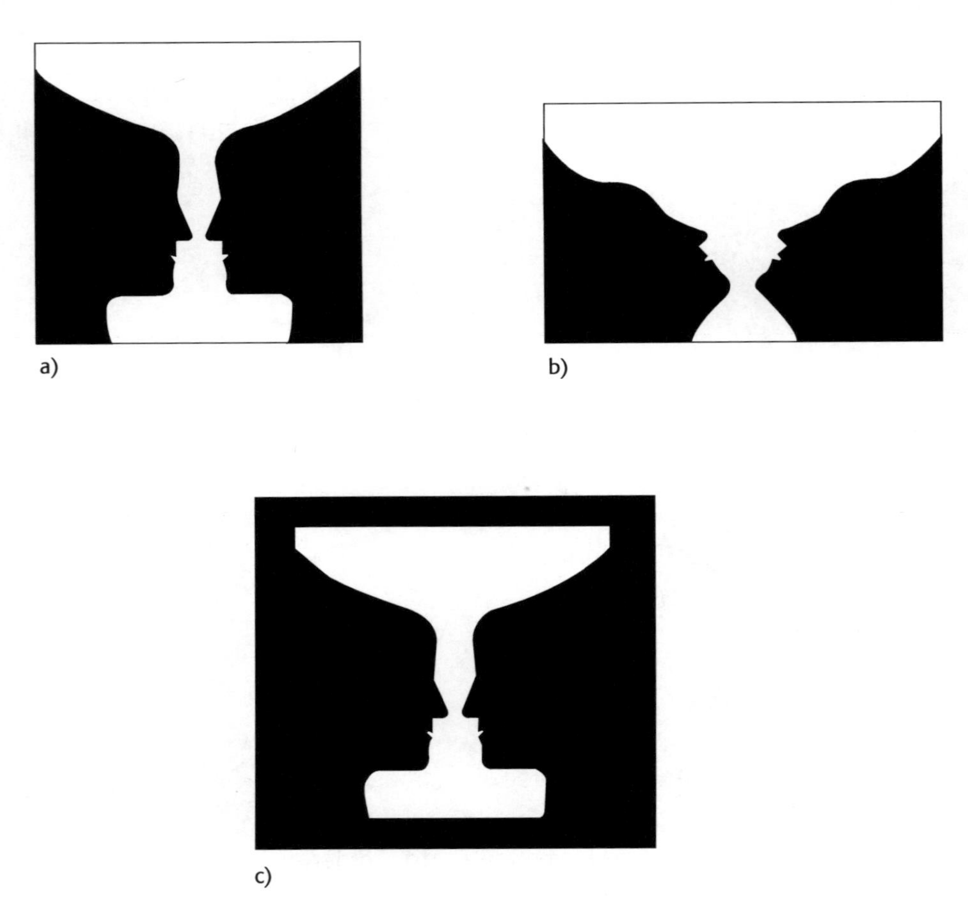

Figura 3.8 ■ A ilusão taça/faces ilustra a regra do *gestalt* sobre figura/fundo.

Outra característica da nossa percepção é a capacidade de separar uma parte da imagem, que é considerada mais importante.[8] Essa é uma habilidade para distinguir parte da imagem como sendo um objeto ou **figura** e o resto da imagem como sendo o **fundo** ou uma paisagem. Isso pode ser ilustrado novamente com figuras ambíguas (Figura 3.8). Essas imagens podem ser vistas como taças brancas sobre um fundo preto ou duas faces negras contra um fundo branco. Da mesma maneira que acontece com as figuras das mulheres jovem/idosa da Figura 3.2, neste caso também é impossível ver simultaneamente as duas imagens. Nossa visão pula de uma alternativa à outra, conforme se considere o que é figura e o que é fundo. A percepção figura/fundo baseia-se em quatro regras do *gestalt*: simetria, tamanho relativo, contorno e orientação. Quanto mais a imagem for simétrica, relativamente pequena, contornada e orientada no sentido horizontal ou vertical, será mais facilmente identificada como figura. As três partes da Figura 3.8 ilustram essas regras. A imagem (a) mostra a forma clássica da ilusão taça/faces. Ela tem todos os ingredientes da ambiguidade figura/fundo. Tanto a taça como as faces são simétricas, ambas têm aproximadamente o mesmo tamanho, nenhuma delas contorna a outra e ambas são orientadas verticalmente. Em outras palavras, não existe nenhuma pista indicando o que seria figura ou fundo. A imagem (b) mostra como a taça pode ser levemente sugerida como figura, inclinando-se as faces em 45 graus, e, portanto saindo da vertical, enquanto a taça torna-se dominante por permanecer na vertical. Na imagem (c), entretanto, a taça destaca-se como figura, porque ela é relativamente menor e está contornada em preto.

IMPORTÂNCIA DO *GESTALT* NO ESTILO DE PRODUTOS

As implicações das regras do *gestalt* no estilo de produtos são profundas e variam do específico para o global. Vamos começar com o específico. A integração efetiva entre os componentes do produto pode ser feita de acordo com as regras do *gestalt.* As partes do produto, funcionalmente relacionadas entre si, podem parecer agrupadas, devido a essas regras

O desenho na Figura 3.9 mostra um telefone celular, disponível no mercado. Suas teclas funcionais não chegam a ser visualmente desagradáveis, mas parece que foram projetadas sem levar em consideração as regras do *gestalt.* O desenho da direita mostra como os elementos podem ser rearranjados de acordo com as regras do *gestalt.* Em primeiro lugar, a regra da proximidade pode ser usada para fazer com que as teclas, funcionalmente relacionadas, apareçam visualmente associadas, simplesmente colocando-as próximas entre si. Por exemplo, a tecla de *power* (PWR) pode ficar próxima da tela. Colocando-as próximas entre si, há uma associação funcional entre elas. Com isso, a localização do *power* fica mais intuitiva e mais fácil de ser encontrada. A regra da continuidade pode ser usada para indicar a sequência das operações. Por exemplo, *store* (STO), *recall* (RCL) e*function* (FCN) geralmente são digitados antes dos algarismos, e então são colocados acima dos mesmos, em formato de seta apontando para baixo. Por outro lado, *send* (SND) e *end* (END) são usados após a digitação dos algarismos e são posicionados na parte inferior, com setas apontando para cima. Por fim, a regra de **similaridade** pode ser usada para indicar visualmente que os algarismos sejam arranjados em quatro linhas horizontais semelhantes entre si, diferenciando-se (formas e tonalidades diferentes) das demais linhas.

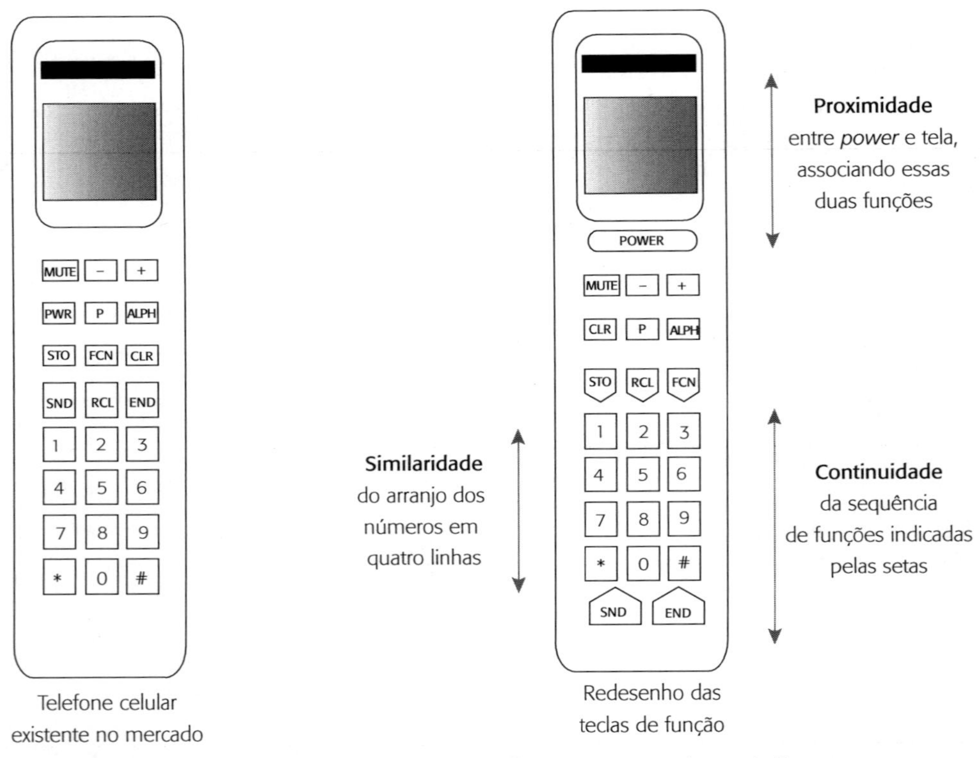

Figura 3.9 ■ Redesenho de um telefone celular aplicando-se as regras do *gestalt*.

A **harmonia** das formas visuais também pode ser explicada pelas regras do *gestalt.*[10] A rigor, os *gestaltistas* não formularam nenhuma regra relacionada com a harmonia. Mas a harmonia visual pode ser considerada como uma combinação das regras de simplicidade com as de padrões visuais. Vamos imaginar que a nossa visão tenha detectado um tipo particular de forma geométrica em um produto. Se essa forma geométrica se repetir no produto, elas parecerão ligadas entre si, pela regra da similaridade. Lembre como os ovais e retângulos da Figura 3.7b formavam um padrão vertical. Intuitivamente, sabemos que a repetição da mesma forma transmite sensação visual de maior coerência e harmonia, do que a repetição de diferentes formas. Portanto, pode-se falar em regra de harmonia visual, "derivada" das regras do *gestalt*.

Existem muitos produtos sem coerência visual e é fácil demonstrar que isso ocorre quando se violam essas leis do *gestalt*. A xícara da esquerda, na Figura 3.10, tem uma forma geométrica simples, que lhe confere um senso de harmonia visual. Em contraste, a xícara da direita mistura diversas formas geométricas e perde essa harmonia.

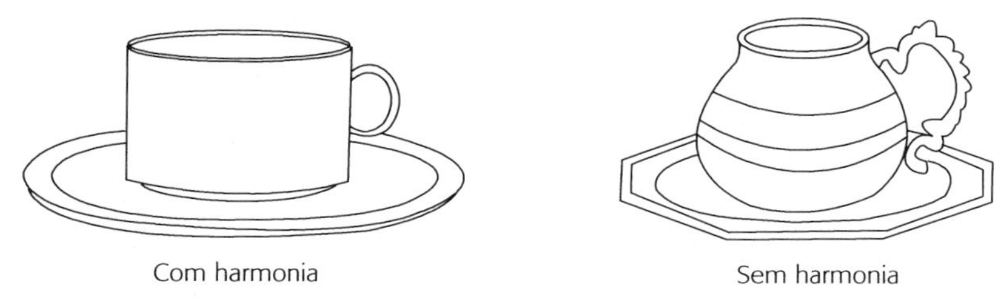

Figura 3.10 ▪ A harmonia visual pode ser construída com a repetição de formas geométricas semelhantes.

A SIMPLICIDADE VISUAL

A simplicidade visual dos produtos é o principal resultado da influência da teoria do *gestalt* sobre o estilo de produtos. Para seguir a mais poderosa das leis *do gestalt*, os produtos devem ser simétricos e ter uma linha simples, assemelhando-se a figuras geométricas regulares. Isso conduz a um *design* minimalista. Muitos *designers* contemporâneos perseguem esse ideal, com uma simplicidade elegante. Isso seria apenas uma moda passageira ou a simplicidade seria um estilo mais duradouro?

"As formas complicadas e desnecessárias nada mais são do que cochilos dos *designers*". Dieter Rams, 1984.[11]

Não resta dúvida que as primeiras gerações de *designers* produziram desenhos de maior complexidade visual. A Figura 3.11 mostra como a máquina de escrever evoluiu desde o início do século. O modelo de 1910 tinha uma elevada complexidade visual, que foi progressivamente reduzida. O modelo de 1947 já mostra linhas mais harmoniosas, e a versão de 1970 mostra linhas limpas, de formas geométricas. Essa tendência à simplicidade visual pode ser encontrada em muitos outros tipos de produtos, desde louças até carros. Isso nos leva a duas questões: 1) por que os produtos antigos eram visualmente mais complexos?; 2) como vai evoluir o estilo dos produtos no futuro?

"Eu acredito que as coisas simples são melhores que aquelas vistosas e complicadas, porque elas são mais agradáveis". Terence Conran, 1985.[12]

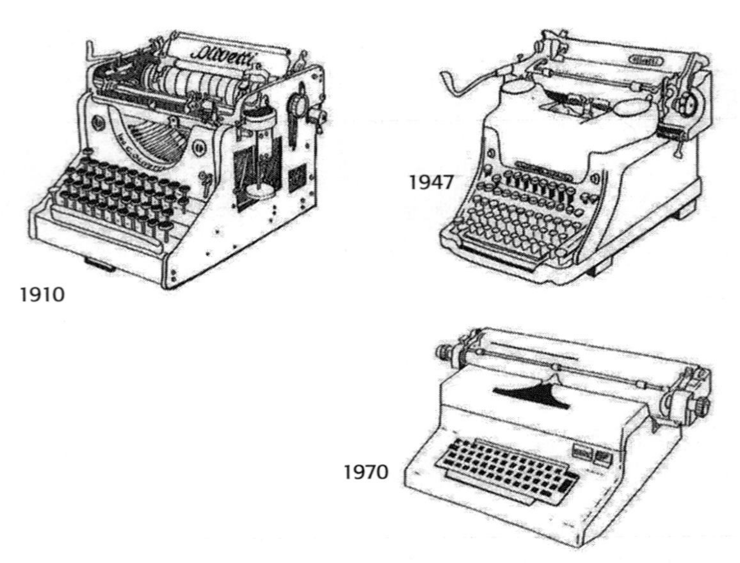

Figura 3.11 ■ A tendência à simplicidade no desenho de máquina de escrever.[13]

As pessoas tinham os mesmos olhos e percebiam o mundo de acordo com as mesmas regras do *gestalt* há cem anos atrás. É pouco provável que essas formas complexas tenham sido produzidas por causa das limitações tecnológicas, embora as pessoas preferissem formas visuais mais simples. Por causa dessas limitações, a forma foi obrigada a seguir a função, de maneira muito mais forte que atualmente. Com a avanço da tecnologia, os componentes funcionais foram miniaturizados e são frequentemente empacotados em pequenas caixas pré-fabricadas. Assim, modernamente, criou-se mais liberdade para se trabalhar com as formas.[14]

Um outro tipo de argumento diz que os consumidores tinham diferentes valores culturais e, portanto, diferentes preferências de estilo. No tempo em que a tecnologia era novidade e tinha poder excitante, muitos produtos procuravam representar a imagem da complexidade tecnológica. Assim, o estilo rebuscado estaria associado a produtos sofisticados, de melhor qualidade. A questão da influência cultural sobre o estilo do produto será abordada adiante, neste capítulo.

Se fizéssemos uma interpretação mais radical da teoria do *gestalt*, poderíamos estar vivendo num mundo de produtos circulares ou esféricos: a mais simples e pura forma visual, que todos os produtos deveriam assumir. Sabemos intuitivamente que isso jamais acontecerá. Surgiria uma rebelião contra a monotonia visual, muito mais forte que a influência das regras do *gestalt*.

O psicólogo canadense Daniel Berlyne[15] realizou uma pesquisa profunda sobre os objetos que as pessoas consideravam como atraentes e construiu uma curva de preferência para a complexidade visual (Figura 3.12). Produtos considerados muito simples ou muito complexos apresentavam baixo grau de preferência, em relação aqueles que se colocavam nos níveis intermediários. Pode-se supor, então, que há um nível ótimo de complexidade, associado à atratividade máxima. Acima e abaixo desse nível, a preferência tende a cair. As conclusões de Berlyne podem ser resumidas em quatro pontos.

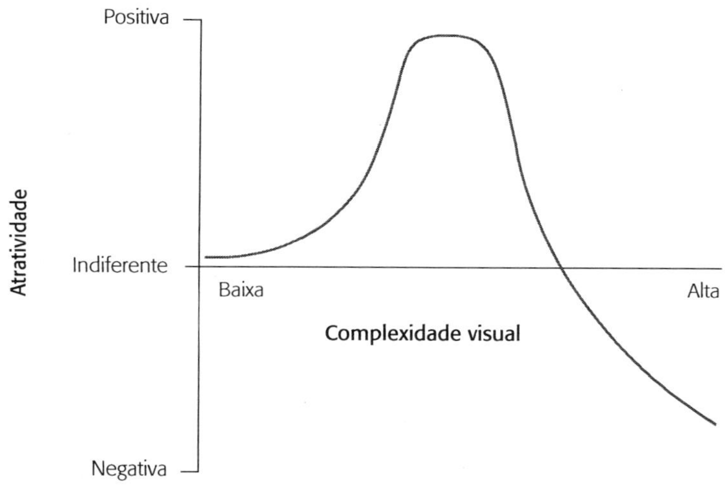

Figura 3.12 ■ No modelo de Berlyne, existe um ponto ótimo de complexidade que maximiza a atratividade do objeto.

1. **Complexidade percebida.** A principal causa da atração visual não é a complexidade intrínseca de um objeto, mas a complexidade percebida pelo observador. Assim, um produto bastante complexo pode ser percebido como mais simples e familiar, contribuindo para aumentar a sua familiaridade. A simplicidade tende a aumentar a segurança das pessoas, da mesma forma que a complexidade ou o desconhecido provocam insegurança. A complexidade também é um conceito relativo. Para um químico, a estrutura do anel de benzeno é um brilhante exemplo de simplicidade elegante. Para outros, pode parecer complexo e pouco atraente. As pessoas mais instruídas também tendem a aceitar maior nível de complexidade, o mesmo acontecendo com os jovens em relação às pessoas mais idosas.

2. **Influência do tempo.** A interação entre complexidade e familiaridade pode explicar a mudança na preferência das pessoas ao longo do

tempo. No início, uma forma complexa pode ser considerada sem atrativos. Mas, com o tempo, ela pode tornar-se familiar e, então, se tornará mais atrativa. Isso foi confirmado tanto em sons como em formas visuais. Uma música complexa, ouvida apela primeira vez, pode ser considerada pouco atrativa, mas com repetidas audições a sua atratividade tende a aumentar. Ao contrário, uma melodia muito simples pode ter uma aceitação imediata, mas essa atração se desvanece rapidamente, por ser considerada demasiadamente simples e, portanto, monótona. Essa mudança na familiaridade com sons ou objetos pode ser usada para explicar a oscilação da moda — ela pode retornar após um período em que foi considerada sem atrativo. As minissaias, lançadas na década de 1960, foram substituídas por outras modas 10 anos após, e retornaram na década de 1980, sendo adotadas por uma nova geração como novidade.

3. Mistura de simplicidade com complexidade. Antes de um objeto ser considerado atrativo, ele é visto como interessante. Se despertar interesse, será capaz de captar e manter a atenção do observador durante um tempo suficiente para que se torne familiar e, portanto, atrativo. Parece que a receita mais adequada é uma combinação de aspectos simples com aqueles complexos, no mesmo produto. Os aspectos simples e familiares transmitem segurança ao observador, que encontra neles um ponto de referência. Contudo, os aspectos complexos despertam curiosidade e um certo desafio, que deve ser vencido através de exploração e interpretação.

4. Significado simbólico. Os objetos também transmitem um significado simbólico. A compreensão do conteúdo simbólico dos objetos alarga bastante o nosso entendimento sobre o estilo de produtos. Um objeto pode ter uma forma nunca vista e assim mesmo não causar tanta estranheza. Ele pode parecer familiar porque simboliza algo que é familiar. Isso está ligado à nossa percepção. Ao perceber um objeto, o nosso cérebro o classifica imediatamente como atraente ou sem atrativo. Ele faz isso instintivamente, buscando na memória emoções e sentimentos ligados a outros objetos semelhantes.

Os conceitos apresentados nos permitem entender melhor o estilo dos produtos. Em primeiro lugar, as regras do *gestalt* nos explicam como se forma a primeira percepção visual dos objetos. Isso determina o impacto visual imediato de um objeto, quando o olhamos pela primeira vez. Na medida do possível, essas regras devem ser seguidas durante o trabalho de configuração dos produtos. Contudo, as regras do *gestalt* não são suficientes para se explicar a atratividade dos produtos. **A atratividade resulta de uma combinação adequada de elementos simples e complexos.** Produtos com exagerada singeleza serão considerados sem interesse e, portanto, sem atração. Até os produtos com um pouco mais de complexidade podem ser considerados simples, depois de algum tempo de exposição. Por outro lado, produtos muito complexos também tendem a ser rejeitados. Há, então, uma combinação ótima de complexidade e simplicidade para o produto ser atrativo e não perder interesse em pouco tempo. Um objeto é considerado simples e familiar de acordo com o seu significado simbólico. O simbolismo de produto é um assunto complexo, e será retomado mais adiante, no Capítulo 7.

CARACTERÍSTICAS FACIAIS

As regras do *gestalt* são genéricas e podem ser sempre usadas na análise de todos os tipos de imagens visuais. Outros aspectos do processamento visual são mais específicos para certos tipos particulares de imagens. A percepção das **características faciais**, por exemplo, é uma habilidade particularmente bem desenvolvida nos seres humanos.[16] Estudos experimentais indicam que nós já nascemos com essa habilidade. Crianças recém-nascidas (média de 9 minutos de idade) já apresentam preferência em fixar rostos humanos do que qualquer outro tipo de figura. Com um mês de idade, as crianças já são capazes de reconhecer a face da pessoa que cuida delas. Na idade adulta, nossa capacidade de reconhecer faces aumenta significativamente. O movimento das sobrancelhas indica estado de humor e emoções, a forma da testa indica a idade, a forma do nariz indica traços de masculinidade/feminilidade, e os movimentos dos lábios realçam as percepções da fala e podem expressar emoções de alegria, tristeza, indiferença ou desprezo.

Existem pesquisas demonstrando que as pessoas apresentam preferência para alguns tipos de faces, independentemente da cultura.[17] A Figura 3.13 mostra faces preferidas, na parte esquerda, e menos preferidas, à direita. As faces preferidas apresentam características infantis. No processo de crescimento biológico, a cabeça desenvolve-se mais rapidamente que o resto do corpo. Assim, as crianças têm uma cabeça proporcionalmente maior e a testa pronunciada. Os olhos também são proporcionalmente maiores. A nossa preferência por essas características faciais provavelmente está relacionada com o forte sentimento de maternidade/paternidade que manifestamos em relação aos recém-nascidos.

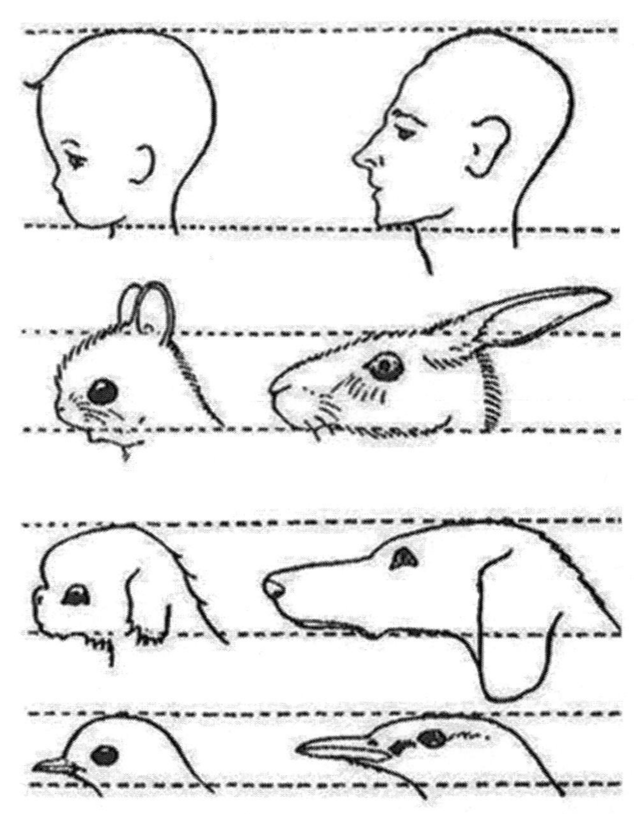

Figura 3.13 ■ As faces preferidas apresentam características infantís.[17]

Essa teoria pode ser exemplificada, analisando-se a evolução sofrida pelos desenhos do ratinho Mickey e do ursinho Teddy ao longo dos anos. Quando surgiu, na década de 1930, o ratinho Mickey tinha características típicas de um roedor: um focinho longo, testa inclinada, e olhos pequenos. O desenho de Mickey foi se transformando, até a sua versão moderna.[18] O tamanho de seus olhos dobrou, em relação à cabeça, sua cabeça cresceu 15% em relação ao corpo, e sua testa ficou mais abaulada cerca de 20% (medida pelo comprimento do arco entre o nariz e a orelha). O ursinho Teddy seguiu a mesma tendência.[19] Desde que foi criado, em 1900, a cabeça de Teddy mudou bastante, aproximando-se cada vez mais das feições infantis, para atender ao gosto dos consumidores (Figura 3.14).

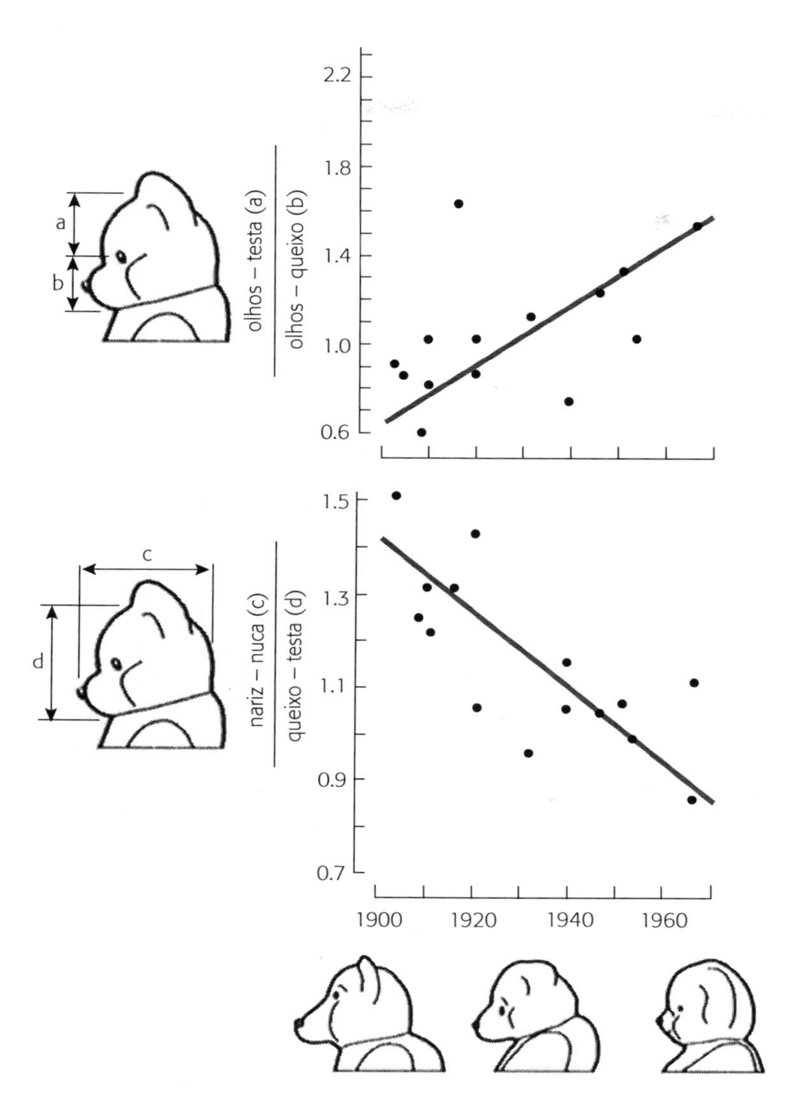

Figura 3.14 ■ Evolução das proporções faciais do ursinho Teddy desde 1900.

As características faciais se projetam em muitos tipos de produtos. Por exemplo, o mercado japonês rejeitou recentemente um carro norte-americano, porque o seu desenho frontal parecia que não estava "sorrindo". Para corrigir isso, a grade frontal foi redesenhada, imitando lábios sorrindo. O desenho do Ford Scorpio (Figura 3.15), lançado na Inglaterra em 1994, foi comparado a uma pessoa que tinha acabado de ver um fantasma.[20]

Existem duas lições que se podem tirar disso. A primeira é que nossa percepção é mais aguda para algumas formas, como a face. Os *designers* podem tirar proveito disso, colocando alguns elementos faciais no desenho de seus produtos. Assim, os produtos podem parecer que estão alegres, sorrindo, tristes ou carrancudos. Isso nos faz lembrar a segunda lição: deve-se tomar muito cuidado quando se desenha algo com significado humano. Deve-se buscar os conhecimentos psicológicos e sociais dos simbolismos, antes de aplicá-los aos produtos. Quando esse produto for destinado à exportação, devem-se considerar também as diferenças culturais e religiosas entre povos. As cores, por exemplo, podem ter significados diferentes a povos de outras culturas. No ocidente, a cor do luto é preta, enquanto ela é branca na China.

Figura 3.15 ▪ O Ford Scorpio parece uma pessoa que acabou de ver um fantasma.[21]

▪ A SÉRIE FIBONACCI

Será que temos alguma preferência por alguma forma natural ou orgânica? Em caso positivo, quais são as formas orgânicas preferidas, entre milhares delas? Isso é um assunto muito controvertido no estilismo de produtos.

Os desenhos de plantas e animais seguem algumas regras matemáticas.[22] Se examinarmos como as folhas são arranjadas em espiral, ao longo do caule, podemos encontrar uma regra numérica. Marque a folha de uma árvore e vá circulando o caule até encontrar outra folha na mesma posição, contando o número de voltas e a quantidade de folhas encontradas no caminho. Os números de vezes que você circulou o caule e a quantidade de folhas que você encontrou no caminho estão contidos numa série matemática, independentemente do tipo de árvore: 1, 1, 2, 3, 5, 8, 13, 21, 34, 55, 89, 144 etc. Se for, por exemplo, um carvalho ou uma árvore frutífera, você encontrará cinco folhas em duas circunferências completas do caule – ambos são números que figuram na série. No caso do alho, você encontrará 13 folhas em cinco voltas completas em torno do talo. Nessa série, cada termo resulta da soma dos dois anteriores. É chamada de Série de Fibonacci, em homenagem ao matemático italiano que descobriu essa propriedade, no século XIII.

A série não termina, evidentemente, no número 144, mas pode continuar até o infinito. Se os termos dessa série chegarem à casa dos milhares, começa a surgir um padrão consistente. A razão entre dois termos consecutivos torna-se constante. Vamos supor, por exemplo, três termos de números elevados, como: 6 765, 10 946 e 17 711. Olhando para a Figura 3.16 podemos constatar que o comprimento da linha A é 0,618 do comprimento de B. Por sua vez, a linha B é 0,618 de C, a linha D é 0,618 de E, e a linha E é 0,618 de F. Então, qual é o significado dessa constante 0,618? É chamada de **razão áurea** e representa a maneira matematicamente perfeita para dividir uma linha em duas porções. Se você pegar uma linha de qualquer tamanho (digamos, 100 cm) e tirar 0,618 partes do seu comprimento (61,8 cm), você ficará com 38,2 cm, que é equivalente a 0,618 da parte que você retirou (61,8 cm x 0,618 = 38,2 cm). No exemplo da Figura 3.16, retirando-se 0,618 da linha C, que corresponde à linha B (10 946), resultará a linha A (6 765) que, por sua vez, é 0,618 de B, ou seja, 6 765.

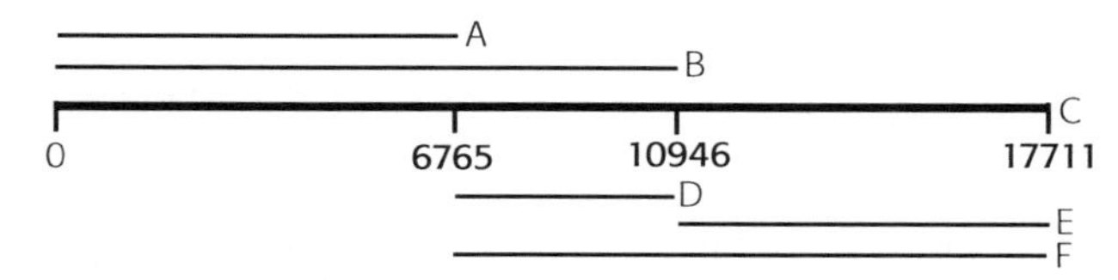

Figura 3.16 ▪ Há uma razão constante entre os termos da série Fibonacci.

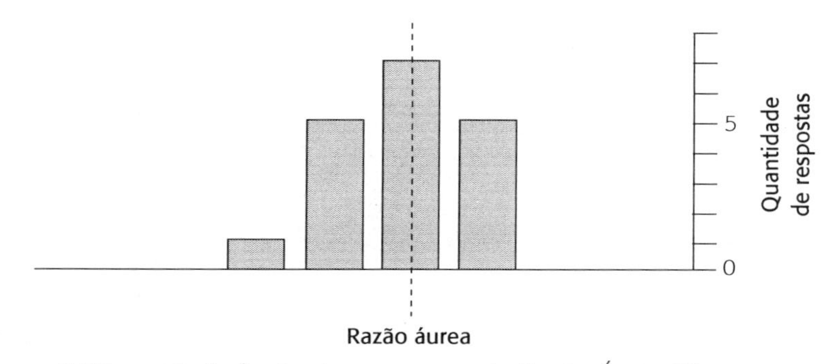

Figura 3.17 ▪ Preferência das pessoas pela Razão Áurea.[26]

Se pedirmos para um grupo de pessoas dividir uma linha em duas partes de proporções mais agradáveis, haverá uma tendência para a razão áurea. A Figura 3.17 mostra o resultado de um estudo experimental com 18 pessoas. Os dados obtidos situaram-se numa faixa de 15% em torno da razão áurea.(23) Não se sabe por que ocorre isso, mas a série Fibonacci sugere muitas outras conclusões interessantes. Estendendo-a para duas dimensões, pode-se encontrar a **seção áurea.** Desenhe um quadrado de qualquer tamanho. Agora, adicione um retângulo, com o seu comprimento coincidindo com um dos lados do quadrado e a largura medindo 0,618 do comprimento (Figura 3.18). Você obteve um retângulo maior, chamado de retângulo áureo, composto de um quadrado e um retângulo menor. A proporção entre essas duas figuras é chamada de seção áurea.

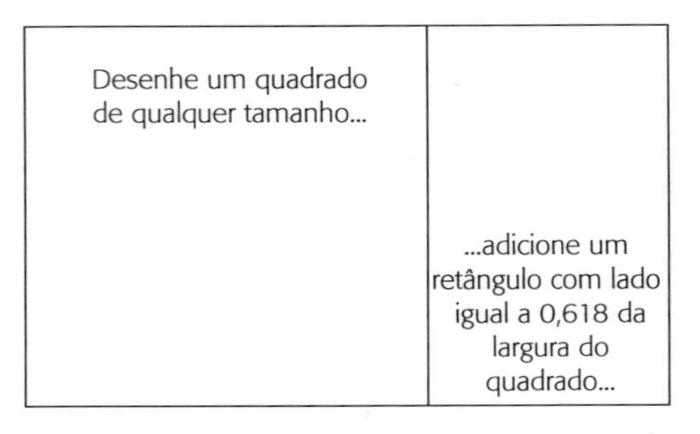

Figura 3.18 ■ Retângulo dividido na seção áurea.

Na Figura 3.18, trace uma linha horizontal a partir do ponto que representa 0,618 do lado maior do retângulo. Resultará um novo quadrado menor e um retângulo menor, cujo largura é 0,618 do lado desse quadrado menor. Fazendo-se isso sucessivamente, teremos retângulos cada vez menores, que convergem para um ponto, formando uma espiral (Figura 3.19).

Essa figura, chamada de **espiral logarítmica**, faz retornar ao ponto inicial desta discussão. As folhas se distribuem ao longo do caule segundo essa espiral logarítmica. A série Fibonacci descreve não apenas a quantidade de folhas, mas também a sua distribuição ao longo do caule e o tamanho relativo das folhas consecutivas entre si. As conchas de caracóis seguem essa mesma regra, assim como os chifres dos antílopes, carneiros e cabras. A série Fibonacci, a razão áurea e a espiral logarítmica são encontradas em todos os lugares, na natureza.(22)

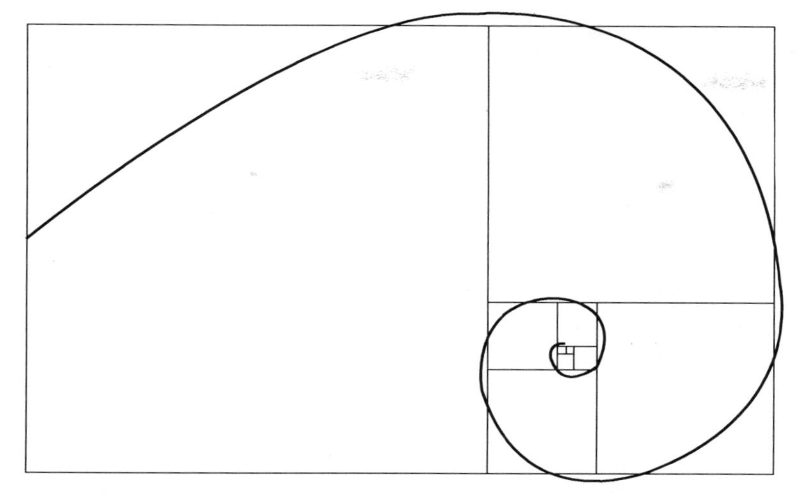

Figura 3.19 ▪ Sucessivas seções áureas geram a espiral logarítmica.[22]

▪ APLICAÇÕES DA SEÇÃO ÁUREA

Agora vamos ver como tudo isso influi no estilo de produtos. Faz sentido pensarmos que os seres humanos têm um sensibilidade especial para identificar formas orgânicas e padrões de plantas e animais. Aprendemos a distinguir esses padrões: algumas coisas são boas para se comer e outras são perigosas, devendo ser evitadas. A habilidade para reconhecer padrões naturais seria uma qualidade inata do homem, assim como a sua habilidade para reconhecer faces humanas. Isso teria uma profunda influência na maneira de julgarmos o estilo de produtos. A forma perfeita dos produtos estaria de acordo com a seção áurea ou espiral logarítmica. Essa perfeição estaria associada à nossa habilidade inata em reconhecer as formas da natureza, que seguem a série Fibonacci.

Os antigos gregos já acreditavam que a razão áurea produzia a proporção perfeita. A prova disso é o retângulo áureo encontrado na fachada do Partenon, de Atenas (Figura 3.20). O pintor Michelângelo também era fã do retângulo áureo, como se pode constatar na sua obra sobre a Criação de Adão, na Capela Sistina (Figura 3.20).

Figura 3.20 ■ Aplicações da seção áurea no Partenon de Atenas e na Criação de Adão, pintura na Capela Sistina, de Michelângelo.

É intrigante observar que os carros modernos nunca seguem a seção áurea, provavelmente pela necessidade de dimensioná-los de acordo com as medidas antropométricas dos seus usuários. Contudo, apesar disso, os desenhos das propagandas desses carros seguem exatamente a seção áurea. A Figura 3.21 apresenta, à esquerda, foto de um carro Nissan QX real e, à direita, o seu desenho com proporções modificadas, de acordo com a seção áurea, como aparece em propagandas de jornais.

Estudos experimentais comprovam que a seção áurea é realmente preferida pelas pessoas, em comparação com retângulos de outras proporções, embora essa preferência não seja tão pronunciada. Existe um estudo clássico, em que dez retângulos de diferentes proporções foram apresentados a 500 pessoas. Perguntando-se qual seria a proporção mais agradável, 33% das pessoas indicaram a seção áurea.[24] Em um outro experimento, foi usada a figura de um retângulo, desenhada sobre duas folhas de papel. As pessoas podiam deslizar essas folhas, modificando as proporções do retângulo. Foi pedido a essas pessoas que produzissem os retângulos mais agradáveis. Descobriu-se que as pessoas mais treinadas em julgar diferenças de comprimento, razão ou volume, enfim, aquelas que tinham maior habilidade visual, apresentavam maior precisão em formar retângulos com a seção áurea.[25] Essas descobertas são fascinantes, porque retângulos são formas praticamente inexistentes na natureza. Quantos retângulos existem na natureza? O retângulo áureo, baseado na série Fibonacci, é uma abstração humana, resultado de relações matemáticas encontradas em objetos naturais. Assim mesmo é o preferido pelas pessoas, sugerindo que podem haver preferências ainda mais fortes de outras formas naturais.

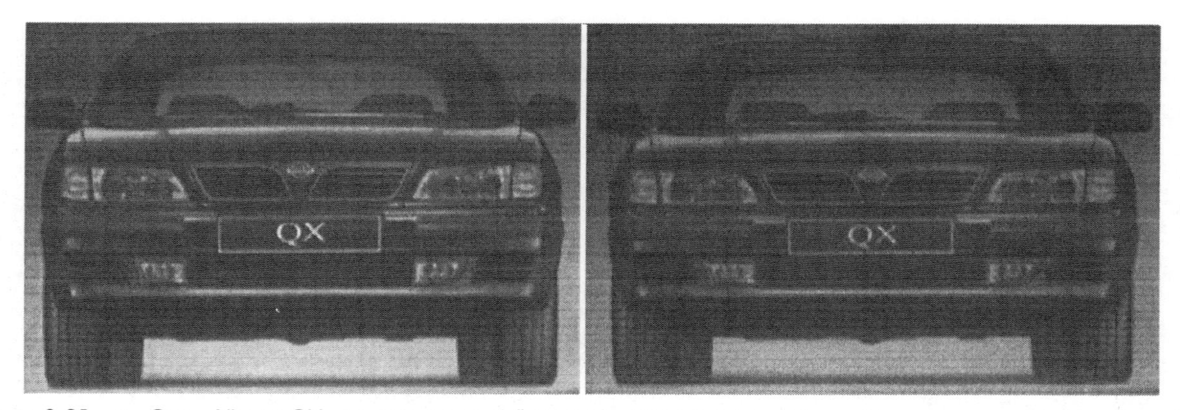

Figura 3.21 ■ Carro Nissan QX em suas proporções verdadeiras (esquerda) e como aparece nos desenhos de propaganda (direita), de acordo com a seção áurea.

Pode-se concluir, então, que existem regras matemáticas determinando grande parte das formas e padrões de plantas e animais. Os *designers* que se propõem a projetar os seus produtos, seguindo formas orgânicas, não podem desprezar essas regras. Para alguns *designers,* essas regras podem ser aplicadas diretamente, quando buscam uma forma visual perfeita para seus produtos. Para eles, a natureza é uma fonte inesgotável, onde procuram inspiração para satisfazer o instinto primitivo que existe na mente dos consumidores.

■ ATRAÇÃO BISSOCIATIVA

Bissociação é um termo inventado por Arthur Koestler[26] para descrever a natureza do humor. Para ele, o humor é engraçado porque leva a um fim ridículo, inusitado ou absurdo, diferenciando-se do lugar comum. Ele conta a história de um homem que voltou repentinamente à casa e encontrou sua esposa abraçada apaixonadamente com o bispo. Ele se afastou silenciosamente, começou a andar pela rua e a abençoar todos os transeuntes. "O que você está fazendo aí, no meio da rua?", gritou a infiel esposa. "O bispo está me substituindo aí em casa e eu estou substituindo-o aqui na rua". O comportamento esperado do marido seria o de enfrentar a sua esposa ou o bispo, ou a ambos, com uma forte carga emocional e talvez um desfecho violento. Em vez dessa associação esperada, a história apresentou uma bissociação. O comportamento apresentado pelo marido poderia ser razoável e lógico numa outra situação mas, no contexto apresentado, soa como inesperado, ridículo e bem-humorado. A bissociação, então, é a quebra de nossa expectativa de associação normal, sendo substituída pelo inusitado, surpresa ou choque. Isso gera uma situação engraçada e seria a fonte do humor.

Figura 3.22 ■ A bissociação dá um toque humorístico e até atrativo aos produtos.

Alguns produtos que nos chamam a atenção têm um forte componente bissociativo. O espremedor de limão de Phillipe Starck (Figura 3.22) é um exemplo desse tipo. O seu corpo alongado e limpo, sustentado por três pernas longas e dobradas, nos faz lembrar algum inseto exótico ou uma espaçonave extraterrestre. Contudo, as ranhuras do seu corpo lembram um espremedor de limão convencional. O contraste entre essas duas imagens é bissociativa. As pessoas esboçam um sorriso, diante do choque, quando veem o produto pela primeira vez. Elas tendem a lembrar e até apreciar e valorizar esse instante de humor. Portanto, o estilo do produto pode tornar-se atrativo, quando se adicionam ingredientes de bissociação visual ao mesmo. Contudo, isso requer sensibilidade e sutileza. Todos os humoristas sabem que existe apenas uma tênue fronteira entre aquilo que é considerado atrativo, engraçado e bem-humorado, do mau gosto e do ridículo.

FATORES SOCIAIS, CULTURAIS E COMERCIAIS

Até agora vimos como certos aspectos da percepção visual influenciam a nossa maneira de enxergar as formas tridimensionais dos produtos e como isso afeta o nosso julgamento, considerando-os atrativos. Evidentemente, esse não é o único requisito do estilo de produtos. Existem fatores sociais, culturais e comerciais, que também influem. Em alguns casos, esses fatores são tão fortes, que suplantam os fatores perceptuais.

Basta olharmos para as roupas que vestimos para constatarmos como elas são influenciadas por tendências culturais. A indústria da moda é organizada de forma implacavelmente eficiente para impor pequenas diferenças todos os anos. A tendência é imposta pelos desfiles anuais dos "grandes nomes" do mundo da moda. Eles mostram o que as mais atraentes modelos estão usando no ano, reforçado pela imagem de pessoas influentes na sociedade e pelos ídolos de cinema, TV e esportes. As tendências e cores da moda são massificadas na forma de coleções de verão, inverno ou meia-estação que chegam às lojas. A propaganda encarrega-se do resto, encorajando os consumidores a andar na moda. Devido a essa pressão da propaganda, uma pessoa que esteja usando o estilo do ano passado pode ficar incomodada, por ser considerada socialmente inferior perante os colegas. Isso pode ser uma maravilha para o comércio. Roupas que poderiam durar cinco ou seis anos são consideradas obsoletas articialmente em apenas um ano, forçando a um novo consumo, baseado na tendência social do estilo. As pessoas fiéis à moda são o maior patrimônio da indústria da moda.

As influências culturais na percepção do estilo de produto têm um efeito a prazo mais longo. O contexto cultural de uma sociedade pode ter uma grande influência sobre os valores e crenças individuais. Isso faz com que certos aspectos do produto sejam valorizados e outros, desprezados. Por exemplo, durante a revolução comunista na Rússia, o estilo de vida luxuoso e de ostentação foi associado à burguesia, que era combatida pelos revolucionários. Consequentemente, os hábitos de consumo exagerados foram considerados como politicamente incorretos, pelo regime comunista. Isso influiu no estilo dos produtos industriais da era soviética, onde predominou o sentido utilitarista, despojado de enfeites e aspectos supérfluos, contrastando com o desenvolvimento dos produtos do mundo capitalista, onde a cultura material e o hedonismo produziram uma grande variedade de produtos.

Figura 3.23 ▪ Os produtos no início da era industrial frequentemente apresentavam grande complexidade, como símbolo de *status*.[27]

Certas influências culturais no estilo de produtos podem ter um ciclo de longa duração, chegando a ser centenárias. Como já discutimos, o desenho de produtos tinha grande complexidade no início da era industrial, devido a razões culturais (Figura 3.23). No tempo em que os produtos eram fabricados artesanalmente, o seu custo dependia do tempo gasto pelo artesão na manufatura. Os custos de produção eram aumentados, adicionando-se muitas ornamentações e decorações ao produto, e, assim, também os seus valores. Esses produtos ornamentados eram acessíveis apenas aos mais ricos e tornaram-se, então, um símbolo de prestígio. Essa tendência cultural sobrepujou a preferência inata das pessoas pela simplicidade visual, devido aos valores sociais vigentes. Hoje em dia, com as técnicas de produção massificada, é possível produzir complexidade visual a baixo custo. Assim sendo, a complexidade visual perdeu prestígio, deixando emergir a preferência inata das pessoas pelas formas visuais mais simples.

As decisões comerciais sobre novos produtos são, como já vimos no Capítulo 2, baseadas na gerência de riscos. Essas decisões devem considerar o estilo de produtos, tanto quanto os aspectos funcionais do produto. Corre-se um risco muito maior com a introdução de um novo estilo, do que permanecer com estilos já existentes. Assim, a introdução de novos estilos deve ser cercada dos devidos cuidados gerenciais. Um dos exemplos mais interessantes foi a introdução do estilo "rabo de peixe" nos automóveis americanos da década de 1930. Isso começou com Wayne Earl, que procurou transferir elementos visuais do avião para o carro (Figura 3.24). Seu estilo foi amplamente copiado e se transformou praticamente em norma da indústria automotiva dos EUA. Coloque-se no lugar de um executivo dessa indústria, naquele tempo. Todos os seus competidores tinham lançado automóveis com estilo "rabo de peixe". Sua decisão sobre o estilo era simples: você poderia contrariar tudo, lançando um novo estilo de carro, correndo o risco de fracassar, mesmo tendo um carro considerado tecnicamente inovador. Ou você simplesmente seguiria a tendência, fazendo o seu carro com rabos ainda mais largos que os dos concorrentes. Esta segunda estratégia, do tipo conservador, predominou por muitos anos. Cada vez mais, as formas de asas e rabos de peixe se tornaram exageradas. Em 1959, reclamou-se que, devido e esse estilo, os carros estavam carregando meia tonelada adicional de metal, sem necessidade.[28]

Há, inevitavelmente, o tempo em que um estilo torna-se saturado. Todas as variações em torno de um estilo já foram exploradas e não restam mais alternativas. Nesse ponto, é chegada a hora de se investir na inovação do estilo. As possíveis recompensas pela introdução de um novo estilo podem superar os seus riscos. Um bom exemplo disso ocorreu também na indústria automotiva dos EUA, duas décadas atrás. Os carros americanos da década de 1970 tinham linhas retas e formas angulosas. O elevado consumo de combustível forçou os engenheiros a pensar em linhas mais aerodinâmicas. Surgiram, assim, as linha curvas, com cantos arredondados, substituindo as formas angulosas. A Ford foi a primeira empresa a lançar um carro com esse novo estilo, no modelo Taurus. O risco foi compensador. O Taurus tornou-se líder do mercado e abriu caminho para o visual aerodinâmico, que hoje domina o mercado mundial.[30]

O estilo deve atender a demanda do consumidor.

Na década de 1980, Donald Petersen, Presidente da Ford, decidiu banir o teto de vinil de todos os novos carros da Ford. Petersen, um homem autoconfiante no seu senso de estilo, detestava enfeites extravagantes. Ele, entretanto, foi forçado a rever essa postura, quando os revendedores de todos os EUA inundaram o departamento de *marketing* da Ford, com pedidos dos consumidores de carros com teto de vinil.

Figura 3.24 ■ Estilo "rabo de peixe" que predominou no desenho de carros americanos durante a década de 1950.[29]

OS DETERMINANTES DO ESTILO

Os aspectos da percepção, que influem no estilo de produtos, podem ser classificados em três níveis. O estilo é determinado, no nível básico, por aquilo que o nosso sistema visual percebe. O primeiro impacto de um produto é provocado pela imagem visual no nível da pré-atenção. Isso serve não apenas para determinar a nossa primeira percepção visual, como também a direção em que os olhos serão focalizados, para um processamento mais detalhado da imagem no instante seguinte. Há regras bem definidas tanto para a fase de pré-atenção como para o processamento visual, que podem ser aplicadas no estilo de produtos.

No nível intermediário, existem alguns **atributos específicos** do nosso processamento visual, que nos tornam especialistas em perceber e avaliar certos tipos especiais de imagens visuais. Incluem-se nessa categoria a percepção do rosto humano e das formas orgânicas.

No nível mais elevado, o estilo é determinado pelos fatores **sociais, culturais** e **comerciais**. Os valores culturais, que predominam em uma certa fase histórica, determinam a importância de diferentes aspectos do estilo de produtos. Dentro de cada contexto cultural, as tendências sociais determinam as modas. E as modas envolvem muitos interesses econômicos. Uma mudança da moda pode causar o encalhe de enormes estoques, com grandes prejuízos, e assim, esse processo é controlado pelas empresas que lançam as modas. Portanto, o estilo de produtos é um assunto complexo, com influência de diversos fatores, que devem ser considerados.

A criação de um produto atrativo não depende somente do *design*. Ela não pode ser considerada apenas como algo que acontece em um determinado ponto — uma espécie de injeção de estilo, que é aplicada em um certo momento. E não é algo que se acrescente no final do projeto. Muitas empresas que usam consultorias em *design* cometem esse erro. Elas desenvolvem primeiro os aspectos técnicos e funcionais do produto e depois remetem o mesmo a um *designer* para a estilização. Nesse ponto, quase todos os fatores do projeto já foram definidos e então o estilo não passa de um exercício superficial e cosmético — uma forma mais curva aqui, uma cobertura ali e uma escolha de cores. Quando isso ocorre, já se perderam quase todas as oportunidades de contribuição efetiva do *design* ao projeto. O estilo do produto deveria ser uma atividade integrada, trabalhando junto com as áreas técnicas, em todas as fases do projeto. As decisões sobre o estilo precisam ser tomadas em todas as fases, desde o planejamento do produto até a engenharia de produção.

O estilo não é algo que possa ser injetado ao produto numa determinada fase e também não se deve agregá-lo no final do desenvolvimento. O estilo deve ser elaborado durante todo o processo de desenvolvimento do produto.

ATRATIVIDADE DO ESTILO DO PRODUTO

Um produto deve ser atraente aos olhos. Ele deve atrair a visão do consumidor de três diferentes maneiras:

- Primeira, um objeto pode ser considerado atrativo quando chama a sua atenção, por ser visualmente agradável. Quando você está dirigindo ou andando pela rua, uma casa bem projetada pode chamar a sua atenção. Da mesma forma, um produto pode chamar a sua atenção quando você anda no *shopping center* ou vê a sua foto numa revista.

- Segunda, um objeto atraente é um objeto desejável. Fazendo com que o consumidor deseje possuir o produto, estará vencida mais da metade da batalha de *marketing* desse produto. Se um produto pode ser transformado em um objeto desejável, simplesmente pelo seu aspecto visual, então terá um forte poder de *marketing*.
- Juntando-se essas duas qualidades — um produto que é capaz de chamar a atenção e se torna desejável faz com que os consumidores se sintam "arrastados" em direção ao produto — o significado literal do termo atrativo.

AS QUATRO FORMAS DE ATRAÇÃO

Para fazer produtos atrativos, precisamos entender como eles são considerados atrativos pelos consumidores. Existem quatro formas para isso (Figura 3.25).

Figura 3.25 ■ As quatro formas de atração dos produtos.

1. Atração daquilo que já é conhecido. Muitos produtos dependem de vendas repetidas, para o seu sucesso comercial. É importante que o cliente se acostume a comprá-lo com alguma regularidade, como no caso de produtos alimentícios. Se, durante o redesenho desse produto, sua aparência visual for radicalmente modificada, a ponto dos seus consumidores tradicionais não reconhecê-lo, quebra-se a ligação com esses clientes. Assim, no redesenho de um produto existente, é importante manter a identidade visual do seu antecessor, principalmente se ele já for bem conhecido no mercado. A quebra dessa ligação pode significar a perda dos seus clientes tradicionais.

Por outro lado, os clientes podem se sentir enganados quando são induzidos a comprar um novo modelo e descobrem que houve apenas uma mudança de sua embalagem. Isso pode fazer sentido na publicidade, mas é um desastre no projeto de produtos. No caso de um item que faz parte de uma linha de produtos ou é vendida sob a marca de uma identidade corporativa, é necessário que o cliente possa fazer essa identificação, por meio de sua imagem visual. Mesmo quando se trata de um produto novo e único, os consumidores devem ser capazes de identificar o tipo do produto por meio de sua imagem visual. Por exemplo, não adianta produzir o mais inovador e revolucionário cortador de grama, se os consumidores passam por ele sem serem capazes de identificá-lo como um cortador de grama. É um aspecto importante do estilo de produtos, que muitos *designers* desprezam ou o consideram apenas como uma restrição conservadora, que impedem uma inovação do estilo. Do ponto de vista do *marketing* e das vendas, é muito importante não perder a ligação com os clientes tradicionais, e a imagem anterior do produto deve ser preservada durante o processo de reestilização.

2. Atração semântica. Para clientes que não tenham conhecimento anterior do produto, é importante transmitir a impressão de confiança, por meio de sua imagem visual. Para produtos em que o aspecto funcional é importante, isso pode ser conseguido fazendo com que ele pareça desempenhar bem a sua função. Isso é diferente de fazer o produto funcionar bem. Muitas vezes, o consumidor não tem oportunidade de verificar o seu funcionamento efetivo, antes de realizar a compra. Grande parte do julgamento sobre o seu funcionamento é feito, então, pela sua aparência visual. Os produtos devem transmitir a impressão de que executam bem o objetivo para o qual foram projetados. Essa área chama-se semântica do produto: literalmente, o significado do produto. Esse assunto será retomado no Capítulo 7.

3. Atração simbólica. Se a aparência do produto for o aspecto mais importante (ou único) para a compra do produto, é necessário adotar outra atitude no estilo. Aqui, o simbolismo do produto é importante. A confiança no produto é adquirida na medida em que o mesmo refletir a autoimagem do consumidor e na medida em que esse produto ajudar o consumidor a construir a sua imagem perante os outros. Os *designers* podem fazer isso, incorporando algum tipo de valor simbólico aos produtos, principalmente naqueles de uso pessoal, como roupas e joias.

Os exemplos disso podem incluir frases como: "Este produto é refinado, sofisticado, e se parece comigo, que pertenço à família tradicional da cidade". "Este é um produto diferente, inovador e eu quero mostrar que não sou tão "careta" como minha irmã me considera". A imagem simbólica do produto é construída pela incorporação do estilo de vida, valores de grupos e emoções — isso será visto mais tarde, no Capítulo 7.

4. Atração intrínseca da forma visual. A qualidade básica para a atração visual, para qualquer tipo de produto, é a sua elegância, beleza: um apelo estético implícito. Isso resulta da incorporação dos aspectos da percepção visual e determinantes sociais e culturais ao produto, como foi descrito anteriormente.

O PROCESSO DE CRIAÇÃO DO ESTILO

Quando falamos no estilo de produtos, começamos analisando os aspectos perceptuais do estilo. Prosseguimos analisando os determinantes sociais, culturais e comerciais e terminamos com a apresentação das maneiras de incorporar aspectos atrativos ao produto. O último desses fatores apresentados foi a atração intrínseca de produtos — a atração que é determinada pelo seu apelo visual. Resta saber se há um método sistemático para fazermos com que produtos tenham um estilo visualmente atrativo. A resposta será apresentada nos capítulos seguintes deste livro.

- O Capítulo 6 mostra como os objetivos do estilo podem ser pesquisados e especificados na fase de planejamento do produto.
- O Capítulo 7 examina a transformação dos objetivos do estilo em conceitos visuais do novo produto, na fase do projeto conceitual.
- O Capítulo 9 mostra como esses conceitos visuais podem ser transferidos para o modelo físico, para serem testados no mercado e incorporados ao produto industrializado.

Ferramenta 2:

Conceitos-chaves do estilo

1. **A visão determina aquilo que gostamos**

As propriedades do nosso sistema visual determinam, em grande parte, o que é considerado como qualidades atraentes em um produto.

- As regras do *gestalt* indicam os tipos de produtos que são melhor processados visualmente e que produzem um apelo visual imediato: são os que apresentam simetria, figuras geométricas simples e transmitem harmonia e equilíbrio visual.
- As teorias de Berlyne sugerem que produtos que combinam complexidade moderada com simplicidade podem ser atrativos. Portanto, as regras do *gestalt,* que conduzem sempre para a maior simplicidade, não devem ser seguidas rigidamente.
- Possuímos uma sensibilidade visual especial para algumas formas como o rosto humano e as formas orgânicas naturais.

2. **Efeitos sociais, culturais e comerciais**

Nossas preferências perceptuais para formas simples podem ser sobrepujadas pelas influências sociais, culturais e comerciais.

- As influências sociais, como a moda dominante imposta pela indústria de confecções, podem mudar as nossas preferências de estilo, de um ano para outro.
- O ambiente cultural em que vivemos pode afetar os nossos valores pessoais e sociais, alterando os tipos de simbolismos visuais que gostamos ou desgostamos. Isso geralmente leva um longo tempo para mudar — décadas ou mesmo séculos.
- As decisões tomadas pelos executivos de empresas produtoras podem conduzir o estilo de produtos para determinadas tendências, como aconteceu com o carro do tipo "rabo de peixe".

3. **A atratividade dos produtos**

A atratividade exercida pelos produtos pode ser classificada em quatro níveis:

- Conhecimento prévio do produto — produtos já familiares aos consumidores, que gostam deles e pretendem continuar a comprá-los.
- Atração semântica — o produto transmite a imagem de bom funcionamento.
- Atração simbólica — o produto representa valores pessoais ou sociais do consumidor.
- Atração intrínseca — a forma do produto apresenta uma beleza própria.

NOTAS DO CAPÍTULO 3

1. Esse objetivo simples, que qualquer estudante de *design* poderá usar para desenhar ou modelar, me foi sugerido pela primeira vez pelo Prof. Ronald Hill, do Centro de Artes do *College of Design,* de Pasadena, Califórnia.
2. Uma excelente apresentação do processo de percepção visual é feita no livro: Bruce, V. e Green, R, *Visual Perception: Physiology, Psychology and Ecology.* 2ª edição, London: Lawrence Erlbaum Assoc., 1990.
3. A percepção de formas visuais é apresentada no livro de Uttal, W. R., *On Seeing Forms,* London: Lawrence Erlbaum Assoc., 1988.
4. A ilusão visual dos círculos foi produzida pela primeira vez por Marroquin, J. L., *Human Visual Perception of Structure.* Boston: tese de M.Sc., Massachusetts Institute of Technology, 1976.
5. Adaptado de Thurston, J. B. e Carrahar, R. G., *Optical Illusions and the Visual Arts,* New York: Van Nostland Reinhold, 1986.
6. O triângulo inexistente foi desenvolvido por Kanizsa, G. *Organisation in Vision: Essays on Gestalt Perception.* New York: Preager, 1979.
7. Os dois tratados clássicos de psicologia do *gestalt* são: a) Koffka, K. *Principies of Gestalt Psychology.* New York: Hancourt Brace, 1935; e b) Kohler,W., *Gestalt Psychology: an Introduction to New Concepts in Modem Psychology.* New York: Live right Publishing Company.
8. As regras do *gestalt* são resumidas em Bruce e Green, 1990 (ver nota 2, acima), p. 110-115 e em Uttal, 1988 (ver nota 3 acima), p. 153-155.
9. A habilidade visual para perceber simetria é descrita em Uttal (ver nota 3, acima), p. 144-146.
10. Lewalski, Z.M., *Product Esthetics: an Interpretation for Designers.* Carson City, Nevada: Design & Development Engineering Press, 1988.
11. A frase de Dieter Rams é citada em Greenhalgh, R, *Quotations and Sources on Design and the Decorative Arts.* Manchester, UK, Manchester University Press, 1993, p. 235.
12. A frase de Terence Conran é citada em Greenhalgh, 1993 (nota 11, anterior), p. 235.

13. Beeching, W. A., *Century of the Typewriter.* London: Heinemann Ltd., 1974.
14. Krippendorf, K. e Butter, R., Where meanings escape functions. *Design Management Journal.* Primavera 1993, p. 29-37.
15. O trabalho de Daniel Berlyne é apresentado em Crozier, R., *Manufactured Pleasures: Psychological Responses to Design.* Manchester, UK, Manchester University Press, 1994.
16. Sobre a percepção da face humana, veja Bruce e Green, 1990 (nota 2, acima), p. 360-374.
17. Lorenz, K., *Studies in Human and Animal Behaviour.* Vol. 2, London: Methuen & Co., 1971.
18. Gould, S.J., The Panda's Thumb: More Reflections in Natural History. London: Penquin Books, 1980, p. 81-91.
19. Hinde, R.A.,The Evolution of theTeddy Bear. *Animal Behaviour,* 1987.
20. Clarkson, J., Not a Pretty Face, *Sunday Times,* 1994.
21. Foto cedida pela Ford, UK, reproduzida com permissão.
22. Para uma introdução simples e ilustrada sobre a série de Fibonacci, Razão Áurea e Seção Áurea, consulte Hargittai, M., *Symmetry: a Unifying Concept.* Bolinas, Califórnia: Shelter Publications Inc., 1994, p. 154-164. Para um tratamento mais acadêmico do assunto, consulte Cook,T. A., *The Curves of Life.* London: Constable & Co, 1914, ou Huntley, H. E, *The Divine Proportion: a Study in Mathematical Beauty.* London: Dover Publications, Ltd., 1970.
23. Angier, R. P.,The aesthetics of unequal division. *Psychological Monographs,* Suplemento 4, 1903,4: 541-561. Pickford, R. W. *Psychology and Visual Aesthetics.* London: Hutchinson Educational Ltd., 1972, p. 27-30.
24. A experiência original sobre a Seção Áurea foi realizada por Fechner, G.T. *Vorschule der Aesthetik.* Leipzig: Breitkopf & Hartel, 1876. Veja também Pickford, 1972 (nota 23, acima) e Crozier, 1994 (nota 15, acima), para discussão sobre a atualidade da Seção Áurea.
25. McCulloch, W. S., *Embodiments of Mind,* Cambridge, Massachusetts: The MIT Press, 1960.
26. Koestler, A., *The Act of Creation,* London: Hutchinson & Co., 1964.

27. Starck, R (texto de Olivier Boissiere), *Starck,* Koln, Alemanha: Benedict Taschen & Co., 1991. Fotografia reproduzida com permissão.

28. Mingo, J., *How the Cadillac Got its Fins.* New York: Harper Business, 1994.

29. Fotografia cedida pela General Motors (USA), reproduzida com permissão.

30. Ingrassia, P. e White, J. B., *Comeback: the Fall and Rise of the American Automobile Industry.* New York: Simon and Shuster, 1994, p. 127.

Capítulo 4

Princípios da criatividade

A criatividade é uma das mais misteriosas habilidades humanas. Ela tem merecido atenção de vários tipos de pessoas, desde um simples artesão até grandes artistas e cientistas. Alguns psicólogos e filósofos dedicaram suas vidas estudando-a. Nas últimas décadas surgiram vários métodos para estimular a criatividade, prometendo desbloquear as mais obstruídas pessoas e organizações. Mas será que funcionam? A criatividade pode ser estimulada ou seria uma qualidade inata? Os psicólogos acreditam que sim, a criatividade pode ser estimulada. Assim, todos podem ser criativos, desde que se esforcem para isso.

A IMPORTÂNCIA DA CRIATIVIDADE

A criatividade é o coração do *design,* em todos os estágios do projeto. O projeto mais excitante e desafiador é aquele que exige inovações de fato — a criação de algo radicalmente novo, nada parecido com tudo que se encontra no mercado. Infelizmente, a maior parte da vida dos *designers* é dedicada a projetos menos inovadores, incluindo o redesenho de produtos existentes, o alargamento de uma linha de produtos existentes, ou o aperfeiçoamento de um produto para alcançar um concorrente. Mas isso não diminui a importância da criatividade.

Atualmente, com a concorrência acirrada, há pouca margem para a redução dos preços. A competição baseada somente nos preços torna-se cada vez mais difícil. Resta então a outra arma: o uso do *design* para promover diferenciações de produtos. Isso significa criar diferenças entre o seu produto e aqueles dos concorrentes. Não é necessário introduzir diferenças radicais, mesmo porque a maioria das empresas não estará disposta o correr riscos bancando essas diferenças radicais. É necessário, contudo, introduzir diferenças que os consumidores consigam perceber. E isso requer a prática da criatividade em todos os estágios de desenvolvimento de produtos, desde a identificação de uma oportunidade até a engenharia de produção.

A INSPIRAÇÃO INICIAL

Os mecanismos da criatividade ainda não são totalmente conhecidos, mas já existem diversos métodos que favorecem o seu desenvolvimento. Esses métodos servem para estimular a criatividade, embora a sua simples adoção não garanta o sucesso. Mas certamente você poderá aumentar as chances de sucesso usando-os.

A criatividade pode ser estimulada seguindo-se determinadas etapas (Figura 4.1). A inspiração é o primeiro sinal, que surge na mente, para uma descoberta criativa. Muitos inventores e quase todos os grandes artistas, cientistas e técnicos são altamente focalizados em um determinado tipo de problema. Eles passam muito tempo pensando num problema e têm persistência para alcançar a solução. De repente, pode surgir uma inspiração, indicando um possível caminho para solucionar o problema.

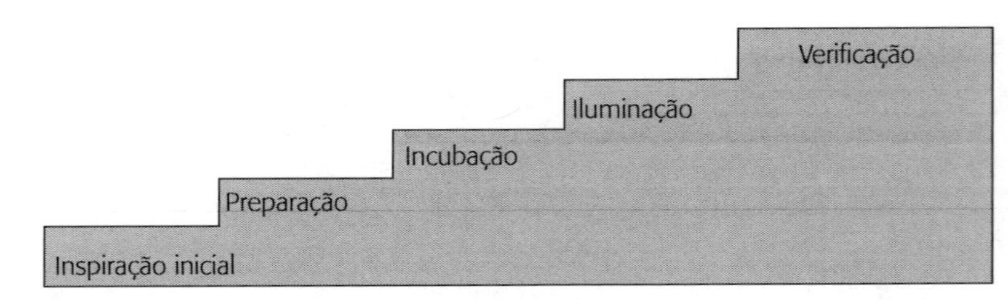

Figura 4.1 ■ As etapas da criatividade.[1]

O EURECA DE ARQUIMEDES

Em um dia do ano 230 a.C., Arquimedes resolveu se banhar, levando consigo um problema sobre o qual estava meditando há vários meses.[2] Seu protetor Heiro, o tirânico governador de Siracusa, tinha lhe entregue uma coroa, supostamente de puro ouro, mas que Heiro suspeitava de que fora adulterada com mistura de prata. Ele pediu para Arquimedes testá-la. O peso específico do ouro já era bem conhecido, na época, e era usado para determinar se um lingote de volume conhecido seria de ouro, através da sua pesagem. O problema de Arquimedes era complicado, devido a formas complexas da coroa, decorada com muitas filigranas, dificultando a medida do seu volume. Não seria possível fundir a coroa, transformando-a numa barra metálica, para comparar o seu peso em relação ao volume. Ele teria que medir o volume da coroa de algum outro modo.

Após pensar em diversas maneiras para medir o volume da coroa, Arquimedes se pôs a banhar. De repente, diante dos seus olhos, a solução do problema se tornou evidente. Quando ele entrou na banheira, seu corpo deslocou a água e seu nível subiu. Para medir o volume da coroa, bastaria mergulhá-lo na água e medir o volume da água deslocada. Os livros de história contam que Arquimedes saiu nu pelas ruas, gritando: *Eureca! Eureca!* (Achei! Achei!). Arquimedes foi uma pessoa brilhante e viveu numa época em que medir os volumes dos objetos se tornou importante. Ele precisava resolver um problema específico. A solução que ele encontrou teve uma importância maior que a pureza da coroa. Entretanto, se não tivesse deparado com esse problema, dificilmente teria formulado o princípio da física que hoje leva o seu nome. A inspiração raramente surge do nada. Ela geralmente representa uma resposta a uma necessidade de solucionar um determinado problema.

NECESSIDADE DA PREPARAÇÃO

Há muita verdade na afirmação de Thomas Edison: "criatividade é 1% de inspiração e 99% de transpiração". A criatividade geralmente resulta de associações, combinações, expansões ou visão, sob um novo ângulo, de ideias existentes. A preparação é o processo pelo qual a mente fica mergulhada nessas ideias existentes. Mesmo quando não se trabalha no nível consciente, a mente continua a processar essas ideias. Então, quando menos se espera, a solução pode surgir repentinamente.[3] Mas isso só acontece quando houver a preparação, colocando-se na mente todos os elementos essenciais para a solução do problema.

Uma grande ideia criativa não surge no vácuo, mas quando houve um esforço consciente na busca da solução. Muitas pessoas imaginam que qualquer um pode ter o *Eureca!* Esse momento, de fato, pode ocorrer repentinamente, mas geralmente só acontece quando houver uma preparação prévia. Portanto, ele não ocorre aleatoriamente a qualquer pessoa, mas somente àquelas que se prepararam para recebê-lo.

AS DESCOBERTAS DE FARADAY

As descobertas científicas ocorrem, em geral, após uma extensa fase de preparação. Isso pode ser exemplificado com as descobertas de Michael Faraday (1791-1867). O desenvolvimento do mundo moderno ocorreu, em grande parte, devido aos motores elétricos. Em uma casa de classe média do mundo ocidental, incluindo-se o carro, estima-se que existam cerca de 100 motores elétricos, em média.[4] Para fazê-los funcionar, é necessário gerar eletricidade em dínamos. Tanto o dínamo como o motor elétrico foram inventados por Faraday.

Sem dúvida, Faraday foi responsável por um dos mais notáveis avanços tecnológicos. Ele começou como aprendiz de encadernador, aos 14 anos. Enquanto aprendia essa profissão, começou a ler todos os livros que encontrava sobre física e química. Aos 19 anos começou a frequentar aulas na Sociedade Filosófica de Londres e, aos 20, na Academia Real, sob orientação do *Sir* Humphry Davy. No ano seguinte, foi convidado para trabalhar como assistente no laboratório de Davy. Uma de suas primeiras tarefas foi acompanhá-lo na visita aos grandes laboratórios da Europa, incluindo os de Volta e Ampère. Faraday tomou conhecimento da bateria elétrica inventada por Volta e o galvanômetro, destinado a medir corrente elétrica, inventado por Schweigger.

O cientista holandês Oersted tinha descoberto que um fio, onde passasse corrente elétrica, era capaz de mover o ponteiro da bússola. Ampère tinha descoberto que dois fios, cada um carregado com corrente elétrica, comportavam-se como magnetos, atraindo-se ou repelindo-se mutuamente. Antes das descobertas históricas de Faraday, a natureza da eletricidade já era conhecida, assim como os princípios da indução eletromagnética. A contribuição de Faraday foi na descoberta da rotação eletromagnética, em 1831. Ele provocou rotação de um fio suspenso em torno de um magneto fixo, quando a corrente elétrica passava por ele. Apesar de ser um pequeno avanço, em relação ao movimento da bússola, descoberto por Oersted, foi a primeira vez que alguém usou a eletricidade para produzir um movimento contínuo. Mais importante, foi o primeiro motor elétrico, apesar de tosco. Sua descoberta seguinte do dínamo representou um grande avanço científico e tecnológico.

Assim, Faraday foi um grande estudioso e o mais criativo dos inventores. Mas ele não teria feito nada disso, se não tivesse se preparado durante 16 anos, lendo e visitando outros laboratórios, antes de fazer as suas próprias descobertas. Estas descobertas confirmam as palavras de

Isaac Newton: "Se fui capaz de enxergar mais longe que os outros é porque me apoiei nos ombros de gigantes". A necessidade de preparação para a criatividade é expressa na palavras de Louis Pasteur: "A fortuna favorece as mentes preparadas".

INCUBAÇÃO E ILUMINAÇÃO

A Inspiração e a Preparação são os passos iniciais da criatividade e apresentam uma natureza lógica e racional. Isso faz sentido, pois é necessário compreender bem o problema a ser resolvido e estabelecer as metas. Também é necessário conhecer tudo o que já existe, na fase de preparação, para estar apto a produzir o avanço do conhecimento. A próxima etapa é aquela realmente criativa. Ela não tem muita relação com o raciocínio lógico e racional. Apresentaremos, a seguir, dois exemplos notáveis de criatividade.

ESTRUTURA *BUCKYBALL*

Os alunos do curso secundário aprendem, nas aulas de química, que o carbono é encontrado em duas formas cristalinas, o diamante e a grafita. Qualquer químico se sentiria profissionalmente realizado se fosse capaz de encontrar uma terceira forma de estrutura cristalina do carbono. Muitos cientistas de vários países compartilharam uma pesquisa sobre a poeira cósmica, que parecia ser originária de estrelas vermelhas gigantes, que estavam em processo de desaparecimento e eram compostas predominantemente por carbono.

No começo da década de 1980, começaram a ser feitas experiências com a vaporização da grafita, em torno de 10.000 graus centígrados. Os cientistas foram capazes de produzir amostras de poeira de carbono, para estudo, sob condições semelhantes das estrelas vermelhas gigantes no espaço. O fato estranho é que essa poeira era composta de C_{60}, uma molécula com 60 átomos de carbono. Por que 60? E não 59, 61 ou até 160? Deveria haver algo especial para que 60 átomos se juntassem em uma estrutura estável. Qual seria a explicação para isso? Harry Kroto, um professor da Universidade de Sussex, e seus colaboradores, Bob Curl e Richard Smalley da Universidade de Rice, Texas, tentaram encontrar essa explicação. Isso demorou a acontecer, até que Kroto lembrou-se da famosa estrutura geodésica que Buckminster Fuller havia produzido para a Expo'67 de Montreal. Assim que essa ideia lhe surgiu na cabeça, Kroto lembrou de um mapa tridimensional das estrelas, que havia feito alguns anos atrás para seus filhos. Tanto a estrutura geodésica como o seu mapa haviam sido feitos com uma composição de pentágonos e hexágonos. Foi Richard Smalley que recortou pentágonos e hexágonos de papel e começou a montá-los. Logo apareceu uma esfera quase perfeita, composta de 12 pentágonos e 20 hexágonos. Perguntando-se aos matemáticos se tal estrutura teria um nome, foi informado que era uma bola de futebol. Em homenagem à estrutura geodésica de Buckminster, que foi importante na descoberta, os cientistas batizaram a nova estrutura C_{60} de *Buckyball* (Figura 4.2).

Desde a descoberta, começou uma corrida para a exploração comercial da nova molécula. Até agora, as aplicações mais promissoras são de uma embalagem molecular para outras moléculas e como uma espécie de rolamento molecular.

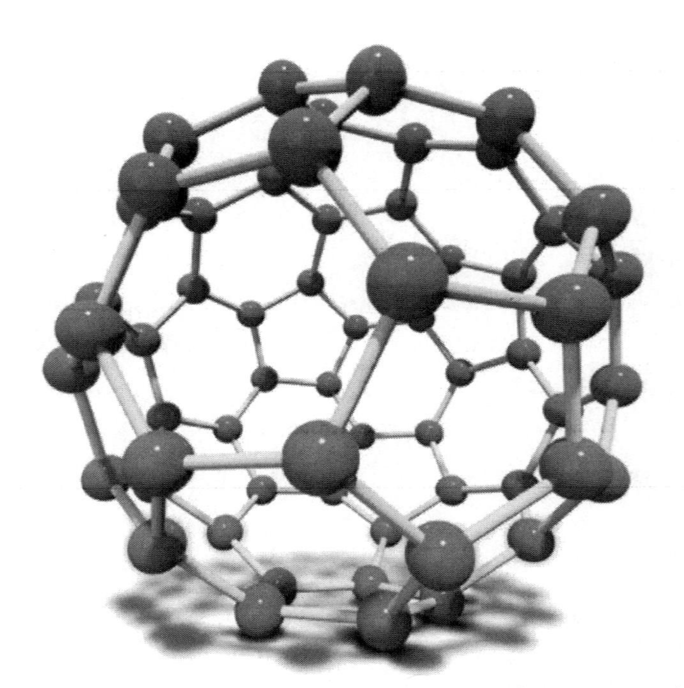

Figura 4.2 ■ A estrutura *Buckyball*, composta de hexágonos e pentágonos.

■ PAPEL ADESIVO PARA RECADO

Uma descoberta com menor prestígio científico, mas de grande valor comercial foi o do papel adesivo para recado *Post-it*, da empresa 3M. Em 1968, Spencer Silver descobriu uma cola que não tinha um forte poder adesivo.[5] O departamento de adesivos da 3M era famoso por ter desenvolvido alguns dos adesivos mais poderosos existentes no mercado, e a descoberta de Silver foi considerada uma banalidade. Mas ele perseverou por achar que a sua descoberta teria algum tipo de aplicação. Ele tentou durante 5 anos, sem sucesso, até que, numa missa dominical, seu colega de igreja, Arthur Fry, apareceu com um livro de hinos. Nesse livro, havia várias tiras de papel, marcando as páginas dos hinos que seriam entoados naquele dia. Ao abrir o livro, várias tiras caíram ao chão. Era isso! Tiras de papel coladas com um adesivo fraco, para que pudessem ser removidas. Aí nasceu o *Post-it*, da 3M. O desenvolvimento seguinte ocorreu quando se conseguiu fazer a cola grudar mais firmemente em apenas uma face do papel, podendo ser destacada facilmente na outra face. Assim, a cola fica grudada apenas no papel de recados e este pode ser removido facilmente do outro papel, sem deixar vestígios da cola.

Essa história é parecida com a de Charles Goodyear, que estava procurando uma forma de tornar a borracha natural insensível às variações de temperatura. Um dia, em 1839, um pedaço de borracha caiu sobre uma porção de enxofre e ficou duro. Estava descoberto o processo de vulcanização da borracha. Tanto no caso de Silver como de Goodyear, eles foram capazes de transformar esses acontecimentos fortuitos em invenções, porque estavam preparados para isso. Os mesmos acontecimentos passariam despercebidos para a maioria das outras pessoas que não estivessem ocupadas com aqueles problemas. Um observador atento pode detectar uma oportunidade para um invento ou melhoria de produtos existentes, a partir de um incômodo ou pequenos acidentes domésticos. Assim se inventaram os clipes e os alfinetes de segurança para bebês.

A NATUREZA DA INCUBAÇÃO E ILUMINAÇÃO

Alguns anos atrás, pedi ao meu chefe para instalar uma banheira em nosso escritório de projeto. Acontece que sempre tive as boas ideias enquanto estava me banhando. A ideia não foi bem recebida. Argumentei que essa banheira não era para higiene pessoal, mas para liberar o meu talento criativo e o de meus colegas, mas a coisa piorou. Acontece que isso não é um capricho extravagante. Muitas pessoas já admitiram esse poder inspirador do banho, enquanto outras se referem ao estado de dormência na cama, ou semiconsciência, como o momento em que tiveram as melhores ideias. Um cientista declarou que tem as ideias quando está viajando de ônibus, no banho ou na cama. Muitas vezes, trabalha-se arduamente durante semanas e, às vezes, até durante meses ou anos, sem uma solução satisfatória para um problema. A solução pode aparecer de repente, num momento de relaxamento, quando a nossa mente não está ocupada conscientemente com o problema. O antigo alquimista Rosarium sugere: "Procurastes com afinco e não achastes nada. Deixastes de procurar e a achastes". O psicólogo Lloyd Morgan aconselha: "Sature-se com tudo que se refere ao seu problema ... e espere". Souriau diz que é necessário afastar-se do problema central, procurando inspiração nas vizinhanças: "Para inventar, é necessário pensar lateralmente".

Para incubar uma ideia, é necessário que ela "adormeça" em sua mente. Acredita-se que a insistência em resolver um problema apenas coloca você contra o muro que bloqueia a criatividade e com o qual você já se deparou antes. Desligando-se conscientemente do problema e relaxando-se (no banho ou na cama), e deixando sua mente vagar, ela pode explorar novos caminhos e produzir uma associação nova, não ortodoxa, que pode ser a derrubada do muro. Segundo uma outra teoria, a nossa mente faria o "trabalho de casa" durante o sono, ordenando e classificando as informações recebidas durante o dia. Alguns teóricos do sono afirmam que parte dos sonhos faz parte desse trabalho mental de ordenar e classificar as informações. Alguns grandes pensadores relatam que acordaram repentinamente, de madrugada, com o problema completamente resolvido.(6) Assim, dormir com um problema na cabeça deve ser considerado como uma fase importante do método criativo. Mas, muitas vezes, o problema exige solução urgente e não temos tempo para ficarmos divagando. Nesse caso, podem ser aplicadas certas técnicas para acelerar o processo criativo.

BISSOCIAÇÃO E PENSAMENTO LATERAL

Já apresentamos, no capítulo anterior, o conceito de bissociação, introduzido por Arthur Koestler. A bissociação, ou seja, a associação de duas ideias ridículas ou absurdas, daria origem ao humor. Koestler vai adiante e descreve como a bissociação pode ser importante para a criatividade. Uma ideia criativa resulta, muitas vezes, de duas ideias ou princípios conhecidos, mas que não tinham sido conectados anteriormente. Um exemplo bastante citado é o da plataforma de lançamento de aeronaves em porta-aviões, que foi inspirado na pista de salto para *skis* (Figura 4.3).

Figura 4.3 ■ A pista de salto para *ski* inspirou o projeto da plataforma para lançamento de aviões.

Edward de Bono difundiu o conceito do pensamento lateral.(7) A dificuldade maior da criatividade é a excessiva lógica e o apego ao convencional. Quando pensamos em uma forma do avião levantar voo, nos limitamos a explorar as soluções no mundo da aeronáutica: o avião poderia decolar na vertical (como no caso do jato Harrier), ou aumentar a velocidade de decolagem (com o uso de catapulta). Raramente, nas sessões de esforço concentrado e deliberado, teríamos ideias que se assemelhassem a uma rampa de salto de *ski*. Exceto, claro, quando você está relaxado no banho ou na cama e não esteja pressionado para solucionar o problema.

Nossos cérebros podem ser vistos como instrumentos para fazer associações. Quando olhamos para um objeto, o associamos com palavras (o nome do objeto), com a memória (quando o vimos pela última vez), com emoções (se ele está associado com algum momento importante da nossa vida) e o associamos com alguma tarefa ou função (se ele serve para comer, andar, dormir). Quando aprendemos, fazemos novas associações (o número 4 é associado com 2+2). E quando nos sentamos, olhando para o espaço, devaneando, associamos as imagens passadas com os pensamentos em nossas memórias. As nossas mentes são capazes de realizar muitas associações, mas elas sofrem diversas restrições.

Todas as nossas percepções, pensamentos, emoções e memórias são armazenadas em pequenas redes neurais, que fazem apenas aquelas associações mais úteis para a nossa vida diária. Conhecimentos sobre aviões estão armazenados em uma rede e os de *ski*, em outra. A conexão entre essas duas redes teria pouca utilidade. Quando viajo de avião, já tenho trabalho suficiente para tomar o voo correto, no terminal correto, no dia correto e na hora correta, sem que esses dados cruzem com a rampa de salto de *ski*. Nossas mentes só têm ligações para essas associações mais úteis, e as demais são descartadas.

Enquanto utilizarmos apenas essas ligações convencionais não seremos criativos. Precisamos aprender a fazer outras associações não convencionais. Mas como isso pode ser feito? Existem basicamente duas maneiras. A primeira é tomar bastante banho e permanecer na cama por longos períodos cada manhã, em estado semiacordado, esperando que as ideias surjam naturalmente. A segunda, mais usual, é preparar a mente, dando um tempo para que o problema seja incubado e, então, se pode usar vários métodos para forçar a mente a trabalhar em bissociações e pensamento lateral.

Para a preparação, é necessário alimentar o cérebro com todos os fatos e ideias relevantes. A incubação envolve armazenamento e processamento das informações no interior de sua mente. A barreira que impede o surgimento de ideias inovadoras deve ser claramente definida e entendida. As soluções lógicas devem ser exploradas e, se forem inapropriadas, devem ser rejeitadas. Todas as informações relevantes para o problema devem ser consideradas, entendidas e arquivadas para um fácil acesso. Você deve mergulhar no problema e tornar-se completamente familiar com ele. Chegando a esse ponto, você estará pronto para a iluminação. Chegou o tempo para começar a forçar o cérebro a pensar lateralmente sobre o problema. Você pode retornar rapidamente aos métodos sistemáticos disponíveis para estimular o pensamento criativo. Mas, antes, vamos examinar melhor o processo da criatividade, desde a primeira inspiração até a iluminação.

CRIATIVIDADE NA PRÁTICA

Nos últimos anos, muitos livros foram escritos sobre a prática da criatividade. Em apenas um deles[8] são apresentados 105 diferentes técnicas para estimular a criatividade! De tudo que foi escrito, podem ser extraídos alguns elementos-chaves, que são mapeados na Figura 4.4. e são detalhados nas 13 Ferramentas apresentadas no final deste Capítulo.

Elementos-chaves das diversas fases do processo criativo e suas respectivas ferramentas

1. **Preparação**
   - Explore, expanda e defina o problema;
   - Levante todas as soluções existentes.

Ferramentas

Análise paramétrica (7).*
Análise do problema (8).

2. **Geração de ideias**
   - Pense somente nas ideias – deixe as restrições práticas para uma etapa posterior;
   - Procure ideias fora do domínio normal do problema;
   - Use técnicas para:
     - Redução do problema;
     - Expansão do problema;
     - Digressão do problema.

Ferramentas

Procedimentos:
Anotações coletivas (9)
Brainsforming (4)
Brainwriting (6)
Sinética (5)
Técnicas:
Permutação das características (cap. 9)
Análise das funções do produto (29)

3. **Seleção da ideia**
   - Considere tanto os bons como os maus aspectos de todas as ideias;
   - Combine ideias aproveitando as parte boas de cada uma.

Ferramentas
Matriz de avaliação (Cap. 6)
Votação (13)

4. **Revisão do processo criativo**
   - Avalie o processo de solução de problemas.

Ferramentas
Fases integradas da solução de problemas – FISP (15)

*Os números entre parênteses correspondem aos números das ferramentas.

Figura 4.4 ■ Elementos-chaves da criatividade na prática.

PREPARAÇÃO

Os problemas de *design* usualmente são complexos, geralmente têm diversas metas, muitas restrições e um grande número de soluções possíveis. Quando estiver projetando um novo produto, você deve procurar atender às necessidades de uma ampla faixa de consumidores, explorar todos os canais de *marketing* e distribuição e as potencialidades dos pontos de venda. Também deve fazer com que o projeto aproveite, ao máximo, os fornecedores de peças e componentes, os equipamentos de produção e, finalmente, gere lucro para a empresa. Definir um problema de *design,* incluindo todos esses aspectos, exige muita preparação.

Essa preparação exige respostas a várias questões:

1. Qual é exatamente o problema que você está querendo resolver?
2. Por que esse problema existe?
3. Ele é uma parte específica de um problema maior ou mais amplo?
4. Solucionando-se esse problema maior, a parte específica também será solucionada?
5. Em vez disso, seria melhor atacar primeiro a parte específica?
6. Qual é a solução ideal para o problema?
7. O que caracteriza essa solução ideal?
8. Quais são as restrições que dificultam o alcance dessa solução ideal?
9. Quem é o responsável ou quem propôs o problema?

As respostas a essas questões ajudam a elaborar o mapa do problema: o objetivo do problema, as fronteiras do problema, e o espaço do problema (Figura 4.5). Todas essas considerações em torno na natureza do problema visam produzir uma **definição** simples, concisa e operacional do problema. Ela deve especificar o **objetivo** de forma suficiente para verificar se a solução apresentada é adequada para solucionar o problema. Ela deve permitir também uma comparação entre as alternativas possíveis para a solução. Devem-se definir também as **fronteiras** do problema, que são os limites de aceitabilidade das soluções potenciais. Por exemplo, até que ponto os componentes e materiais atualmente usados podem ser substituídos? A potência do motor pode ser aumentada? Podem-se adicionar outros acessórios? Os produtos podem ser mais coloridos? Enfim, a fronteira deve estabelecer o nível de profundidade na busca de soluções, desde mudanças superficiais até inovações radicais. Ela permite estabelecer os critérios para a aceitação das soluções. O **espaço** do problema é a região compreendida entre as soluções existentes e a meta do problema. Ou seja, é o campo onde será desenvolvido o trabalho na procura de soluções. Naturalmente esse espaço poderá ser maior ou menor, dependendo de como sejam definidos o objetivo e as fronteiras do problema. Quando se tratar de um simples redesenho de um produto, tanto o objetivo como as fronteiras podem ser mais estreitas, em relação ao lançamento de um novo produto.

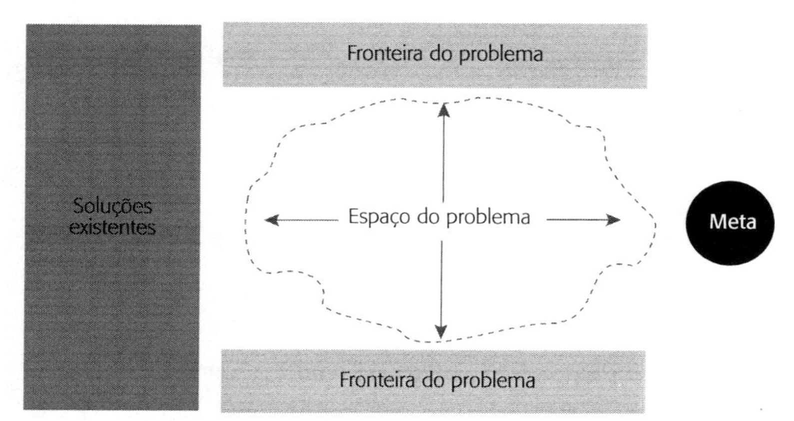

Figura 4.5 ■ Visualização do espaço do problema.

Uma boa preparação do problema exige um questionamento de todos os seus aspectos, não se prendendo à forma como ele nos é apresentado e nem se restringindo à primeira definição que nos ocorra.

■ FERRAMENTAS DA PREPARAÇÃO

Dois diferentes métodos de explorar, expandir e definir problemas são apresentados nas Ferramentas apresentadas no final do Capítulo:

1. A **análise paramétrica** apresenta as medidas quantitativas, qualitativas e classificatórias do problema (ver Ferramenta 7).
2. A **análise do problema** procura reduzir o problema a conceitos cada vez mais abstratos. A partir da formulação inicial do problema, a análise do problema pergunta por que você quer resolver o problema. Essa é uma boa técnica para se chegar à raiz do problema (ver Ferramenta 8).

Os problemas podem ser melhor explorados por meio dessas técnicas. As metas são frequentemente derivadas da análise do problema, embora seja útil mapear o espaço do problema (ver Figura 4.5). Nesse mapa devem ser fixadas as suas fronteiras, mas a análise paramétrica também desempenha um importante papel.

A preparação para definir o problema deve começar com o pensamento divergente, de modo que permita explorar uma ampla gama de alternativas para solucionar o problema, examinando-se todos os ângulos possíveis de sua solução. Na etapa seguinte se aplica o processo convergente, para se reduzir as diversas alternativas a apenas uma ou duas definição para o projeto a ser desenvolvido. Isso não significa que o problema seja reduzido a um único produto com configuração conhecida. A definição do problema pode ser suficientemente ampla, para comportar diversas alternativas de solução, mas deve ter um objetivo claro e fronteiras bem estabelecidas.

É importante que o problema seja definido de maneira simples e concisa, de modo que todos os participantes do projeto consigam entendê-lo. No caso de problemas complexos, é possível decompô-lo em elementos mais simples, usando a Análise do problema (Ferramenta 8).

GERAÇÃO DE IDEIAS

A geração de ideias é o coração do pensamento criativo. Já vimos que a inspiração criativa pode resultar do pensamento bissociativo, juntando-se as ideias que antes não estavam relacionadas entre si. Muitas técnicas de criatividade tentam juntar essas ideias que estavam separadas. Algumas dessas técnicas requerem pouco tempo e esforço. Uma sessão típica para geração de ideias pode levar uma hora e envolver menos de 10 pessoas. Assim, os possíveis benefícios de uma solução inovadora geralmente justificam os seus custos.

Muitas técnicas de criatividade são, contudo, mais conservadoras. Elas tentam encontrar soluções pelo rearranjo, melhoria ou desenvolvimento de ideias já relacionadas com o problema. Seria interessante que o *designer* dominasse todas as técnicas, conhecendo os pontos fortes e fracos de cada uma. Assim, poderia escolher aquela técnica que mais se adaptasse a cada tipo de problema. Existem três categorias principais de técnicas para a geração de ideias (Figura 4.6).

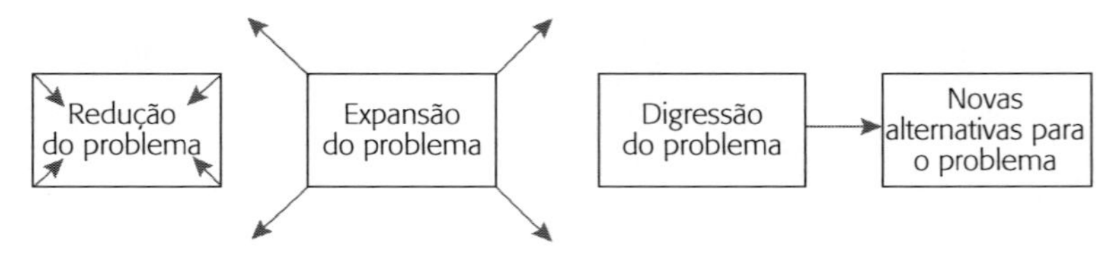

Figura 4.6 ■ Os principais tipos de técnicas para a geração de ideias.

1. **Redução do problema.** As técnicas de redução do problema examinam os componentes, características e funções do problema, tentando resolvê-lo, modificando uma ou mais dessas características. Elas se propõem a resolver o problema, mudando apenas alguns aspectos desse problema. Essa técnica é reducionista, porque focaliza a atenção sobre o produto existente e não olha além dele.
2. **Expansão do problema.** As técnicas de expansão do problema tentam explorar ideias além do domínio imediato do problema. Essas técnicas procuram alargar as perspectivas do problema, abrindo um amplo leque de possíveis soluções, não se restringindo ao produto existente.
3. **Digressão do problema.** A digressão do problema procura fugir do domínio imediato do problema, usando pensamento lateral. Algumas técnicas de digressão começam com o problema original e estimulam as incursões laterais, afastando-se deliberadamente do problema. Outra maneira é partir de algo completamente diferente, para ir se aproximando do problema, como forma de fugir das soluções convencionais.

PROCEDIMENTOS PARA GERAÇÃO DE IDEIAS

Para muitas pessoas e a maioria das empresas, geração de ideias significa *brainstorming* (tempestade cerebral). Contudo, essa técnica (ver Ferramenta 4), na sua forma clássica ou tradicional, tem-se mostrado pouco eficiente.[9] Uma sessão clássica do *brainstonning* envolve um grupo com cerca de dez pessoas sentadas em torno de uma mesa, apresentando ideias sobre o problema. A principal característica do *brainstorming* é que as ideias de uma pessoa inspiram as outras pessoas e assim, as ideias vão fluindo, a velocidades cada vez maiores. O problema é que essas ideias do grupo podem fluir para um número limitado de linhas de raciocínio. Se alguém apresentar uma ideia, as outras pessoas do grupo vão desenvolver e expandir essa ideia, girando em torno dela. Ocasionalmente, podem surgir ideias diferentes. Contudo, o resultado obtido pelo grupo não é muito diferente daquele que seria conseguido individualmente. Isso não significa que seja incorreto usar grupos na geração de ideias. Qualquer pessoa que já tenha participado de sessões de *brainstorming* provavelmente sentiu- se estimulada ouvindo as ideias dos outros. Significa apenas que há o risco de se ter as ideias dirigidas para algumas linhas de pensamento, prejudicando a busca de soluções mais amplas. A técnica do *brainwriting* (veja Ferramenta 6) tenta sanar essa desvantagem.

Outra característica do *brainstorming,* como já vimos no Capítulo 2, é a separação entre a fase de ideação e a fase de julgamento das ideias. No projeto de produtos, nem sempre é simples avaliar uma ideia, antes que ela seja desenvolvida em projeto conceitual, configuração e protótipo para ser testado. Isso pode envolver um custo e um tempo significativos. Por isso, as ideias não devem ser avaliadas em profundidade, durante a fase de ideação. No outro extremo, existe um argumento para não se fazer nenhum julgamento, de qualquer espécie, durante a fase de ideação. Os defensores dessa tática acreditam que as ideias apresentadas induzem o aparecimento de outras ideias. Assim, uma ideia, por mais absurda e ridícula que pareça, tem o seu valor, pois pode ser a "ponte" que faz a ligação com uma outra ideia melhor e mais prática, que pode ajudar a solucionar o problema. Há algum fundo de verdade nisso, embora existam outras técnicas de criatividade que estimulam o aparecimento de ideias fora do comum, como veremos a seguir.

As experiências demonstram que o julgamento feito *a posteriori* melhora a fluidez das ideias na fase de criação, durante as sessões de *brainstorming.* Contudo, nem sempre esse ganho em quantidade resulta em melhor qualidade.(10) Adiando-se o julgamento durante a ideação, obtém-se maior número de ideias, mas de menor qualidade, do que quando o julgamento é incentivado. De qualquer modo, adiar ou não o julgamento depende do que se procura atingir. Se o problema comportar diversidade de soluções e quando se procura uma solução bem original, o julgamento pode ser adiado. Nesse caso, serão obtidas muitas ideias de qualidade variável. A dificuldade maior está na fase posterior, quando se deve refinar, desenvolver e selecionar essas ideias. Por outro lado, se o problema for bem definido e circunscrito, e se procura uma solução diretamente aplicável, pode-se exercer maior grau de julgamento durante a fase de ideação, de modo que esse processo possa ser mais controlado.

Como regra geral, os participantes na geração de ideias devem estar bem preparados. Essa preparação provocará, inevitavelmente, um certo grau de julgamento das ideias durante a geração das mesmas. Contudo, durante a fase de geração de ideias, os participantes devem fazer o possível para adiar os julgamentos, para que estes não interfiram no processo criativo. De qualquer modo, um grupo bem preparado, com um bom entendimento do problema, será capaz de trabalhar adequadamente com os julgamentos realizados durante a fase de criação. Em especial, aquelas pessoas muito críticas devem fazer um esforço para refrear os seus julgamentos, a fim de não inibir as pessoas mais tímidas do grupo.

As sessões criativas nem sempre precisam ocorrer em torno de uma mesa. As pessoas podem continuar normalmente em seus locais de trabalho e ir anotando as suas ideias. Ao fim de um certo período, essas anotações são trocadas entre os membros, ou se convoca uma reunião do grupo, para que cada um apresente suas ideias. Esta técnica de anotações coletivas é descrita melhor na Ferramenta 9.

FERRAMENTAS PARA GERAÇÃO DE IDEIAS

São apresentadas seis diferentes técnicas para geração de ideias, consideradas úteis, no projeto de produto.

Análise da função do produto. Parte-se da análise de um produto existente e suas funções são ordenadas hierarquicamente. Isso força você a identificar a função básica do produto e as funções secundárias, que contribuem para a execução da função básica. Essa técnica é aplicada no projeto conceitual e é explicada na Ferramenta 29.

Permutação das características do produto. Parte-se também de um produto existente e se exploram todas as combinações possíveis entre seus elementos. Essa técnica é importante para a fase de configuração do produto e será apresentada no Capítulo 9.

Análise morfológica. Apresenta dois ou três atributos de um problema em gráfico bi ou tridimensional. Isso permite que as soluções possíveis sejam exploradas por meio de combinação, permutação, interpolação ou extrapolação. Essa é uma forma mais elaborada de se realizar permutações entre elementos e será melhor explicada na Ferramenta 10.

MESCRAI. É uma sigla composta das iniciais de "Modifique, Elimine, Substitua, Combine, Rearranje, Adapte e Inverta". É uma lista para estimular a busca de formas alternativas para transformar um produto existente. Esta técnica é apresentada na Ferramenta 11.

Analogias. São usadas para estimular o pensamento lateral. A Sinética é uma técnica específica, para estimular essas analogias. Essas técnicas são usadas para se criar um produto novo ou introduzir mudanças profundas em produtos existentes. Elas são apresentadas na Ferramenta 12.

Clichês e provérbios. São usados ditos populares para se examinar um problema sob novas perspectivas e para facilitar o pensamento lateral. São apresentados na Ferramenta 14.

SELEÇÃO DAS IDEIAS

O procedimento mais importante no projeto de produtos é pensar em todas as possíveis soluções e escolher a melhor delas. A finalidade da geração de ideias é produzir todas as possíveis soluções. A seleção tentará escolher a melhor delas. Para isso, é necessário ter uma especificação do problema que oriente a escolha da melhor alternativa. Isso demonstra a importância da fase de preparação. Muita gente pensa que a parte criativa do problema termina com a geração de ideias e que a sua seleção posterior é uma simples tarefa rotineira. Mas isso nem sempre é verdade, pois é necessário ser criativo também durante a seleção. É nesse estágio que as ideias podem ser expandidas, desenvolvidas e combinadas para se aproximar cada vez mais da solução ideal.

FERRAMENTAS PARA SELECIONAR IDEIAS

Os quadros com as ferramentas apresentam dois métodos diferentes para selecionar ideias.

Votação. A votação é a forma mais simples de selecionar as ideias. Pode-se organizar uma tabela com duas colunas. Na primeira coluna colocam-se as descrições das várias alternativas existentes. Na segunda coluna são colocados os votos. Cada pessoa que compõe o júri recebe um certo número de fichas adesivas (cada ficha representa um voto). Essas fichas são colocadas na frente das alternativas preferidas pelos membros do júri. Esse procedimento é descrito no Ferramenta 13.

Matriz de avaliação. As alternativas são colocadas nas colunas e os critérios de seleção, nas linhas da matriz. As células da matriz são preenchidas, fazendo-se a avaliação de cada alternativa em relação aos diferentes critérios (no sentido horizontal) ou, alternativamente, quais são as melhores e piores alternativas em relação aos critérios (no sentido vertical). É uma técnica importante no planejamento do produto, projeto conceitual e configuração do projeto. Essa técnica será introduzida no Capítulo 6 (ver Tabela 6.3).

AVALIAÇÃO DO PROCESSO CRIATIVO

É importante fazer avaliações contínuas do processo criativo, para a introdução de melhorias e correção dos eventuais desvios. Para isso, pode-se usar a técnica de Fases Integradas da Solução do Problema – FISP, descrita por Morris e Sashkin.[11] É constituída de uma lista de verificação para a avaliação de diferentes estágios da solução do problema e permite identificar as áreas que ainda necessitam de melhorias. Essa técnica é descrita na Ferramenta 15.

Ferramenta 3:

Etapas da criatividade

1. Criatividade passo-a-passo

A geração de ideias pode ser mais efetiva quando: 1) houver um período de preparação para coletar e analisar as informações disponíveis; 2) as ideias forem geradas com o máximo de imaginação e criatividade possíveis; e 3) a melhor ideia for selecionada, em comparação com os critérios estabelecidos no início do processo.

2. Preparação

O aspecto mais importante da preparação é a coleta e classificação de todas as informações disponíveis sobre o problema, até que o mesmo fique completamente entendido e familiarizado. Isso significa que o problema deve ser analisado de diversas maneiras, fornecendo todos os elementos para a geração de ideias.

3. Geração de ideias

Para sermos criativos, precisamos nos libertar dos diversos bloqueios que governam as nossas ações do dia a dia. Precisamos exercitar os pensamentos laterais (bissociações), e a capacidade de realizar novas associações, para que possamos ultrapassar aquelas ideias mais óbvias. Diversas técnicas para isso são apresentadas nas Ferramentas descritas neste capítulo.

4. Seleção das ideias

A seleção das ideias é um processo mais sistemático, disciplinado e rigoroso que os procedimentos de geração das ideias. Ela se destina a identificar, no meio das muitas ideias geradas, aquela que melhor soluciona o problema proposto. Essa seleção também exige criatividade para combinar e adaptar as ideias às necessidades de solução.

5. A perfeição vem da prática

A criatividade é uma atividade corriqueira para os *designers*. Entretanto, para se certificar que a sua criatividade melhora sempre, é necessário fazer avaliações periódicas de sua capacidade criadora. Um método para se fazer isso é apresentado na Ferramenta 15.

Ferramenta 4:

Brainstorming

O *brainstorming* é um termo cunhado por Alex Osborn em 1953, autor do livre *Applied* Imagination[12] (traduzido em português como O Poder Criador da Mente), responsável pela grande difusão dos métodos de criatividade, em todos os ramos de atividades.

O *brainstorming* ou sessão de "agitação" de ideias é realizado em grupo, composto de um líder e cerca de cinco membros regulares e outros cinco convidados. Os membros regulares servem para dar ritmo ao processo e os membros convidados podem ser especialistas, que variam em função do problema a ser resolvido. De qualquer maneira, é importante haver também alguns não especialistas no grupo, de modo a fugir da visão tradicional dos especialistas.

O líder deve estar preparado para orientar o grupo. Ele deve explicar qual é o problema. Por exemplo, ele poderá dizer: Vamos procurar ideias para melhorar o abridor de garrafas. Também pode lançar desafios ao grupo, fazendo perguntas do tipo: Como posso fazer um abridor de garrafas melhor? O que pode ser eliminado? O que pode ser adicionado? O que pode ser combinado? O que pode ser invertido? As sessões de *brainstorming* devem ser gravadas, ou deve haver alguém para anotar as ideias. Elas geralmente consistem de sete etapas:

1. **Orientação.** Consiste em determinar a verdadeira natureza do problema, propondo-o por escrito e descrevendo-se os critérios para a aceitação da solução proposta. A maneira como o problema é proposto condiciona o trabalho do grupo, que pode se limitar a procurar soluções restritas (fronteiras estreitas) ou mais criativas (amplas).
2. **Preparação.** Consiste em reunir os dados relativos ao problema, como outros produtos existentes, concorrentes, existência de peças e componentes, materiais e processos de fabricação, preços, canais de distribuição e outros.
3. **Análise.** A análise permite examinar melhor a orientação e a preparação, verificando se ela foi completa, assim como determinar as causas e efeitos do problema e, inclusive, se vale a pena prosseguir.
4. **Ideação.** É a fase criativa, propriamente dita, quando são geradas as alternativas para a solução do problema. Nessa fase, é importante o papel do líder, estimulando a geração de ideias na direção pretendida e coibindo os julgamentos, que devem ser adiados. Durante a ideação, a mente pula de uma ideia para outra, usando o mecanismo das Analogias (ver Ferramenta 12).
5. **Incubação.** Frequentemente, a ideação entra numa fase de frustração, quando a fluência das ideias vai diminuindo. Nesse ponto, a sessão pode ser suspensa, para um afastamento deliberado do problema, por um período de um dia ou mais. Após esse período de relaxamento pode surgir a iluminação, quando a solução poderá aparecer mais facilmente.
6. **Síntese.** Consiste em analisar as ideias, juntando as soluções parciais em uma solução completa do problema.
7. **Avaliação.** Finalmente, as ideias são julgadas, fazendo-se uma seleção das mesmas com o uso dos critérios definidos na etapa de Orientação.

Essas etapas não precisam ser seguidas rigidamente. Dependendo do problema, algumas delas podem ser omitidas, ou fundidas entre si. Há também casos de diversas realimentações, quando se retornam às etapas anteriores, para se rever ou aperfeiçoar algum aspecto anteriormente analisado. De qualquer modo, há três tópicos importantes a serem destacados nessa metodologia:

- A qualidade das ideias depende de uma boa preparação, considerando-se todos os aspectos pertinentes ao problema. De preferência, deve existir um ou dois membros do grupo que tenham familiaridade com o problema, a fim de esclarecer as dúvidas dos demais participantes da sessão. A visão de não especialistas também é importante para se fugir dos pensamentos tradicionais.
- A quantidade de ideias é maior quando se separa a fase de Ideação daquela de Avaliação, de modo que a geração de ideias se processe livre de julgamentos. Contudo, o líder pode reposicionar o grupo, quando houver um desvio grande em relação à Orientação inicial. Considerando que a criação segue um processo aleatório, a qualidade da solução depende da quantidade de ideias geradas, pois isso aumenta as chances de se selecionar uma boa ideia.
- É importante conceder um certo tempo ao grupo, para a Incubação, com a duração de pelo menos um dia (retomar no dia seguinte). Esse período de relaxamento e de desligamento voluntário do problema é importante para que a própria mente reorganize as ideias.

O *brainstorming* baseia-se no princípio: "quanto mais ideias, melhor". E possível conseguir mais de 100 ideias em uma sessão de uma a duas horas. As ideias iniciais geralmente são as mais óbvias, e aquelas melhores e mais criativas costumam aparecer na parte final da sessão. Se elas forem consideradas insatisfatórias, deve-se retornar ao processo, após um período de incubação. Tem-se criticado o *brainstorming* justamente porque se geram muitas ideias, mas se tem dito que elas são superficiais e torna-se difícil fazer a avaliação posterior das mesmas. Entretanto, ela é bastante útil em alguns casos, quando se quer uma pesquisa ampla, mesmo sem muita profundidade, por exemplo, quando se procura uma marca para uma nova cerveja.

Ferramenta 5:

Sinética[13]

A palavra Sinética é derivada do grego e significa juntar elementos diferentes, aparentemente não relacionados entre si. A técnica de Sinética foi desenvolvida por William Gordon, em 1957, como um aperfeiçoamento do método de *brainstorming.* Ela se aplica na solução de problemas inéditos ou quando se deseja introduzir mudanças mais profundas em produtos ou processos. Um grupo de Sinética trabalha com 5 a 10 especialistas de diversas formações, como matemáticos, físicos, químicos, biólogos, músicos, especialistas em materiais, *marketing* e outros. Naturalmente, a composição desse grupo pode variar, conforme o problema a ser resolvido. Tem-se constatado a especial importância da participação de biólogos com estudos de biônica, para se fazer analogias com os seres vivos.

Na Sinética, o grupo dá importância especial à fase de Preparação, explorando todos os aspectos possíveis e amplos do problema. Muitas vezes, apenas o líder do grupo conhece o verdadeiro problema. Para evitar as ideias conservadoras, ele não revela esse problema e coloca, em seu lugar, um conceito mais amplo. Por exemplo, quando se trata de melhorar o abridor de latas, o líder pode propor ao grupo o conceito de "abertura". Assim, o grupo deve pensar em todos os meios para se promover essa abertura, inclusive procurando analogias na natureza. Tratando-se de um problema de armazenamento de mercadorias, o líder pode sugerir a palavra-chave "empilhar". Todas as sessões de Sinética devem ser gravadas. A Sinética reconhece dois tipos de mecanismos mentais.

Transformar o estranho em familiar. Basicamente, o ser humano é conservador e teme qualquer coisa ou conceito que lhe pareça estranho. Quando encontra algo estranho, a mente humana procura eliminar as estranhezas, enquadrando-as dentro de padrões conhecidos, ou seja, converte o estranho em familiar. Portanto, esse é um mecanismo que ocorre naturalmente, quando tentamos compreender um problema novo. Contudo, é um processo conservador e leva a um conjunto de soluções tradicionais. Para alcançar inovação, é necessário romper com essa tendência conservadora e percorrer o caminho inverso: transformar o familiar em estranho.

Transformar o familiar em estranho. Transformar o familiar em estranho significa olhar o problema conhecido sob um novo ponto de vista, saindo do lugar-comum e do mundo seguro e familiar. Isso exige um esforço consciente para olhar de forma diferenciada as velhas coisas, o mundo, as pessoas, as ideias e os sentimentos. Deve-se abandonar o conforto e a segurança do mundo estabelecido para aventurar-se num mundo estranho e ambíguo. Ele sugere torcer, inverter, despir, aglutinar, desmontar e montar de forma diferente as coisas existentes. Para transformar o familiar em estranho, a Sinética recorre a quatro tipos de analogias:

- **Analogia pessoal.** A pessoa coloca-se mentalmente no lugar do processo, mecanismo ou objeto que pretende criar. Por exemplo, você pode imaginar-se no lugar de moléculas dançando no meio de uma reação química, sendo empurrado e puxado por outras forças moleculares.
- **Analogia direta.** Na analogia direta são feitas comparações com fatos reais, conhecimentos ou tecnologias semelhantes. Esse tipo de analogia é muito usado na biônica. Por exemplo, no desenvolvimento de máquinas rastejantes para andar em solos acidentados, observou-se o movimento dos insetos. A cada movimento, os insetos avançam as pernas dianteira e traseira de um lado e a perna central do outro, mantendo a sustentação.
- **Analogia simbólica.** A analogia simbólica usa imagens objetivas e impessoais para descrever o problema. Por exemplo, para o desenvolvimento de um mecanismo compacto para levantar pesos, imaginou-se uma corda indiana, que sai do cesto e fica em pé.
- **Analogia fantasiosa.** A analogia fantasiosa costuma dar "asas" à imaginação, fugindo das leis e normas estabelecidas. Ela apela para a irracionalidade, para fugir das regras convencionais. É uma fuga consciente para um mundo fantasioso. Enquanto a mente estiver fora de controle das leis restritivas, pode-se alcançar novos pontos de vista. Por exemplo, pode-se imaginar o funcionamento de um mecanismo fora da lei da gravidade. Evidentemente, não se pretende violar essas leis, mas é possível encontrar

soluções que podem ser adaptadas às restrições reais ou podem- se encontrar algumas brechas na lei, onde a solução inovadora pode ser encaixada.

Naturalmente, numa sessão de Sinética essas analogias ocorrem simultaneamente, não sendo possível separá-las. Entretanto, o líder pode estimular o grupo a procurar intencionalmente certos tipos de analogias. Particularmente, a analogia Fantasiosa é importante para estimular os outros tipos de analogias. Como ocorre no método de *brainstorming,* as ideias geradas devem ser posteriormente avaliadas e desenvolvidas, construindo-se modelos e protótipos para testes.

Exemplo de uma sessão de Sinética. Um grupo de Sinética foi solicitado a desenvolver um telhado que tivesse maiores aplicações que os telhados tradicionais. A preparação do problema demonstrou que havia vantagem econômica em ter um telhado branco no verão e preto no inverno. O telhado branco reflete os raios solares no verão, economizando energia do ar-condicionado. O telhado preto pode absorver maior quantidade de calor durante o inverno, economizando energia para calefação. Os diálogos que se seguem foram extraídos de uma sessão sobre esse problema:

A: O que muda de cor, na natureza?

B: Uma doninha — branca no inverno e marrom no verão ... camuflagem.

C: Sim, mas a doninha perde seus pelos brancos no verão, para que os pelos marrons possam crescer ... não se pode remover o telhado duas vezes ao ano.

E: Não é só isso. A doninha não troca de pelos voluntariamente. Acho que o nosso telhado deveria mudar de cor conforme a temperatura do dia. Na primavera e outono existem dias quentes e frios, também, se alternando.

B: Que tal o camaleão?

D: Este é um exemplo melhor, porque ele pode mudar de cor, sem trocar de pelos ou pele.

E: Como o camaleão consegue fazer isso?

A: O peixe linguado deve usar o mesmo mecanismo.

E: O quê?

A: É isso mesmo! O linguado fica branco quando está nadando sobre areia branca e escurece quando nada sobre o lodo escuro.

D: Você está certo! Já vi isso acontecer. Mas como é que o danado consegue fazer isso?

B: Cromatóforos... não tenho certeza se é voluntário ou involuntário... um minuto! Existe um pouco de cada.

D: Você quer um tratado sobre o assunto?

E: Claro, professor. Mande brasa!

B: Bem, vamos ao tratado. Num linguado, a cor muda do escuro para o claro e do claro para escuro ... não digo cores, porque embora pareçam marrom e amarelo, o linguado não tem tons azuis ou vermelhos. Em todos os casos, as mudanças são meio voluntárias e meio involuntárias, porque a ação reflexa faz adaptar imediatamente o seu aspecto externo às condições ambientais. Na camada mais profunda da derme existem cromatóforos, com pigmentos negros. Quando esses pigmentos se movimentam para a superfície epidérmica, o linguado fica coberto de pontinhos pretos, à semelhança de uma pintura impressionista, que lhe dá o aspecto escurecido. Um conjunto de pequenos pontinhos cobrindo a superfície dá a impressão visual de cobertura total. Se fizermos uma ampliação de sua epiderme, poderemos observar o aspecto pontilhado da coloração escura. Quando os pigmentos negros se recuam para o interior dos cromatóforos, o linguado aparece com a coloração clara. Todos querem ouvir sobre a camada de células de Malpighi? Nada me dá mais prazer que ...

C: Ocorreu-me uma ideia. Vamos construir uma analogia entre o linguado e o telhado. Digamos que o material do telhado seja preto, mas existem pequenas bolinhas de plástico branco, embutidas nele. Quando o sol incidir sobre o telhado, este se aquece, e as bolinhas brancas se expandem. Então, o telhado se torna branco, à maneira de uma pintura impressionista. Na pele do linguado, os pigmentos pretos vêm à tona? Pois bem, no nosso telhado, são as bolinhas brancas de plástico que virão à superfície, quando o telhado se aquece.

Nesse exemplo, observe que o conhecimento de biologia, demonstrado por "B" foi fundamental para a analogia que permitiu o desenvolvimento de uma solução tecnológica.

Ferramenta 6:

Brainwriting

Brainwriting é uma evolução do *brainstorming,* procurando conservar as suas vantagens e reduzir as desvantagens. Adota um procedimento semelhante ao *brainstorming,* com um pequeno grupo de participantes. Mas, em vez de falar sobre as suas ideias, as pessoas devem escrever sobre elas. Todos escrevem as suas ideias, sem mostrar para os outros, para não influenciá-los. Isso continua por algum tempo, até que as ideias começam a esgotar-se. Então, quando alguém precisa de algum estímulo adicional, pode olhar para as anotações de um outro participante.

A forma de registrar e comunicar as ideias pode variar consideravelmente. As ideias podem ser anotadas em pequenos cartões, tiras de papel ou papel de recado *post-it.* Cada ideia é colocada em uma folha separada de papel. As pessoas vão fazendo essas anotações até o momento de passar para os outros. Outros sugerem usar folhas maiores de papel, para ficarem penduradas em uma parede, para que todos possam vê-las. O mais importante é o tempo disponível para que as pessoas tenham as suas ideias, antes de mostrá-las ao grupo.

Esse tempo deve ser suficientemente longo, para que cada pessoa possa esgotar a sua própria capacidade de criação. Isso também depende da complexidade do problema. Problemas simples podem exigir apenas 5 a 6 minutos. Em geral, pode-se adotar 10 a 15 minutos. Outra forma é deixar que as pessoas mesmas decidam. Se as ideias escritas em tiras de papel forem colocadas sobre a mesa, os outros participantes podem lê-las em busca de inspiração.

Existe uma versão mais estruturada do *brainwriting*, em que se usam folhas maiores de papel, divididas em várias colunas. Cada pessoa escreve um certo número de ideias (cerca de 10) na primeira coluna. Essas folhas são trocadas entre os membros do grupo. Então, aquele que recebeu a folha deve preencher a segunda coluna, propondo melhorias ou desenvolvimentos das ideias contidas na primeira coluna. Esse processo pode ser repetido diversas vezes, até que as ideias sejam exauridas ou até que cada folha de papel tenha passado por todos os membros do grupo.

Depois que as ideias forem geradas no papel, faz-se uma sessão convencional de *brainstorming* para se procurar uma ideia completamente nova, não para repetir o que já está escrito, mas usando isso como fonte de inspiração.

Moderadamente, esses papéis podem ser substituídos pelas ideias colocadas na rede informatizada. Contudo, seria conveniente realizar algumas reuniões com presença física dos participantes, pelo menos uma no início e outra no final do processo.

Ferramenta 7:

Análise paramétrica

A análise paramétrica serve para comparar os produtos em desenvolvimento com produtos já existentes ou àqueles dos concorrentes, baseando-se em certas variáveis, chamadas de parâmetros comparativos.

Um parâmetro é algo que pode ser medido e geralmente se refere a medidas dimensionais (como metros, quilogramas, newtons e outras). Contudo, a análise paramétrica de um problema ou produto geralmente abrange os aspectos quantitativos, qualitativos e de classificação.

Quantitativo. Parâmetros quantitativos podem ser expressos numericamente. Qual é o tamanho, peso, potência, velocidade, resistência ou preço de um produto? Qual é a medida quantificável de sua eficiência? Qual é a sua durabilidade?

Qualitativo. Parâmetros qualitativos são aqueles que servem para comparar ou ordenar os produtos, mas não apresentam uma medida absoluta. Qual é a tesoura mais confortável? Aquela que corta melhor? Qual é a calculadora mais fácil de usar? Qual é a cadeira que provoca menos dores lombares?

Classificação. Os parâmetros de classificação indicam certas características do produto, entre as diversas alternativas possíveis. O descascador de batata tem a lâmina fixa ou móvel? O *mouse* do computador portátil está embutido ou é acoplado ao aparelho? O cortador de grama é movido a eletricidade ou gasolina? A classificação também pode referir-se à presença ou ausência de algumas características. O aparelho de TV tem controle remoto? O carro tem ar-condicionado?

A análise paramétrica pode ser aplicada nos estágios finais do processo de desenvolvimento de novos produtos. Nesse caso, ela é usada para resolver algum aspecto particular, em que esse produto ainda esteja falhando. Então se pode indicar qual é o parâmetro necessário para que o produto se torne completamente satisfatório.

Exemplo de análise paramétrica. Um produtor de cosméticos pretende redesenhar suas embalagens para torná-las menos agressivas ao meio ambiente. Um concorrente já lançou uma embalagem "ecológica", mas ainda insatisfatória, do ponto de vista desse fabricante. Ele deseja adotar embalagens completamante recicláveis para xampus, sabões líquidos, loções e óleos para cabelos. A análise paramétrica, mostrada a seguir, apresenta 6 diferentes parâmetros, classifica as embalagens do concorrente e apresenta metas para as embalagens que pretende desenvolver.

Parâmetro	Variável	Produto concorrente	Comentários	Meta da empresa
Frasco	Material	Polietileno de alta densidade	Bom para ser reciclado	Polietileno de alta densidade
Frasco	Percentagem do material reciclável	0%	Aumentar material reciclável	Meta mínima de 40%
Frasco	Massa (g)	105 g	Reduzir quantidade de material	Menos de 100 g
Tampa	Material	Polipropileno	Diferente material*	Polietileno de alta densidade
Etiqueta	Material	Papel	Diferente material*	Imprimir diretamente no frasco
Tinta da etiqueta	Quantidade de corantes	4	Corantes sintéticos	2
* Precisa ser separado durante o processo de reciclagem				

Ferramenta 8:

Análise do problema

A análise do problema serve para conhecer as causas básicas do problema e assim fixar as suas metas e fronteiras. Começa com a formulação do problema. Em seguida pergunta-se: por quê você quer resolver esse problema? A resposta é submetida a outros porquês até a identificação das verdadeiras razões da empresa. Para muitas empresas, essa razão é para obter lucro.

Esse processo, que leva à exploração e expansão do problema, pode revelar um novo conjunto de soluções potenciais em cada nível. Vamos considerar o caso de uma empresa que esteja pensando em melhorar um produto existente. Contudo, ela quer ter certeza de que esse é o melhor caminho. O primeiro nível de análise do problema revelou que a empresa quer alcançar um concorrente que lançou recentemente um produto melhor (Figura 4.7). Uma outra alternativa seria desenvolver um produto completamente novo, em vez de melhorar aquele existente. Entretanto, aprofundando-se no problema, descobriu-se que as razões da empresa são: não perder a sua participação no mercado, manter a amortização dos custos indiretos e a sua atual margem de lucro.

Isso revela um leque de opções possíveis para a empresa, desde expandir para um novo mercado, aumentar a propaganda, reduzir custos indiretos ou congelar os planos de novos investimentos, para preservar os níveis de lucro. Após examinar todas essas alternativas, a empresa pode manter a sua decisão anterior de melhorar o produto existente. Contudo, após ter analisado todos os aspectos do problema, explorando-se todas as demais alternativas possíveis, ela terá segurança da opção adotada, tendo certeza de que não é meramente a primeira opção que surgiu, mas é uma decisão mais amadurecida.

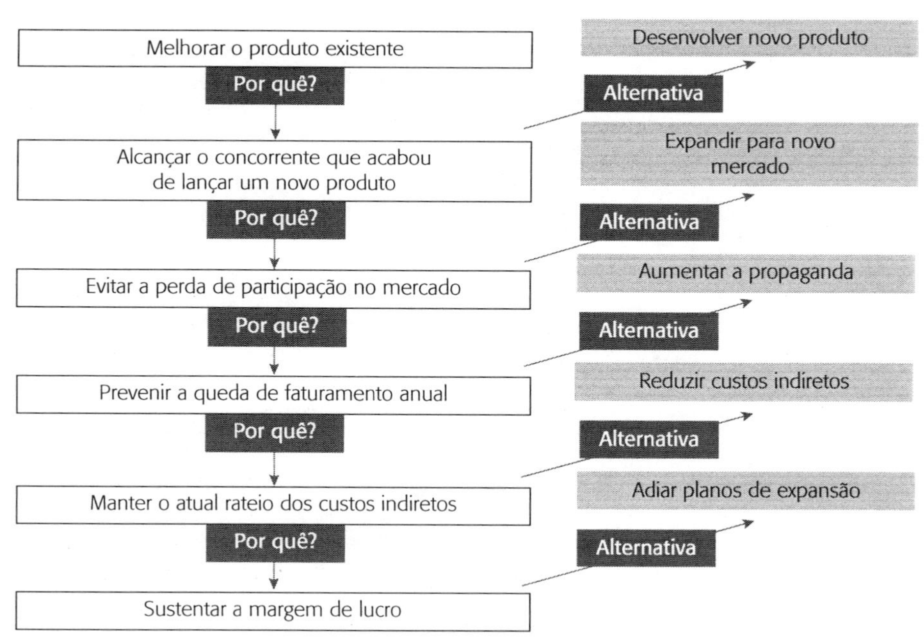

Figura 4.7 ■ A análise do problema revela um conjunto de alternativas para o problema original.

Exemplo de análise do problema. O objetivo da análise do problema é estabelecer a meta e as fronteiras do problema. Para ilustrar isso, vamos considerar o exemplo de uma empresa produtora de equipamentos para jardinagem. Ela precisa decidir qual é o novo produto a ser desenvolvido. O departamento de *marketing* chegou à conclusão que um cortador de grama seria a melhor alternativa. Antes de começar o desenvolvimento, a empresa quer ter certeza de que os consumidores desejariam esse produto. Por que os consumidores compram um cortador de grama? Para cortar grama, naturalmente. Mas por que precisam cortar a grama? Para manter o relvado. Por que eles desejam um relvado? Para manter um belo jardim.

Em cada nível de análise do problema, podem-se estabelecer novas metas e novas fronteiras para o problema (Tabela 4.1). O cortador de grama poderia ser do tipo tradicional, ou mais inovador: poderia ter uma superfície quente para tostar as pontas da grama; um cortador de raio laser ou um jato d'água à alta pressão. De acordo com as metas do problema, o produto deve ser capaz de competir com os líderes do mercado. Para isso, o novo produto deve oferecer benefícios significativos sobre os produtos existentes. O nível seguinte da análise leva ao relvado. Nem todos os relvados são feitos de grama. Antigamente usava-se plantar musgo, e essa moda está retornando aos modernos jardins. Para manter esse tipo de relvado não é necessário usar o cortador de grama, mas outros produtos, como irrigação, para conservar o solo úmido. Se essa moda se espalhar, pode ser que não exista mais mercado suficiente para o cortador de grama. Há necessidade de se analisar melhor o mercado, antes de prosseguir. O nível seguinte da análise indica um belo jardim. Muitos jardins modernos, principalmente nas cidades, têm calçadas. Que tal um produto para capinar e limpar as calçadas? A fronteira para esse problema é um produto com utilidade suficiente para justificar o seu preço. Talvez seja necessário alguns esboços iniciais e uma pesquisa de mercado, para se tomar decisão.

Tabela 4.1 ▪ Metas e fronteiras do problema para diferentes níveis de análise.

	Nível de análise do problema		
	Cortar grama	**Manter o relvado**	**Manter um belo jardim**
Metas do problema.	Projetar um novo cortador de grama.	Projetar um produto inovador para manter o relvado de musgo.	Projetar um produto inovador para manter jardins com calçadas.
Fronteiras do problema.	Deve oferecer vantagens em relação aos líderes do mercado.	Há mercado para esse tipo de produto?	Benefício suficiente para justificar o custo.

Para a empresa que pensa em desenvolver um novo produto para jardinagem, a análise do problema ajuda a superar as ideias e os preconceitos iniciais. Ela induz à procura de um problema realmente importante, examinando-se várias alternativas e escolhendo-se aquela melhor.

Ferramenta 9:

Anotações coletivas

As anotações coletivas constituem uma variante do *brainwriting* e foram desenvolvidas pela Companhia Proctor and Gamble. Um grupo de participantes é selecionado e cada um recebe uma prancheta com um papel, onde está escrito o problema, na parte superior. Os participantes têm um prazo (geralmente um mês) para colocar as suas ideias sobre o problema no papel. Eles são informados de que se espera pelo menos uma ideia nova a cada dia. Ao fim do período estipulado, os papéis são recolhidos e todas as ideias são reunidas em um único documento (daí o nome de anotações coletivas). Cópias desse documento são enviadas aos participantes, ou se organiza uma sessão de *brainstorming* para discutir as soluções propostas. Essa sessão pode ser uma ótima oportunidade para estimular o aparecimento de novas ideias, ou combinações de duas ou mais ideias.

A vantagem dessa técnica é a possibilidade de envolver muitas pessoas na solução do problema. Essas pessoas podem estar espalhadas em diversos lugares. Elas também podem pensar simultaneamente em vários tipos de problemas.

Existem diversas variações desta técnica. As pessoas podem trocar as pranchetas entre si, após duas ou três semanas de registro das próprias ideias. As ideias das outras pessoas podem ser um excelente estímulo para aumentar a fluência das próprias ideias. Outra possibilidade é incluir um conjunto de técnicas para estimular a criatividade, nas páginas iniciais do bloco que vai na prancheta, abrangendo:

- Análise das funções do produto (ver Ferramenta 29);
- MESCRAI – modifique, elimine, substitua, combine, rearranje, adapte, inverta (ver Ferramenta 11);
- Análise morfológica (ver Ferramenta 10);
- Permutação das características de produtos (ver Capítulo 9);
- Analogias (ver Ferramenta 12);
- Clichês e provérbios (ver Ferramenta 14).

Ferramenta 10:

Análise morfológica

A Análise Morfológica estuda todas as combinações possíveis entre os elementos ou componentes de um produto ou sistema. Foi desenvolvida por Fritz Zwickey, em 1948, quando o mesmo trabalhava no desenvolvimento de motores a jato. Segundo ele, o método tem o objetivo de "identificar, indexar, contar e parametrizar a coleção de todas as possíveis alternativas para se alcançar o objetivo determinado, de acordo com as seguintes regras:

1. O problema a ser solucionado deve ser descrito com grande precisão.
2. Deve-se identificar as variáveis que caracterizam o problema – isso depende dos conhecimentos e habilidades do analista.
3. Cada variável deve ser subdividida em classes, tipos ou estágios distintos – se a variável for contínua, deve-se dividi-la em determinadas faixas ou regimes – por exemplo, velocidades sub e supersônicas.
4. As soluções possíveis são procuradas nas combinações entre as classes."

No caso do projeto de um novo produto, uma variável possível seria **materiais**, que poderia ser dividida nas classes: **madeira**, **plástico**, **metal** e **cerâmico**. Outra variável poderia ser **tração**, com as classes: **manual**, **pedal** e **elétrico**. A Tabela 4.2 apresenta um exemplo aplicado ao desenvolvimento de um produto. Trata-se de analisar as alternativas para projetar uma cadeira giratória, envolvendo 5 variáveis, que se desdobram em 11 classes e resultam em 48 combinações possíveis (resultado da multiplicação das quantidades de classes: 2x2x2x3x2). Uma dessas combinações poderia ser uma cadeira com levantamento mecânico, espuma injetada, revestimento em tecido, encosto de altura média, com braços.

Tabela 4.2 ■ Análise morfológica para desenvolver uma cadeira giratória (48 combinações possíveis).

Variáveis	Classes		
	1	2	3
Mecanismo de levantamento	Mecânico	A gás	
Espuma	Laminada	Injetada	
Revestimento	Tecido	Napa	
Altura do encosto	Baixa	Média	Alta
Braços	Sem braços	Com braços	

A vantagem da Análise Morfológica está no exame sistemático de todas as combinações possíveis. Sem esta, provavelmente limitar-nos-íamos a examinar apenas um número reduzido delas, esquecendo-se das demais. Por outro lado, torna-se difícil examinar um grande número de combinações, até se chegar à solução única. Isso depende, em grande parte, da habilidade do próprio analista. Podem ser estabelecidos alguns critérios para se fazer essa seleção, como, por exemplo, a disponibilidade de materiais, facilidade de fabricação, existência de fornecedores para componentes terceirizados, resistência, durabilidade, acabamento superficial, custos e assim por diante. Assim, em uma fábrica de móveis, uma peça de plástico poderia ser descartada porque não seria viável fabricá-la com as máquinas disponíveis, e o investimento em novas injetoras de plástico poderia ser considerado exagerado. Pode-se também adotar um critério mais objetivo, atribuindo-se pontos a cada classe, e seriam selecionadas aquelas combinações de maiores pontuações.

No início, a Análise Morfológica foi aplicada principalmente na área militar, mas o método difundiu-se rapidamente e tem sido usado na solução dos mais variados problemas. Na área do *design* tem sido particularmente útil no desenvolvimento de produtos inéditos, fugindo das soluções convencionais e explorando o uso de novos materiais ou novos mecanismos.

Ferramenta 11:

MESCRAI

MESCRAI é uma sigla de "Modifique (aumente, diminua), Elimine, Substitua, Combine, Rearranje, Adapte, Inverta". Esses termos funcionam como uma lista de verificação para estimular possíveis modificações no produto. Quando se pensa em modificar um produto, é possível que ocorram apenas as ideias mais óbvias, esquecendo-se das outras. Assim, por exemplo, quando se quer reduzir o custo de um produto, é possível pensar em reduzir o seu tamanho, eliminar alguns acessórios ou substituir alguns componentes por outros mais baratos. Contudo, dificilmente ocorre a ideia de rearranjar os componentes para simplificar a montagem ou até aumentar de tamanho e usar tolerâncias de fabricação menos severas. A lista de verificação é útil para lembrar-se de outras alternativas possíveis, que podem solucionar o problema.

Tenha cuidado, pois o uso de listas de verificação pode entorpecer a mente, especialmente com produtos complexos ou de muitos componentes. Mas, quando elas ajudam a solucionar o problema, o lucro pode ser grande. Elas também podem proporcionar economia de tempo e evitar muitas frustrações.

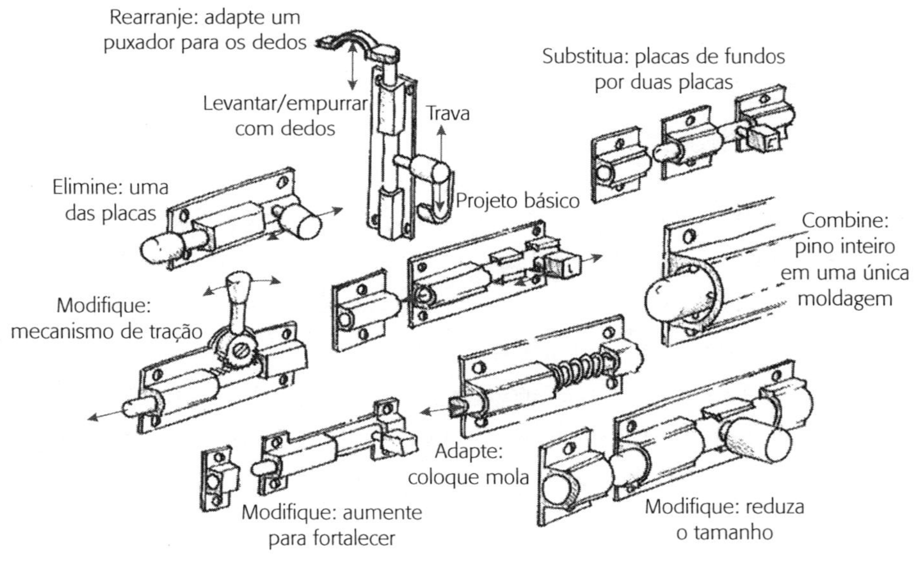

Figura 4.8 ▪ Aplicação do MESCRAI para modificar uma trava para porta.

Ferramenta 12:

Analogias

Analogia é uma forma de raciocínio, em que as propriedades de um objeto são transferidas para um outro objeto diferente, mas com certas propriedades em comum.

Assim, uma corda pode lembrar uma cascavel, quando estiver enrolada no chão, ou uma rampa de escape para emergências, quando estiver pendurada numa janela, ou uma ponte, quando estiver esticada entre dois postes.

Existem muitas maneiras de usar as analogias no pensamento criativo. Elas sugerem a exploração de novas funções, novas configurações e novas aplicações de um produto. Quando uma corda pendurada numa janela lembrar a rampa de escape, pode-se pensar em como melhorar a corda para transformá-la efetivamente em rampa de escape.

Elas podem ser usadas também para criar soluções completamente novas, descobrindo-se como um problema semelhante é resolvido em um contexto diferente.

A rampa de *ski* que inspirou a plataforma de lançamento de aviões é um exemplo. Para usar analogias, procure seguir as seguintes regras:

- Pense na essência do problema, em termos abstratos. Um abridor de latas é algo que remove parte da lata. Um copo é um recipiente. O cinto serve para amarrar ou apertar. Use essas descrições abstratas para estimular analogias, sem se fixar na forma atual do produto.
- Encontre analogias que tenham um elemento ativo ou um movimento associado. Analogias biológicas como o da cascavel são interessantes. Para o desenvolvimento de um macaco para levantamento de pesos foi feita analogia com uma corda indiana, que fica ereta, saindo do cesto.
- Não se apresse, pensando em queimar etapas. Gere uma lista de analogias, sem pensar diretamente no problema. Então, escreva uma lista de associações para cada analogia. Não faça julgamentos precipitados sobre a importância das mesmas para solucionar o problema. Só então avalie as potencialidades de cada associação para resolver o problema.

Existem, basicamente, quatro tipos de analogias:

- **Proximidade** – bule-xícara, papel-lápis, girafa-África, mesa-cadeira.
- **Semelhança** – sapato-tênis, leão-gato, café-chá, domingo-feriado.
- **Contraste** – gordo-magro, amargo-doce, quente-frio, escuro-claro.
- **Causa-efeito** – chuva-inundação, crise-desemprego, açúcar-obesidade, feriado-passeio.

Exemplo de analogia. Um fabricante de equipamentos para segurança doméstica está pensando em produtos novos para proteger a casa contra arrombamentos. A essência do problema é a "prevenção".

Analogias de "prevenção"	Associações	Ideias geradas
Contraceptivos	Pílula	Dispositivo programado e acionado pelo Videocassete ou CD-*Player*.
	Vasectomia	Cortar o cabo de alimentação do equipamento; torná-lo inacessível, recolhendo a ponta para dentro da caixa.
Cinto de segurança	Trava de segurança	Evitar o arrombamento de janelas; trava automática das janelas, quando a porta de saída for trancada.
Campanhas	Face a face	Disparar uma câmera com flash para flagrar o rosto do intruso.
	Divulgação ampla	Espalhar notícias sobre horríveis consequências que esperam o intruso.
Colete salva-vidas	Disparo repentino	Dispositivo que dispara as luzes e todos os aparelhos de som no volume máximo.

Ferramenta 13:

Votação

Uma forma simples e democrática de selecionar as melhores ideias é pela votação. As ideias são escritas em cartões e colocadas em um quadro ou painel. Cada participante recebe uma certa quantidade de rodelinhas adesivas de papel e vai colando-as à frente das ideias selecionadas por ele. O participante poderia também colocar mais votos naquela ideia que julgar mais forte. Geralmente, cada participante recebe 5 rodelinhas e pode colocá-las todas em uma única ideia ou pode distribuí-las entre várias ideias. As rodelinhas também podem ter cores diferentes, para identificar os eleitores ou os setores que eles representam. Por exemplo, podem-se identificar as ideias preferidas pelo pessoal de *marketing* pela cor vermelha, aquelas preferidas pela engenharia de produção pela cor azul, e assim por diante.

As rodelinhas coloridas também podem ser usadas para relativizar o valor das ideias. Por exemplo, verde para as melhores ideias, amarelas para uma segunda opção e vermelhas para descarte.

Essa votação também pode ser feita em duas etapas. A primeira seria para selecionar as 5 ou 10 melhores ideias, descartando-se as demais. A segunda etapa serve para ordenar essas ideias e escolher uma ou duas delas para serem desenvolvidas.

A melhor parte da votação é a discussão que acompanha esse processo. Com isso, pode ficar claro por que algumas ideias são preferidas sobre as demais. Determinados pontos de vista podem ser mais convincentes e a escolha pode recair, então, sobre uma ideia que não tinha a preferência da maioria.

Além do mais, alguns aspectos das ideias mais fracas podem ser aproveitados para melhorar a ideia mais forte. Pode acontecer também que algumas ideias descartadas durante o processo sejam recuperadas mais tarde, quando aquela selecionada para o desenvolvimento mostrar-se inadequada durante esse desenvolvimento.

Ferramenta 14:

Clichês e provérbios

Uma técnica interessante para se fugir do pensamento convencional é pelo uso de clichês e provérbios. Esses ditos populares são suficientemente genéricos, podendo ser aplicados em diferentes situações. Lendo-se uma lista desses clichês e provérbios, pode-se examinar como eles se aplicariam ao problema que se quer resolver. A seguir apresentam-se alguns clichês e provérbios, selecionados entre mais de 250 apresentados por alunos de graduação.(14)

Mais filosóficas

- A esperança é a última que morre.
- A prática é a base da perfeição.
- Primeiro o ideal, depois o prático.
- Antes tarde do que nunca.
- Se fracassar da primeira vez, tente, tente, tente novamente.
- Dois erros não fazem um acerto.
- Querer é poder.
- Tudo é bom quando termina bem.
- Pratique aquilo que você prega.
- Um tostão economizado é um tostão ganho.
- O que chega fácil parte fácil.
- Uma caminhada de mil léguas começa com o primeiro passo.
- Melhor acender uma vela no escuro que praguejar contra a escuridão.
- O seguro morreu de velho.
- Duas cabeças pensam melhor que uma.
- Ações são melhores que palavras.
- Ri melhor quem ri por último.

Mais visuais

- Uma imagem vale por mil palavras.
- Pássaros madrugadores comem as minhocas.
- Quanto mais alto, maior é a queda.
- Mate dois coelhos com uma cajadada.
- Não chore sobre o leite derramado.

- Estamos todos no mesmo barco.
- Não faça marola.
- Tal pai, tal filho.
- Se o sapato não apertar, use-o.
- Não conte com o ovo na barriga da galinha.
- Quem vê cara não vê coração.
- Cada macaco no seu galho.
- Nem tudo que reluz é ouro.
- Dois é bom, três é demais.
- Não se ensinam novos truques a velhos cachorros.
- O hábito não faz o monge.
- Aprenda com o povo, depois ensine-o.
- Quando o gato está fora os ratos se divertem.
- De grão em grão a galinha enche o papo.

Exemplos de clichês e provérbios

Um fabricante de rações animais deseja desenvolver uma nova ração para gatos. Considerando que o mercado é altamente competitivo, a empresa pensa em explorar alguma solução radicalmente diferente e, para isso, resolveu usar a lista de clichês e provérbios. Percorrendo a lista dos mesmos, apareceram muitas ideias interessantes.

Tal pai tal filho. Imagine o dono do gato como pai e o gato como filho. Poderíamos produzir uma ração que o próprio dono gostaria de comer. Talvez uma comida pronta, aquecida no forno de micro-ondas. Talvez diferentes sabores em doses individuais. Pensando bem, qual era a antiga comida dos antigos gatos? Pode-se fazer rações com gosto de ratos?

Mate dois coelhos com uma só cajadada. Seria exagero fornecer a comida e a bebida na mesma embalagem? Que tal uma tigela de comida junto com uma tigela de leite, separadas por uma divisão da embalagem?

Quem vê cara não vê coração. Será que os consumidores acreditam que dentro de uma bela embalagem há uma ração bem nutritiva? Talvez seja mais honesto usar embalagem transparente para que o consumidor possa enxergar o conteúdo.

Se o sapato não apertar, use-o. Os consumidores pagariam um preço adicional por uma ração especial para cada tipo de gato? Isso poderia sugerir uma linha especial para gatinhos e outros para gatos adultos.

Ferramenta 15:

Avaliação FISP

As técnicas de solução de problemas devem ser adaptadas às necessidades de cada empresa e ao pessoal envolvido. Para isso, elas devem ser continuamente avaliadas. Muitas vezes, essa avaliação se baseia no sucesso ou fracasso de suas aplicações. Entretanto, o sucesso ou fracasso podem ser decorrentes de circunstâncias externas, como no caso de medidas econômicas adotadas pelo governo, não dependendo somente dos métodos empregados pela empresa.

Assim, é necessário avaliar os métodos de solução dos problemas, independentemente do sucesso comercial dos resultados. Isso pode ser feito pela técnica do FISP — Fases Integradas da Solução de Problemas.[5] Como o nome sugere, a FISP divide o processo de solução de problemas em fases e considera cada uma individualmente. As tarefas e processos de cada fase são avaliadas numa escala de 1 a 5. A avaliação pode ser feita por diversas pessoas que participam da solução do problema. A estrutura da FISP é apresentada a seguir.

FISP — Fases Integradas da Solução de Problemas											
	Graus de avaliação: Completamente (5), Quase sempre (4), Parcialmente (3), Quase nunca (2), Nunca (1)										
Atividades relacionadas com as tarefas	5	4	3	2	1	1	2	3	4	5	Atividades relacionadas com as pessoas
Fase 1. Definição do problema: explorando, clarificando, especificando											
1. Até que ponto as informações relevantes foram coletadas? As pessoas que têm informações relevantes foram chamadas?	5	4	3	2	1	1	2	3	4	5	As pessoas detentoras de informações essenciais foram convocadas?
2. Todas as informações disponíveis foram levantadas e discutidas?	5	4	3	2	1	1	2	3	4	5	Há um clima de cooperação mútua? Todos os membros do grupo se sentem à vontade para falar?
3. Houve alguma tentativa para integrar as informações e clarificar a definição do problema?	5	4	3	2	1	1	2	3	4	5	Os membros do grupo se concentraram na discussão da definição do problema?
4. O problema foi formulado de modo que todos possam entendê-lo? Todos concordam com essa definição?	5	4	3	2	1	1	2	3	4	5	Todos tiveram oportunidade para concordar/discordar da definição adotada para o problema?
Fase 2. Geração de ideias: criando, elaborando											
5. Houve acordo quanto a técnicas de geração de ideias a serem usadas?	5	4	3	2	1	1	2	3	4	5	Todas as ideias foram bem-aceitas pelo grupo, sem preconceitos?

6. As capacidades individuais de criação foram aproveitadas ao máximo?	5	4	3	2	1	1	2	3	4	5	Os membros mais tímidos do grupo foram encorajados a se manifestar?
7. Depois que todas as ideias foram geradas, houve uma revisão do grupo?	5	4	3	2	1	1	2	3	4	5	As críticas prematuras foram evitadas, deixando-as para a fase de avaliação?
8. As ideias foram agrupadas em conjuntos de atributos e propostas semelhantes?	5	4	3	2	1	1	2	3	4	5	As pessoas tomaram cuidado para não tentar impor as suas opiniões aos outros?
9. As ideias mais inovadoras, interessantes e viáveis foram anotadas?	5	4	3	2	1	1	2	3	4	5	As ideias melhores foram apresentadas para todos?
Fase 3. Escolha da solução: avaliando, combinando, selecionando											
10. Cada ideia foi discutida e avaliada de acordo com os critérios estabelecidos?	5	4	3	2	1	1	2	3	4	5	O grupo consegue criticar ou rejeitar as ideias sem magoar ninguém?
11. O grupo tem sido consistente na aplicação dos critérios de seleção?	5	4	3	2	1	1	2	3	4	5	O grupo tem se concentrado em encontrar a melhor ideia e não em rejeitar as piores?
12. O grupo consegue modificar e combinar as melhores ideias?	5	4	3	2	1	1	2	3	4	5	As diferenças de opinião são negociadas satisfatoriamente?
13. Foi possível chegar à seleção de uma ideia (ou um conjunto delas)?	5	4	3	2	1	1	2	3	4	5	A solução foi escolhida por consenso? Se não, foi estabelecida uma concordância no grupo?
Fase 4. Desenvolvimento da solução: planejando, executando, coordenando											
14. O grupo listou as ações necessárias e as pessoas responsáveis por elas?	5	4	3	2	1	1	2	3	4	5	Todos contribuíram para que nenhuma tarefa importante fosse esquecida?
15. Todos os recursos necessários estão disponíveis?	5	4	3	2	1	1	2	3	4	5	Todos estão dispostos a assumir responsabilidades pela execução?
16. Houve preparação para os possíveis imprevistos?	5	4	3	2	1	1	2	3	4	5	Houve discussão no grupo sobre as possíveis dificuldades e obstáculos futuros?
17. As atividades do grupo foram efetivamente coordenadas para se chegar à solução?	5	4	3	2	1	1	2	3	4	5	Todos os membros do grupo concordam em divulgar as ideias geradas?
Fase 5. Avaliação da solução: julgando											
18. Até que ponto a solução apresentada se ajusta à definição inicial do problema?	5	4	3	2	1	1	2	3	4	5	Até que ponto os conhecimentos e habilidades das pessoas foram aproveitados?
19. Até que ponto a empresa considera a atividade de criação novadora e aproveitável?	5	4	3	2	1	1	2	3	4	5	Até que ponto os membros estão comprometidos com os objetivos do grupo?
20. Até que ponto o desenvolvimento foi bem planejado, gerenciado e executado?	5	4	3	2	1	1	2	3	4	5	Até que ponto as comunicações foram francas e construtivas?
21. O grupo se reuniu de novo para avaliar o processo de solução do problema?	5	4	3	2	1	1	2	3	4	5	Até que ponto o líder consegue motivar e diluir as tensões?

NOTAS DO CAPÍTULO 4

1. Proposto originalmente por Wallas, G., *The Art of Though.* New York: Hancourt, 1926. Descrito mais recentemente em Lawson, *Creative Thinking for Designers.* London: Architectural Press, 1992.
2. Veja Koestler, A., *The Act of Creation.* London: Hutchison & Co., 1964, p. 105-106.
3. Nayak, P. R., Ketteringham, J.M., Little, A.D., *Breakthroughs!* Didcot, Oxfordshire, UK: Mercury Business Books, 1986, p. 29-46.
4. Kenjo,T. *Electric Motors and their Contorls.* Oxford: Oxford University Press, 1991.
5. Ashall, F. *Remarkable Discoveries,* Cambridge: Cambridge University Press, 1994, p. 1-15.
6. Ashall, F., 1994. Veja nota 5, acima, p. 93-103.
7. De Bono, E. *Serious Criativity.* London: Harper Collins Publishers, 1991. Edição em português: *Criatividade Levada a Sério.* São Paulo: Pioneira, 1994.
8. Van Gundy, A. *Techniques of Structured Problem Solving,* 2ª ed. New York: Van Nostland Reinhold, 1988. Este livro apresenta as técnicas de criatividade de forma bastante compreensível. Outros livros interessantes sobre criatividade são: Von Oech, *A Whack on the Side of the Head: How you can be More Creative,* Wellingborough, UK: Thorsons Publishing Group, 1990. (Edição em português *Um Toe na Cuca.* São Paulo: Livraria Cultura Ed., 1988). Davis, G. A., e Scott, J. A., *Training Creative Thinking,* New York: Holt, Rinehart and Winston, Inc., 1971. De Bono, E., *Serious Creativity,* London: Harper Collins Publishers, 1991.
9. Van Gundy, 1988. Veja nota 8, acima.
10. Van Gundy, 1988. Veja nota 8, acima.
11. Morris, W. C. e Sashkin, M., Phases of Integrated Problem Solving (PIPS), in Pfeiffer, J. W., e Jones, J. E. (ed.), *Handbook of Group Facilitators,* La Jolla, Califórnia: University Associates, Inc., 1978, p. 105-116.

12. Osborn, A., *O Poder Criador da Mente,* São Paulo: Ibrasa, 1975.
13. Gordon, W. J. J., *Synectics.* New York: Harper & Row, 1961. Uma avaliação da Sinética foi realizada por Thamia, S. e Woods, M. F., A systematic small group approach to creativity and innovation, *R&D Management,* 1984, 14: 25-35. Esse estudo pesquisou os usuários das técnicas de criatividade, que deram notas de 1 (excelente) a 6 (deficiente) aos diversos métodos. A sinética obteve a nota 3 (bom).

Capítulo 5

A empresa inovadora

A inovação não acontece repentinamente em uma empresa qualquer. É necessário realizar investimentos a médio e longo prazos, para a criação de um ambiente favorável a inovação, dentro da empresa. Esse ambiente criativo depende das atitudes das pessoas na empresa, a começar pelo estilo gerencial adotado pela administração superior da mesma, e de como ela se relaciona com os demais funcionários da empresa. Isso tudo contribui para a criação de uma "cultura" empresarial, que é muito difícil de ser mudada. Assim, a capacidade inovadora de uma empresa não pode ser criada simplesmente mexendo no seu organograma. É necessário investir a médio e longo prazos na criação de um ambiente favorável à inovação, a partir da administração superior e perpassando por todos os níveis hierárquicos da empresa.

A participação da gerência no processo de inovação é mostrada na Tabela 5.1. O processo de inovação exige alguns **requisitos**, que são aplicados pela empresa para produzir **resultados**, em forma de novos produtos. Os requisitos são representados principalmente pelas ideias criativas das pessoas da empresa. Uma gerência preocupada com isso encoraja as novas ideias e dá liberdade para criar, além de facilitar esse processo. As pessoas, naturalmente, precisam ser assessoradas e acompanhadas para que produzam ideias viáveis. Esse acompanhamento pode ser feito por uma **equipe** de desenvolvimento do produto, de natureza interdisciplinar, com representantes dos diversos setores da empresa, como *marketing,* desenvolvimento do produto e engenharia de produção, além de outros. Cabe a essa equipe elaborar as especifi-

As melhores ideias são geradas por uma equipe interdisciplinar, desenvolvimento do produto e engenharia de produção. Essas ideias devem ser convertidas em especificações de projeto, para orientar o desenvolvimento e fornecer diretrizes para controlar a qualidade desse desenvolvimento.

cações e tomar decisões para a aprovação das ideias sobre novos produtos, de acordo com o plano estratégico da empresa. Os indivíduos devem ter acesso fácil a essa equipe, em busca de orientação, assessoria e apresentação de suas ideias.

A equipe de desenvolvimento do produto é responsável pela intermediação entre o plano estratégico da empresa, de um lado, e os indivíduos criativos, de outro. Em outras palavras, promove o envolvimento dos indivíduos, para que estes apresentem as suas ideias e faz a seleção das mesmas, de acordo com as necessidades da empresa.

Tabela 5.1 ■ Matriz de gerenciamento da inovação na empresa.

Nível gerencial	Atividades de inovação		
	Requisitos	**Aplicação**	**Resultados**
Administração superior da empresa	Prioridade e critérios para aceitação de novas ideias	Uso dos procedimentos formais de desenvolvimento de produto	Plano estratégico indicando os produtos desejados
Equipe interdisciplinar	Elaboração das especificações e busca de novas ideias	Responsabilidade pelas decisões sobre novas ideias	Envolvimento contínuo durante todo o ciclo de vida do produto
Indivíduo	Liberdade de criar e apresentar suas ideias	Envolvimento e compromisso para a apresentação de novas idéias	Reconhecimento e recompensas pelo sucesso

Os resultados, sob forma de produtos acabados é, naturalmente, a parte mais importante do gerenciamento da inovação. Para que haja desenvolvimento de produtos corretos, é imprescindível que a estratégia de novos produtos, especificando quais são os produtos desejados pela empresa, fique bastante claro para todos. A responsabilidade pela implementação dessa estratégia é delegada à equipe de desenvolvimento do produto. Algumas empresas tem adotado uma política mais radical, responsabilizando essa equipe, inclusive pelo sucesso comercial dos novos produtos.

Nem sempre é fácil delegar responsabilidades e garantir um funcionamento harmônico da equipe de desenvolvimento do produto. Há pessoas que são bons especialistas em suas funções específicas, como vendas, mas não funcionam satisfatoriamente em equipe. Isso fica particularmente difícil quando começa a haver disputas pessoais. Por exemplo, quando engenheiros de produção sentem que os homens de *marketing* estão levando os "louros" do sucesso. Nesse caso, é importante que a administração superior da empresa atue, dissipando esses conflitos pessoais. Em termos de individualidade, é muito importante que as pessoas se sintam reconhecidas e recompensadas, sempre que as suas ideias forem aproveitadas.

MEDIDAS PARA O SUCESSO DO DESENVOLVIMENTO DE PRODUTOS

Sucesso comercial de novos produtos significa que os mesmos são vendidos aos consumidores em quantidade suficiente a preços razoáveis, de modo que:

- todos os custos de produção comercialização sejam cobertos;
- todos os custos de desenvolvimento sejam cobertos; e
- haja um lucro suficiente para remunerar o capital investido pela empresa.

Esse sucesso não é fácil de alcançar. Podem ocorrer muitas coisas erradas que o comprometem. Já apresentamos os fatores que determinaram o sucesso ou fracasso de novos produtos, no Capítulo 2, onde destacam-se os seguintes aspectos:

Orientação do *marketing*. Os consumidores consideram os produtos de sucesso como aqueles bem melhores que os dos concorrentes, tendo um valor significativamente maior para eles.

Elaboração de especificações. Os produtos de sucesso tem as suas especificações claramente elaboradas antes do início do seu desenvolvimento.

Qualidade do desenvolvimento. Os produtos de sucesso são desenvolvidos por equipes em que: 1) são envolvidos profissionais capacitados a realizar desenvolvimento do produto; 2) há atuação harmônica entre a equipe técnica e *marketing;* e 3) as atividades de projeto são realizadas com alta qualidade e responsabilidade.

Agora vamos examinar as causas mais frequentes da falha de produtos para que as empresas possam evitá-las no gerenciamento de novos produtos.

Uma empresa toma decisão para desenvolver novos produtos, baseando-se em algumas projeções. O trabalho de desenvolvimento de novo produto é programado para durar um certo tempo, que acarreta em um certo gasto. Assim, a empresa tem expectativa do prazo necessário para lançar o novo produto no mercado e começar a ter retorno do investimento realizado.

Se ocorrer um atraso no desenvolvimento, superando o tempo previsto, os gastos com o desenvolvimento serão maiores e isso pode comprometer os lucros previstos. Além disso, o atraso no lançamento do produto pode comprometer o fluxo de caixa da empresa. Mas o maior prejuízo causado pelo atraso é a perda de oportunidade no mercado, embora isso seja difícil de quantificar. Isso é chamado de **custo de oportunidade**, que não é propriamente um custo, mas aquilo que a empresa deixou de faturar, por ter desperdiçado a oportunidade. Um concorrente pode lançar um produto semelhante e sair na frente, preenchendo a oportunidade que você pensava aproveitar. Portanto, o atraso de um mês no desenvolvimento pode ser visto como perda de um mês de faturamento.

Outra projeção importante é o **custo** previsto para o novo produto. Em um mercado competitivo, costuma haver pouca elasticidade de preço — isso significa que se eu elevar o preço, não consigo vender a quantidade prevista. Então, o custo previsto precisa ser mantido, pois é a única maneira de atingir o volume de vendas e, portanto, os lucros previstos. A falha em alcançar o custo previsto pode comprometer, mais uma vez, os lucros da empresa.

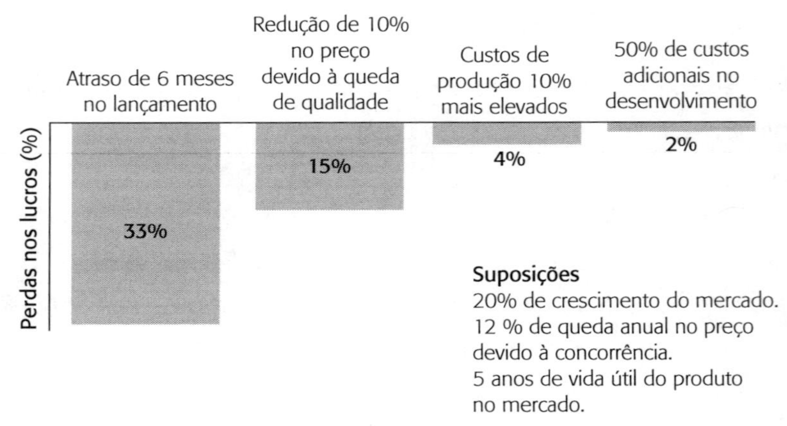

Figura 5.1 ■ Perdas nos lucros, provocadas pelo atraso e aumento dos custos do desenvolvimento.

O custo real do desenvolvimento de novos produtos pode provocar diversos tipos de impactos(1) como se mostra na Figura 5.1. Para um produto com vida curta, em um mercado competitivo e em expansão, um atraso de seis meses no seu lançamento pode ter um efeito devastador, significando perda de 33% dos lucros previstos. Se a empresa for forçada a vender o seu produto 10% mais barato, devido a problemas de qualidade, terá perda de 15% nos lucros. Os aumentos de custos do desenvolvimento ou de produção em 10% já afetam menos os lucros, em torno de 4%. Isso mostra que compensa investir recursos extras no desenvolvimento de produtos para manter os prazos e os custos de desenvolvimento dentro dos limites previstos.

COMO TRABALHAM AS EMPRESAS?

Uma recente pesquisa realizada pelo *Design Council* da Inglaterra,[2] junto a 500 empresas, mostrou que menos da metade (45%) conseguia manter os custos de produção dentro das previsões e também menos da metade (49%) conseguia lançar os produtos no tempo programado (Figura 5.2). Em relação a metas programadas, os produtos custavam 13% a mais, em média, e eram lançados com seis meses de atraso. Esta pesquisa mostrou diversas razões disso.

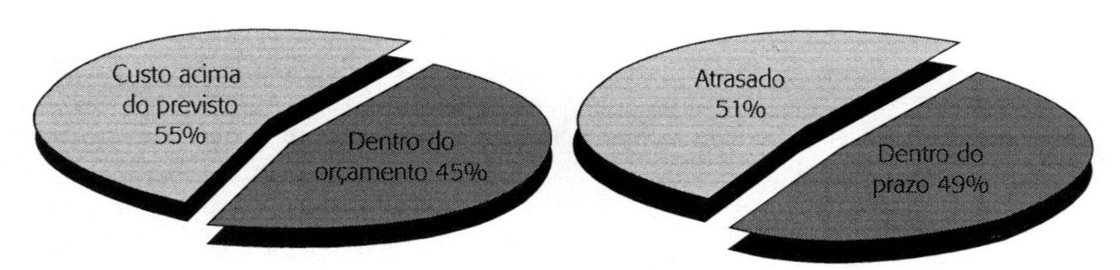

Figura 5.2 ■ Desempenho típico de empresas no desenvolvimento de produtos.

Os aspectos funcionais das especificações de projeto tinham sido modificados, em média, 12 vezes, durante o processo de desenvolvimento. Essas mudanças costumavam ocorrer mesmo quando o desenvolvimento já estava completo. Isso ocorria em média de 13%, devido a exigência de mudanças recebidas da engenharia. Em consequência, as empresas precisavam de 16 semanas, em média, para resolver esse tipo de problema. Isso significa que as empresas não estavam conseguindo "fazer certo da primeira vez", evidenciando uma falta de qualidade no processo de desenvolvimento de novos produtos.

Os produtos que chegam à etapa final de desenvolvimento com falhas funcionais ou soluções de engenharia incompletos podem causar enormes problemas. Se esses problemas forem detectados e corrigidos em tempo, os custos serão bem menores. Quanto mais demorada for essa correção, maiores serão as consequências. Se os defeitos chegarem ao mercado, poderão provocar sérios danos à reputação da empresa, além dos custos adicionais de um *recall* e assistência técnica para corrigir os defeitos, sem falar nas demandas judiciais que os consumidores poderão mover contra a empresa.

Um armador japonês foi solicitado, certa vez, a tecer comentários sobre as diferenças entre os estaleiros britânicos e japoneses. No Japão, disse ele, nós levamos quatro anos para projetar um navio e um ano para construí-lo. Na Inglaterra, vocês gastam um ano no projeto e quatro anos na construção. Costuma-se dizer também que os processos de decisão são muito lentos no Japão. Isso ocorre porque os japoneses, antes de decidir, já estão pensando em "como" implementá-lo. Assim, quando a decisão for tomada, a implementação se faz rapidamente, pois aqueles que implementam o projeto já estão sabendo do que se trata, e já pensaram em como realizá-lo. Ao contrário, no mundo ocidental, costuma-se dizer que as decisões são rápidas, mas a sua implementação é lenta, pois essas decisões são tomadas sem considerar as suas implicações futuras.

ESTRATÉGIA PARA O DESENVOLVIMENTO DE PRODUTO

Frequentemente, as empresas dizem que vislumbraram uma oportunidade de inovação. Ao identificar essa oportunidade, tentam agarrá-la e começa a corrida para lançá-la primeiro no mercado. Muitas vezes, isso é feito ao acaso, simplesmente para aproveitar essa oportunidade. Recursos humanos e financeiros são, então, remanejados para esse objetivo. Ao fazer isso, talvez se esteja perdendo outras oportunidades mais importantes. Entretanto, isso só ficará claro se houver uma atividade de planejamento estratégico sistemático na empresa.

O planejamento estratégico deve estabelecer as metas ou missões que uma empresa deve alcançar e define as estratégias ou ações que deve realizar, para que essas metas ou missões sejam alcançadas. Em função disso organizam-se a estrutura gerencial, os investimentos e os recursos humanos. Diferentes estratégias requerem diferentes alocações de recursos humanos, materiais e financeiros. As estratégias de inovação podem ser classificadas em quatro tipos.[3]

Estratégias ofensivas. As estratégias ofensivas são adotadas pelas empresas que querem manter liderança no mercado, colocando-se sempre à frente dos concorrentes. Elas dependem de investimentos pesados em pesquisa e desenvolvimento para introduzir inovações radicais ou incrementais em seus produtos. As estratégias ofensivas são proativas e trabalham com perspectiva a longo prazo para o retorno dos investimentos. Elas são consequência de uma forte cultura inovadora da empresa, em que devem existir várias equipes dedicadas à pesquisa e desenvolvimento de novas tecnologias e produtos. Empresas desse tipo costumam dar grande importância às patentes, que garantem o monopólio durante um certo tempo. Esse período de tempo, em que a empresa praticamente não encontra competidores no mercado, para o produto lançado, é essencial para obter lucro e recuperar os investimentos realizados no desenvolvimento e também para compensar os prejuízos decorrentes das falhas inevitáveis de alguns produtos.

Estratégias defensivas. As estratégias defensivas são usadas pelas empresas que querem seguir as empresas líderes. Contudo, deliberadamente, deixam que outras empresas arquem com custos maiores de desenvolvimento e corram o risco para abrir novos mercados. Esse tipo de estratégia é chamada de "segunda melhor" e depende da rapidez com que as empresas conseguem absorver as inovações lançadas por outras e introduzir melhorias naqueles produtos pioneiros. Isso pode ser feito com menores custos e menos riscos, em relação às líderes, mas também terá menor lucratividade.

Estratégias tradicionais. Estratégias tradicionais são adotadas por empresas que atuam em mercados estáveis, com uma linha de produtos estáticos, na qual existe pouca ou nenhuma demanda de mercado para mudanças. As inovações são pouco relevantes, limitando-se a mudanças mínimas no produto para reduzir custos, facilitar a produção ou aumentar a confiabilidade do produto. As empresas tradicionais são pouco equipadas para introduzir inovações, mesmo que sejam forçadas a isso por pressões competitivas. Se essa pressão for muito forte, é possível que não a suportem, acabando por sucumbir.

Estratégias dependentes. As estratégias dependentes são adotadas por empresas que não tenham autonomia para lançar os seus próprios produtos, pois dependem de suas matrizes ou de seus clientes para a introdução de inovações. Isso ocorre com empresas que são subsidiárias de outras ou aquelas que trabalham sob encomenda. São representadas tipicamente por fabricantes de peças ou componentes, em que o projeto é definido pela grande empresa montadora, como acontece no caso da indústria de autopeças. As inovações geralmente se limitam às melhorias de processo.

A Tabela 5.2 mostra a importância relativa das diversas atividades relacionadas com a inovação, de acordo com a estratégia empresarial. A estratégia ofensiva exige um bom domínio de todas as atividades e isso ocorre, em menor grau, para a estratégia defensiva. As estratégias tradicional e dependente exigem alto padrão da engenharia de produção, para atender à variedade de encomendas feitas pelos clientes ou pela matriz.

Tabela 5.2 ■ Diferentes estratégias empresariais exigem diferentes prioridades no uso das atividades ligadas ao desenvolvimento.

	Atividades ligadas ao desenvolvimento					
Tipo de estratégia	**Pesquisa e desenvolvimento**	**Inovação no design**	**Prazo para entrar no mercado**	**Engenharia de produção**	***Martketing* técnico**	**Patentes**
Ofensiva	●●●	●●●	●●	●●	●●●	●●●
Defensiva	●	●●●	●●●	●●		●
Tradicional				●●●		
Dependente				●●●		

As empresas tradicionais precisam também de uma forte engenharia de produção, por diferentes razões. As empresas que adotam estratégias tradicionais só são capazes de sobreviver quando seus produtos alcançam o estágio de maturidade no mercado. Nesse estágio, a competição baseada em preço costuma ser feroz. Os custos de desenvolvimento já foram amortizados, os custos de *marketing* são mínimos, o mesmo acontecendo com os custos de comercialização. Portanto, para manter os preços baixos, a empresa precisa investir na engenharia de produção, para reduzir os custos de produção distribuição.

As empresas líderes do mercado, que usam estratégias ofensivas, precisam de um grande número de especialistas. Elas precisam de uma equipe forte em pesquisa e desenvolvimento, capazes de acompanhar o estado da arte na área do desenvolvimento científico e tecnológico. Precisam de uma boa equipe de *design* para transformar os novos conhecimentos e novas ideias em produtos de sucesso comercial. Precisam ter uma equipe para cuidar de patentes, protegendo os seus inventos, para que não sejam copiados pelos concorrentes. Precisam também de um *marketing* forte, para convencer os consumidores de que aquele produto novo oferecido era tudo que os consumidores estavam querendo.

As empresas do tipo defensivo já não precisam de um *marketing* tão forte (o mercado já foi aberto pelos pioneiros), patentes (embora seja importante ter pessoal para defendê-las contra o uso indevido de patentes), ou pesquisa e desenvolvimento (embora alguma pesquisa seja necessária para que as empresas não fiquem tão longe das líderes). Elas devem concentrar o seu esforço no *design,* combinado com procedimentos muito rápidos de desenvolvimento de produtos. A rapidez de chegada ao mercado é o fator mais importante para o sucesso das empresas defensivas.

A ORGANIZAÇÃO DAS EMPRESAS INOVADORAS

Em princípio, a escolha de diferentes estratégias condiciona a organização interna das empresas. Uma empresa precisa ser organizada e administrada de acordo com a sua estratégia. Devido a isso, o planejamento estratégico deve ser sempre realizado a longo prazo. Gasta-se tempo para recrutar pessoas certas e fazê-las trabalhar em equipe, para desenvolver o tipo certo de produtos que a empresa deseja. A missão de uma empresa pode ser colocada em termos idealistas. Os ideais são desafiadores e motivam o pessoal. Mas os objetivos estratégicos precisam ser formulados em termos realísticos. Todas as etapas de definição do plano estratégico devem ser cuidadosamente analisadas e economicamente justificadas. Isso se aplica igualmente ao planejamento da inovação.

Mesmo que uma empresa adote uma estratégia ofensiva, não deve desprezar uma oportunidade para aproveitar uma boa ideia de seus concorrentes. De fato, estudando-se a história do desenvolvimento e lançamento de novos produtos, muitas vezes não fica claramente estabelecido quem foi a pioneira. Isso pode ser exemplificado pelo desenvolvimento da caneta esferográfica (ver tópico seguinte). Assim, as empresas, quaisquer que sejam a suas estratégias, não devem desperdiçar as oportunidades.

As oportunidades que surgem em um mercado competitivo, muitas vezes, são imprevisíveis, por mais cuidado que se tome no planejamento. Elas dependem, por exemplo, de mudanças repentinas na economia ou nas regulamentações governamentais, que não foram previstas. Por outro lado, uma empresa não pode contar apenas com as oportunidades, para ter sucesso comercial. Elas não podem ficar somente a reboque das outras, para decidir os seus planos. As oportunidades devem ser aproveitadas **apesar** da estratégia adotada pela empresa e não **por causa** dela.

Então, o que se pode extrair de tudo isso para tornar a empresa inovadora? Em primeiro lugar, há uma enorme diferença entre empresas que pensam em desenvolver novos produtos daquelas que não tenham essa preocupação. As empresas que adotam estratégias ofensivas precisam contar com especialistas em *marketing,* pesquisa e desenvolvimento, *design,* engenharia de produção e fabricação. Isso também acontece, em menor grau, com aquelas que adotam estratégias defensivas. As empresas de estratégias tradicional ou dependente devem concentrar os seus esforços na melhoria da fabricação, especialmente na engenharia de produção. É necessário considerar que o desenvolvimento de novos produtos não é um pré-requisito para o sucesso de uma empresa industrial. Existem empresas que ganham muito dinheiro fabricando produtos nos quais tiveram pouca ou nenhuma participação nos respectivos projetos.

Em segundo lugar, uma empresa focalizar o problema do desenvolvimento de produtos, de diversas maneiras, variando desde uma inovação radical até uma cópia completa. Decidir em que posição colocar a sua empresa, entre esses dois extremos, é uma questão de risco gerencial. De um lado, existe o risco extremo de se arcar com um desenvolvimento pioneiro — que pode falhar ou não ser aceito pelo mercado. Por exemplo, a Sony gastou milhões de dólares desenvolvendo o videocassete de formato Betamax, que fracassou, enquanto seus concorrentes desenvolveram o sistema VHS, que se tornou padrão no mercado mundial.[4] No outro extremo, a produção de clones (cópias idênticas), pode resultar em problemas judiciais (marcas e patentes) ou fracasso de mercado, por falta de diferenciação.

A HISTÓRIA DA CANETA ESFEROGRÁFICA[5]

Em 1944, dois irmãos húngaros, Ladislau e Georg Biro, produziram a primeira caneta esferográfica comercial. O direito de distribuição nos Estados Unidos foi adquirido por um fabricante de canetas-tinteiro, chamado Eversharp. Mas antes de Eversharp receber o primeiro lote do produto, um comerciante de Chicago, chamado Milton Reynolds, já estava vendendo uma cópia do produto, em uma loja de departamento de Nova York. Reynolds havia visto a caneta de Biro no exterior e foi mais rápido em lançar uma cópia da mesma nos Estados Unidos, antes da chegada da caneta original. Seguiu-se uma longa batalha judicial, até descobrir-se que havia uma outra patente, depositada exatos 50 anos antes daquela dos irmãos Biro, que era de 1938. Depois disso, Reynolds conseguiu um enorme sucesso comercial. Ele tem o mérito também de ter desenvolvido a primeira caneta esferográfica retrátil.

O entusiasmo inicial dos consumidores desapareceu rapidamente, principalmente devido a problemas de qualidade. Muitas canetas falhavam ou vazavam e a escrita não era uniforme. As vendas, tanto de Eversharp como de Reynolds, caíram verticalmente e ambos saíram do mercado. Parker foi o próximo a introduzir a caneta esferográfica. Apesar de ser um produto copiado, a caneta Parker incorporou algumas mudanças para corrigir os problemas anteriores. O mercado das canetas esferográficas foi retomado e Parker conseguiu sucesso comercial durante vários anos.

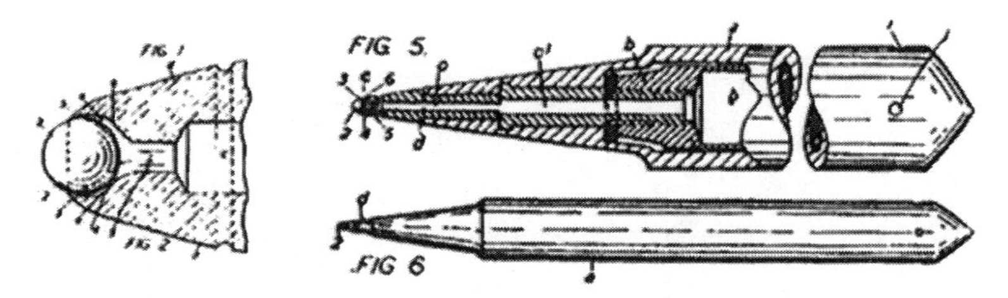

Desenhos da patente da caneta esferográfica dos irmãos Biro, em 1938.

Apesar desse sucesso, a participação da Parker é relativamente pequena no mercado atual das canetas esferográficas. O verdadeiro pioneiro, em termos comerciais, foi a empresa francesa Bic. Ela adotou o conceito revolucionário do produto descartável, em vez de substituir a carga. As canetas Bic eram vendidas a meio dólar, enquanto as outras custavam vários dólares e as canetas-tinteiro, ainda mais. Em alguns anos, as canetas-tinteiro ficaram obsoletas.

A estratégia da Bic foi nitidamente defensiva. Ela copiou a tecnologia básica das canetas esferográficas, quando a Parker já havia criado mercado, resolvendo os seus problemas técnicos. Entretanto, Bic foi pioneira tanto no novo *design* do produto como na engenharia de produção, para transformar um produto durável em descartável de baixo custo, conquistando largas faixas de mercado.

Esse exemplo simples mostra como é difícil atribuir o pioneirismo a uma única pessoa. Pode-se tirar três lições dessa história. Primeira: o pioneirismo, no sentido estrito, é muito raro. Os irmãos Biro descobriram que suas invenções foram previstas 50 anos antes. Segunda: a estratégia pioneira nem sempre se deve ao seu inventor. Um pioneiro pode ser também aquele que introduz mudanças radicais no produto, baseadas em novos *designs,* novos materiais ou novas tecnologias. Terceira: a inovação requer um esforço persistente, para transformar uma ideia genial em grande sucesso comercial.

ELEMENTOS DA ESTRATÉGIA[6]

A formulação de uma estratégia de negócios começa com a definição da missão da empresa, que é a sua visão do futuro. Essa missão tanto pode ser a visão pessoal de um empresário ou presidente de uma empresa, como também pode ser objeto de consenso entre os principais dirigentes dessa empresa. Por exemplo, uma editora pode definir como sua missão tornar-se líder no mercado de livros infantis. Outra, com uma visão mais ampla, pode defini-la como difusora de conhecimentos científicos e, então, não se limitará aos livros, podendo investir também em mídias digitais, como o CD-ROM.

A partir dessa missão, são definidos os **objetivos** da empresa, compostos de alguns indicadores gerais (mercados, custos, lucros) e outros mais específicos. Enquanto a missão tem um caráter mais ou menos permanente, os objetivos podem ser fixados para um determinado período (anual) e podem ser modificados de um período para outro. A **estratégia** da empresa indica o caminho para atingir esses objetivos. Ela também é composta de algumas descrições gerais (desenvolvimento de novos produtos, conquista de novos mercados), mas descreve também as ações específicas a serem desenvolvidas. A implementação da estratégia exige a descrição de ações específicas. Cada ação deve ter um responsável pela sua execução, dentro de um prazo estabelecido.

A estratégia da empresa pode ser decomposta em diversas estratégias setoriais, como a estratégia de vendas, estratégia de qualificação de recursos humanos, estratégia de produção e outras. A estratégia de desenvolvimento do produto é uma dessas estratégias setoriais. Ela segue um procedimento quase idêntico ao da estratégia global, definindo os **objetivos** do desenvolvimento de produtos, especificando suas **estratégias** e depois responsabilizando as pessoas pela **implementação** das ações, com metas e prazos definidos. A estratégia de desenvolvimento do produto é uma parte integrante da estratégia geral da empresa. A Figura 5.3 apresenta um exemplo, apresentando a estratégia da empresa ao lado da estratégia de desenvolvimento de produtos, para o caso de uma empresa da indústria naval, que pretende ser a líder mundial do mercado no segmento de iates de luxo, fabricados sob encomenda.

Empresa naval de médio porte, especializada na produção de iates de luxo, atendendo a clientes de todo o mundo, com projetos personalizados. Ela pretende reduzir a variedade de produtos, sem perder o caráter de exclusividade, e aumentar seus lucros.

Estratégia da empresa	Estratégia de desenvolvimnento do produto
Missão da empresa Tornar-se líder no mercado de iates de luxo de projetos personalizados.	
Objetivos da empresa Aumentar retorno por unidade vendida em 25%. Aumentar a margem de lucro par 18%.	**Objetivos do desenvolvimento de produtos** Desenvolver os iates mais luxuosos do mercado. Criar pelo menos um novo modelo de iate por ano.
Estratégia da empresa Reduzir as variedades de produtos, e terceirizar a produção de alguns componentes especiais.	**Estratégia do desenvolvimento de produtos** Realizar projeto e desenvolver tecnologia de plataforma para atender os pedidos exclusivos de clientes especiais.
Implementação Cessar produção dos modelos 1989. Retirar de linha todos os iates com menos de 10 m, nos próximos dois anos.	**Implementação** Redesenhar os modelos 370, transformando-os em 390, mais luxuosos. Fazer o planejamento do produto para 1999, introduzindo a tecnologia de plataforma.

Figura 5.3 ■ Exemplo de planejamento estratégico de uma empresa naval.

Uma empresa pode alcançar o sucesso escolhendo diversos tipos de missões e de estratégias. O planejamento estratégico é importante para fixar um rumo de desenvolvimento para a empresa, e orientar as decisões gerenciais, que devem ser coerentes com esse plano. Por exemplo, uma empresa naval que pretenda ser líder do seu segmento, pode escolher o caminho de produzir o maior número de barcos, os melhores, ou aqueles mais baratos. Contudo, se for o caso de uma pequena empresa, competindo com outras maiores, deve achar o seu nicho de mercado, que pode ser um tipo especial de barco (por exemplo, com cascos tradicionais de madeira), ou pode oferecer um serviço único para atrair os consumidores (como 5 anos de ancoragem grátis). As implicações dessas diferentes estratégias empresariais sobre a estratégia de desenvolvimento de produtos são mostradas na Tabela 5.3.

Tabela 5.3 ■ Exemplo de estratégias empresariais possíveis para um fabricante de barcos.

Missão			Estratégia de desenvolvimento de produto
Liderança	O maior	Conseguir (ou manter) a maior fatia do mercado de barcos de lazer.	Desenvolvimento **ofensivo** de barcos de lazer, com pesquisa de mercado e desenvolvimentos pioneiros.
	O melhor	Tornar-se (ou manter-se) líder dos iates de luxo.	Fazer desenvolvimentos **ofensivos** de iates de luxo e **defensivos** de alguns modelos lançados pelos concorrentes.
	O mais barato	Oferecer os barcos mais baratos do mercado.	Atuar de forma **defensiva** às inovações dos concorrentes e desenvolver modelos de baixo custo, aplicando-se análise de valores.
Nicho	Mercado especial	Produção de barcos tradicionais com casco de madeira.	Refinar os modelos **tradicionais** de barcos de madeira, atendendo aos requisitos dos consumidores.
	Produto + serviço	Oferta de 5 anos de ancoragem grátis.	Manter os projetos **tradicionais** de barcos e ser **ofensivo** nos serviços difrenciados que acompanham o produto.

ETAPAS DO DESENVOLVIMENTO ESTRATÉGICO

Quais são as coisas que uma empresa consegue fazer bem? E o que ela faz mal? Quais são as coisas da empresa que os consumidores gostam ou deixam de gostar? Quais foram as decisões que levaram ao sucesso ou fracasso, no passado? Quais foram as mudanças recentes que contribuíram para melhorar a empresa? De que maneira a empresa pensa em enfrentar uma recessão? Essas são algumas das questões que um gerente pensa que é capaz de responder. Contudo, muitos deles ficam surpresos quando questionados a respeito dessas questões estratégicas da empresa. Para o desenvolvimento das estratégias da empresa e do desenvolvimento de produtos, há quatro questões fundamentais a serem respondidas (Figura 5.4):

- Onde estamos?
- Para onde vamos?
- Como chegaremos lá?
- Como saberemos se chegamos lá?

Vamos examinar primeiro essas questões em relação ao planejamento corporativo da empresa.

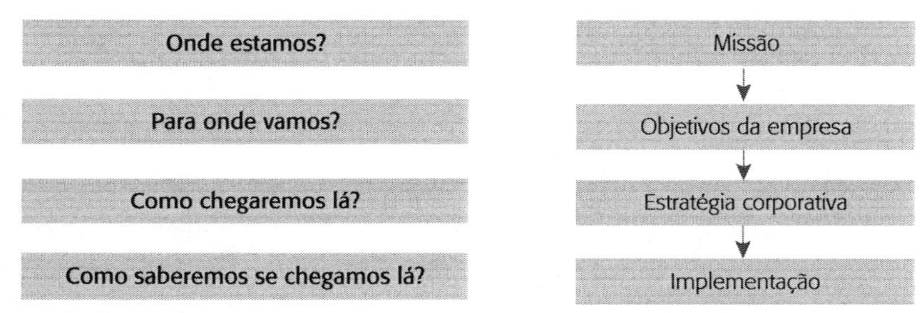

Figura 5.4 ■ Questões que devem ser respondidas durante o processo de planejamento corporativo da empresa.

PLANEJAMENTO CORPORATIVO DA EMPRESA

Elaborar o planejamento corporativo significa responder às quatro perguntas anteriores, no nível global da empresa. Para isso é necessário ter uma visão interna da empresa, conhecendo todas as linhas de produto, os equipamentos e os recursos humanos disponíveis para produção e comercialização. Deve-se ter também uma visão dos condicionantes externos, especialmente quanto aos seguintes aspectos:

- As tendências do mercado podem mudar rapidamente, tornando obsoletos os seus produtos. Mas essas mudanças são quase imprevisíveis.
- Um novo produto lançado por um concorrente pode deslocar a sua posição no mercado. Quando isso acontecer, é possível que a sua empresa gaste meses ou anos para reagir.
- Sempre estão surgindo novas tecnologias. A evolução tecnológica tem sido a causa de falência de muitas empresas, que não conseguiram acompanhá-la. Mas é difícil acompanhar as tecnologias emergentes e quase impossível antecipá-la.

Todas as empresas enfrentam as mesmas dificuldades. Contudo, as empresas que conseguirem decifrar esse enigma conseguirão vantagens competitivas sobre as demais. Portanto, você precisa ser o melhor ou, ao menos, tão bom quanto os seus concorrentes.

Onde estamos? A análise da posição atual da empresa no mundo dos negócios é a parte que consome mais tempo no desenvolvimento da estratégia. A primeira tarefa é identificar a **imagem** da empresa junto aos consumidores. Essa imagem faz a sua empresa ser diferente das outras, na visão dos consumidores. Identificar a imagem da empresa não é fácil e pode exigir uma pesquisa de mercado. Muitas empresas descobriram que a sua imagem, vista pelos consumidores, é completamente diferente daquela imaginada pelos seus dirigentes. As grandes empresas realizam frequentes pesquisas junto aos consumidores para aferir se houve uma mudança da imagem da empresa (ver Ferramenta 19). Essas pesquisas servem para orientar a propaganda institucional da empresa ou de uma marca de produto, e podem ser realizadas pela própria empresa para descobrir a opinião dos consumidores sobre ela. As grandes empresas costumam recorrer a agências especializadas, que consultam centenas de consumidores usando uma metodologia própria de pesquisa de mercado.

A imagem da empresa

A imagem da empresa é tudo que os seus consumidores pensam dela. Resulta de tudo que ela faz, e é o coração do sucesso empresarial. Em geral, pode ser escrita em uma única frase simples. Conhecendo-se a imagem da empresa torna-se mais fácil determinar a sua missão.

Quando a imagem da empresa for conhecida, deve-se pensar nas **forças** e **fraquezas** da empresa, e quais são as **oportunidades** e **ameaças** que surgem daí. Isso é chamado de análise FFOA (forças, fraquezas, oportunidades, ameaças) e é apresentada na Ferramenta 17. A análise das condições externas, de caráter mais geral, deve abranger os aspectos **políticos**, **econômicos**, **sociais** e **tecnológicos**. Ela é conhecida como PEST e é apresentada na Ferramenta 18.

Para onde vamos? Esta é uma questão que deve ser respondida com a formulação da missão e dos objetivos da empresa. As bases para a resposta podem estar contidas, em grande parte, na resposta à pergunta anterior sobre onde estamos. A imagem da empresa é o seu maior patrimônio. Ela é a visão que os consumidores têm sobre a empresa, e todos os esforços devem ser envidados no sentido de desenvolver esse valor percebido. Mudar essa imagem é um processo muito lento e dispendioso. Isso só vale a pena se a imagem estiver muito desgastada e se for a principal origem de suas fraquezas. Pode-se prosseguir na análise usando-se os resultados da FFOA. O objetivo é desenvolver as forças para explorar as oportunidades; minimizar as fraquezas para combater as ameaças; atuar para converter fraquezas em forças e as ameaças em oportunidades. Se houver dificuldade nessa fase, é sinal que a análise FFOA não foi bem executada. Pode-se retornar a ela, para verificar qual foi o problema. A análise PEST, relacionada com as condições externas, em geral, é mais fácil. Há poucos fatores PEST que influenciam diretamente na elaboração do plano corporativo da empresa. Entretanto, é necessário considerar que uma mudança na legislação ou acordos internacionais de comércio podem ter um grande impacto nos negócios da empresa.

É importante ter em mente que a definição da missão e dos objetivos da empresa é para estabelecer metas, e não para achar o melhor caminho para se atingir essas metas. Esse é um assunto que trataremos a seguir.

ESTRATÉGIA DA EMPRESA

O desenvolvimento da estratégia da empresa é a parte mais importante e mais difícil do planejamento corporativo. É a estratégia da empresa que determinará as mudanças necessárias na empresa e serve para monitorar a evolução dessas mudanças. Ela é um planejamento de longo prazo das mudanças graduais e progressivas da empresa. Uma estratégia errada pode causar danos consideráveis e, para piorar as coisas, é muito difícil perceber quando as coisas estão indo pelo caminho errado. Devido a isso, vale a pena fazer uma preparação minuciosa, pensando bem na missão e nos objetivos da empresa.

O processo de planejamento estratégico da empresa é uma parte do funil de decisões, descrito no Capítulo 2. Essas decisões são tomadas em várias etapas, evoluindo gradativamente para aspectos cada vez mais específicos dos objetivos. Em cada etapa do processo, seleciona-se a melhor alternativa entre aquelas disponíveis, reduzindo-se o risco de chegar a uma solução errada. Respondendo às questões onde estamos e para onde vamos, você estará explorando os diversos caminhos possíveis para se alcançar os objetivos e cumprir a missão da empresa.

Como chegaremos lá? Esta é uma etapa criativa do processo onde se devem se usar as técnicas descritas no Capítulo 4, para gerar os caminhos estratégicos. O conceito do espaço de problema, mostrado na Figura 4.5, é uma forma interessante para se visualizar o problema da estratégia da empresa. Ela foi adaptada na Figura 5.5 para explicar a estratégia da empresa.

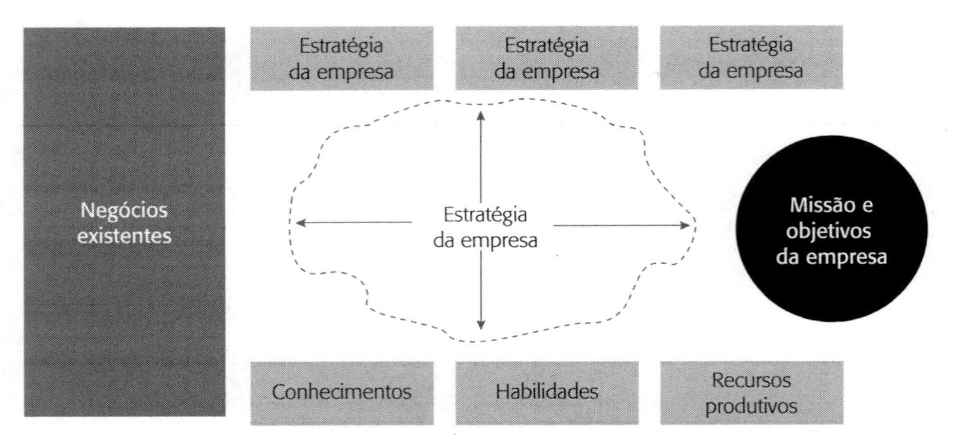

Figura 5.5 ■ A estratégia da empresa pode ser representada de modo semelhante ao espaço de problema.

A estratégia da empresa pode ser considerada como uma "ponte", que liga os negócios atuais da empresa, com a missão e os objetivos da empresa. Ou seja, entre a posição atual da empresa e a sua visão de futuro. As fronteiras do problema são representadas pelos fatores que restringem a escolha das alternativas estratégicas, como: pessoal, dinheiro, tempo, conhecimentos, habilidades e demais recursos produtivos. Assim, a estratégia da empresa consiste em alcançar os objetivos e a missão, partindo da posição atual da empresa e atuando com as restrições existentes.

O problema visto dessa maneira tem a vantagem da quantificação. As alternativas de solução podem ser selecionadas segundo critérios quantitativos. Vamos retornar ao exemplo do fabricante de iates de luxo, apresentado na Figura 5.3 e na Tabela 5.3. Os objetivos da empresa foram fixados como aumento do faturamento em 25% por unidade vendida e aumento da margem de lucro em 18%. Podem-se examinar diferentes estratégias dentro desse espaço de problema (Figura 5.6) e logo se chega à conclusão de que apenas uma delas é satisfatória.

Objetivos:
1. Aumentar faturamento em 25% por unidade vendida.
2. Aumentar margem de lucro para 18%.

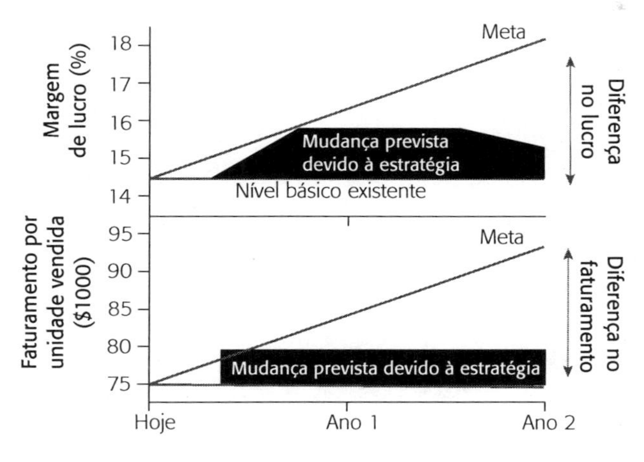

Estratégia 1
Adicionar equipamentos e componentes de alto valor. Isso poderia aumentar o faturamento e lucros por unidade vendida, mas não muito. As margens de lucro são apertadas, devido à concorrência. Além disso, os preços dos equipamentos são pequenos em relação ao custo total do barco. Os concorrentes também poderão, facilmente adicionar esses mesmos equipamentos, forçando os lucros para baixo, depois de 18 meses.

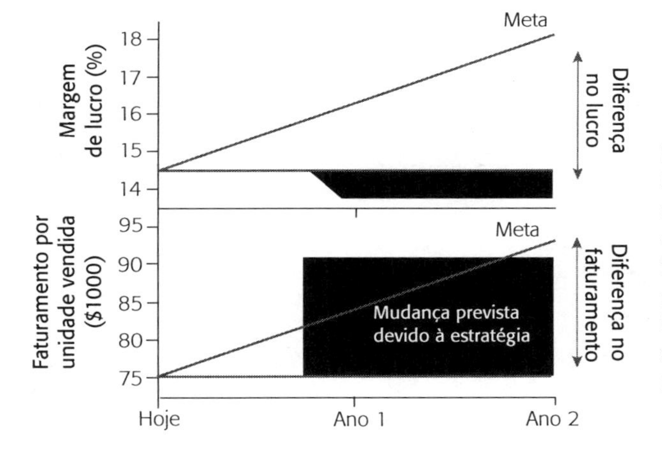

Estratégia 2
Reduzir a variedade na linha de produtos, eliminando-se aqueles de baixo preço, no prazo de 9 meses. Isso provocará aumento do faturamento por unidade vendida, chegando próximo ao objetivo. Contudo, os produtos de baixo preço, existentes hoje, produzem lucros superiores à média. A eliminação deles, portanto, poderia reduzir a margem de lucros.

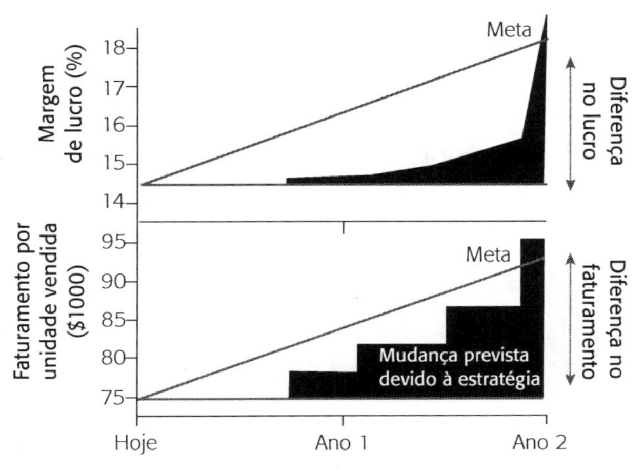

Estratégia 3
Introduzir gradualmente os iate de luxo baseados na nova plataforma. Isso possibilita usar a mesma plataforma para vários modelos, com o uso dos mesmos materiais e processos de fabricação, mas com a possibilidade de introduzir acabamentos diferenciados de acordo com o gosto do cliente. Isso exige a introdução de projeto por CAD e processos flexíveis de manufatura. Há necessidade de investimentos significativos. Com essas providências, esperam-se aumentos do faturamento por unidade vendida e da margem de lucro.

Figura 5.6 ■ Análise das alternativas estratégicas de uma empresa naval.

A estratégia da empresa pode ser desenvolvida também pela aplicação da matriz de Ansoff (Tabela 5.4). Essa é uma variação da Análise Morfológica (ver Ferramenta 10) e apresenta quatro maneiras para explorar as oportunidades de negócios de uma empresa, considerando como variáveis os mercados (existentes e novos) e produtos (existentes e novos). Em relação aos produtos existentes, a empresa pode procurar uma penetração maior (vender mais produtos no mesmo mercado) ou desenvolver novos mercados (vender em outros mercados). Desenvolvendo-se novos produtos, estes podem ser vendidos no mercado atual ou pode-se procurar uma diversificação para novos mercados.

Tabela 5.4 ■ Matriz de Ansoff para explorar as oportunidades de negócios.[7]

		Produtos	
		Existente	Novo
Mercado	Existente	Penetração	Desenvolvimento do produto
	Novo	Desenvolvimento do mercado	Diversificação

■ IMPLEMENTAÇÃO DA ESTRATÉGIA

A implementação é a etapa seguinte da estratégia da empresa. A estratégia escolhida deve ser detalhada em ações ou táticas. Cada ação deve ser programada, descrevendo-se o **que** deve ser feito e **quando** deve ocorrer. As técnicas para programar as ações incluem os diagramas de barras, também chamados de gráficos de Gantt e pelas técnicas de rede, que incluem modelos como o CPM *(Critical Path Method)* e PERT *(Performance Evaluation and Revieiv Technique).*[8]

Cada ação deve ser atribuída a uma pessoa que se responsabilizará pela sua execução, dentro de um prazo determinado. Naturalmente, essa pessoa só terá possibilidade de executar bem essa ação se contar com os recursos necessários, incluindo tempo, pessoal e dinheiro. Em resumo, as ações podem ser caracterizadas por serem:[9]

Específicas. As ações devem ser claramente especificadas. Para cada ação, deve haver uma pessoa responsável (uma pessoa pode ser responsável por mais de uma ação).

Mensuráveis. As ações devem resultar em produtos claramente mensuráveis, para que possam ser monitoradas em relação aos objetivos fixados.

Realizáveis. Devem-se evitar ações muito longas ou difíceis. Um estudo prévio de viabilidade deve indicar se elas são exequíveis. As ações complexas devem ser decompostas em ações menores ou em diversos estágios, para serem realizadas progressivamente, até que se complete a ação desejada.

Programáveis. Todas as ações devem ser programadas, tendo datas de início e término bem definidas, para que os objetivos gerais possam ser alcançados dentro do prazo previsto.

Exigência de Recursos. A execução de uma ação pode exigir diversos tipos de recursos, incluindo tempo, pessoal e dinheiro. Se a ação exigir o uso simultâneo de recursos já comprometidos com outras atividades, é possível que ela não se complete satisfatoriamente.

Para que as ações sejam realizadas a contento, é essencial haver um sistema de monitoramento para verificar, periodicamente, se elas estão se desenvolvendo na direção prevista e se os resultados alcançados são satisfatórios. Constatando-se qualquer tipo de desvio, em relação aos objetivos programados, é imprescindível tomar as medidas corretivas. Muitas vezes, o responsável pela execução das ações não entendeu claramente o que se deseja que ele faça. Outras vezes, ele tem outras tarefas em paralelo, e deixou a ação para depois, ou não recebeu os recursos necessários em tempo, ou depende que outras pessoas terminem as suas respectivas tarefas para que ele possa iniciar a sua ação. Constatando-se qualquer um desses casos, o gerente deve tomar as medidas necessárias para a correção dos desvios. Do contrário, esses erros vão se acumulando e chegam a comprometer seriamente o alcance da estratégia. As ações corretivas devem ser introduzidas com a maior rapidez possível. Do contrário, podem ocorrer muitos desperdícios de tempo, pessoal e dinheiro, e as correções se tornarão cada vez mais difíceis e onerosas.

Planejamento do produto é diferente de planejamento estratégico do desenvolvimento de produtos.

Planejamento do produto é uma atividade que precede e prepara o desenvolvimento de um produto específico. Envolve pesquisa de mercado, análise dos concorrentes e elaboração das especificações do projeto (ver Capítulo 6). Por outro lado, o planejamento estratégico do desenvolvimento de produtos é um conceito mais amplo, relacionado com a política de produtos da empresa. É ele que leva à escolha do produto específico a ser desenvolvido. Geralmente, os níveis e as qualificações das pessoas envolvidas nesses dois tipos de atividades são diferentes. A primeira envolve trabalhos de natureza mais técnica, e a segunda, análise econômico-financeira.

PLANEJAMENTO ESTRATÉGICO PARA O DESENVOLVIMENTO DE PRODUTOS

Já vimos como se realiza o processo de planejamento corporativo da empresa e como a missão e os objetivos da empresa são progressivamente detalhados em ações. Esse planejamento deve ser realizado antes de se tomar qualquer tipo de decisão sobre o produto. O planejamento corporativo pode decidir, inclusive, que a empresa não se envolverá no desenvolvimento do produto. Contudo, se a empresa considerar que o desenvolvimento de novos produtos é uma parte importante de sua missão ou de seus objetivos, deve elaborar estratégias corretas para isso. O planejamento estratégico do desenvolvimento do produto deve indicar quais são os produtos a serem desenvolvidos para atender aos objetivos da empresa. Esse é um dos componentes do planejamento corporativo.

ETAPAS DA ESTRATÉGIA DO DESENVOLVIMENTO DE PRODUTOS

A estratégia do desenvolvimento de produtos segue um caminho semelhante ao do planejamento corporativo, já apresentado (Figura 5.4), respondendo as mesmas perguntas, mas em relação ao produto (Figura 5.7).

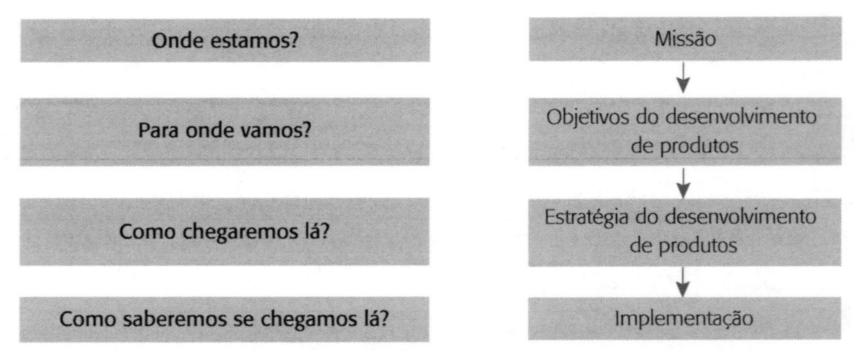

Figura 5.7 ■ Etapas do planejamento estratégico do desenvolvimento de produtos.

Existem duas técnicas básicas que podem ser usadas na estratégia do desenvolvimento de produtos (Tabela 5.5). A primeira delas examina a linha atual de produtos da empresa e analisa a "maturidade" dos mesmos, ou seja, as fases dos respectivos ciclos de vida em que se encontram. Quando o produto se aproxima de sua maturidade no mercado, espera-se que as suas vendas comecem a declinar (ver Ferramenta 20). Então, esses produtos maduros devem ser substituídos por novos produtos, para manter o poder competitivo da empresa. Em uma empresa dinâmica, existe um ritmo contínuo de desenvolvimento de novos produtos, para substituir aqueles que vão-se amadurecendo e entrando em declínio.

Tabela 5.5 ■ Aspectos a serem considerados no planejamento estratégico do desenvolvimento de produtos.

<table>
<tr><th>Questões específicas</th><th>Métodos</th><th>Respostas</th><th>Decisões</th></tr>
<tr><td>Qual é a necessidade de novos produtos?</td><td></td><td></td><td></td></tr>
<tr><td>Em que fase do ciclo de vida se situam os produtos atuais?</td><td>Análise da maturidade dos produtos</td><td rowspan="3">A necessidade de desenvolvimento de novos produtos é importante, ou urgente, ou ambos</td><td rowspan="3">Objetivos do desenvolvimento de produtos</td></tr>
<tr><td>Como os produtos atuais se situam em relação aos concorrentes?</td><td>Análise dos concorrentes</td></tr>
<tr><td>Qual é a velocidade de mudança dos negócios?</td><td>Análise do mercado estático/dinâmico</td></tr>
<tr><td>Qual é a capacidade para desenvolvimento de novos produtos?</td><td></td><td></td><td></td></tr>
<tr><td>Pessoal?
Coordenação?
Dinheiro?
Outros recursos?</td><td>Auditoria de risco dos produtos</td><td>Correção das falhas do produto</td><td>Estratégia do desenvolvimento de produtos</td></tr>
</table>

A análise dos concorrentes, em segundo lugar, compara o desempenho da empresa com aquele das empresas concorrentes. Para o planejamento de curto prazo procura-se descobrir como os concorrentes interferem no desempenho da empresa e que tipo de mudança contribuiria para aumentar a competitividade. Para o planejamento de longo prazo, a análise dos concorrentes procura desvendar as estratégias dos mesmos, para se avaliar as possíveis ameaças e estabelecer uma estratégia própria de desenvolvimento do produto para enfrentar essas ameaças. A análise do concorrentes é apresentada na Ferramenta 21.

Finalmente, em terceiro lugar, uma auditoria do produto deve estimar o custo de uma possível falha do produto. Em vista disso, pode-se dimensionar a profundidade da mudança que deve ser introduzida no produto, para enfrentar esse perigo. Esse procedimento é útil para integrar os diferentes aspectos da estratégia de desenvolvimento de produto. Assim, a efetividade de diferentes estratégias pode ser analisada no papel, a custos reduzidos. A Ferramenta 22 descreve os procedimentos da auditoria do risco de produtos.

IMPLEMENTAÇÃO DA ESTRATÉGIA DO DESENVOLVIMENTO DE PRODUTOS

A parte restante deste livro tratará principalmente dos aspectos ligados à implementação da estratégia do desenvolvimento de produtos. O Capítulo 2 apresentou os principais conceitos do desenvolvimento de produtos. Esses conceitos serão detalhados nos Capítulos 6 a 9. Os recursos necessários para o desenvolvimento de produtos serão melhor examinados no Capítulo 9, sobre a configuração do projeto.

Os recursos humanos qualificados são fundamentais para o desenvolvimento de novos produtos. Entretanto, apesar de parecer óbvia, a qualificação e a colocação certa de recursos humanos, muitas vezes, são negligenciadas. É muito comum, em empresas, encontrar pessoas "encasteladas" ocupando certos cargos por tradição, porque ocuparam cargos com certa responsabilidade no passado. Isso é muito desmotivador para os empregados mais criativos e ambiciosos. Para se criar um ambiente realmente criativo dentro da empresa é necessário romper com esses "feudos" e dar mais liberdade e condições de trabalho às pessoas criativas e realizadoras. O que interessa aqui é a capacidade pessoal e o envolvimento das pessoas e não o cargo que elas ocupam dentro da organização. As pessoas certas devem ser colocadas nos lugares certos, em ocasiões oportunas. Do contrário, todos os esforços podem ser perdidos, com desperdícios de recursos humanos, financeiros e materiais.

PESSOAS E EQUIPES PARA O DESENVOLVIMENTO DE PRODUTOS

Todos nós temos uma noção da pessoa ideal para trabalhar no projeto de novos produtos. Ela deve ser criativa, capaz de conceber, desenhar e construir modelos de produtos que fascinam pela forma visual. Além disso, deve ter um faro instintivo para o mercado, concebendo produtos com os quais os consumidores sempre sonharam. Se essa criatura maravilhosa estiver andando pelos corredores de sua empresa, você certamente não terá problema de recursos humanos para desenvolvimento de produtos. Mas essa pessoa não pode trabalhar sozinha. Deve trabalhar em equipe com o pessoal de *marketing,* vendas, distribuição e fabricação. As pessoas talentosas não gostam de interferências alheias, especialmente quando sentem que estão querendo impor restrições à sua liberdade criadora. Perguntas indignadas dos seguintes tipos são ouvidas: Por que a minha grande criação não pode ser fabricada? Por que o meu produto não se ajusta aos canais de distribuição existentes? Se o produto é tão inovador, por que os clientes não gostariam dele? Os orçamentos e prazos são tão importantes assim, a ponto de sacrificar a perfeição?

Tanto para os *designers* como para outros tipos de profissionais, o tempo do "eu sozinho" não existe mais. O desenvolvimento do projeto é uma atividade eminentemente interdisciplinar e exige trabalho em equipe. Uma equipe congrega diferentes conhecimentos e diferentes habilidades, mas não significa que deva ter mais prazo que no caso do desenvolvimento individual. Uma decisão coletiva é menos susceptível a idiossincrasias pessoais. E o trabalho da equipe pode prosseguir, mesmo se houver problemas de natureza pessoal com algum dos seus participantes.

Para a criação de uma boa equipe, devem-se conhecer as forças e fraquezas de cada um de seus membros, de modo que haja uma compensação mútua das qualidades. Uma boa equipe pode exigir pessoas de diferentes formações e diversas habilidades. A soma de todos os conhecimentos e habilidades deve ser adequada às exigências do programa de desenvolvimento de produtos. As características gerais de uma equipe de projeto são apresentadas na Ferramenta 23. Para saber mais sobre as características pessoais para trabalho em equipe, consulte o livro de Belbin[10] ou de Inwood & Hammond,[11] para grupos relacionados especificamente com o desenvolvimento de novos produtos.

A síndrome do Apolo

Meredith Belbin realizou pesquisas sobre o desempenho de equipes. Em um de seus experimentos, reuniu um grupo de pessoas excepcionalmente inteligentes e criativas. Ele denominou esse grupo de Apolo por lembrar que os componentes do grupo, eram todos da classe "A". Quando foram solicitados a resolver problemas administrativos, em equipe, esse grupo sempre atuou mal, funcionando pior que outros grupos, constituídos por pessoas menos talentosas. Ele descobriu que esse grupo era muito difícil de ser coordenado, realizava debates muito críticos e pouco construtivos, e era menos capaz de tomar decisões coletivas, se comparado aos outros grupos. Isso levou Belbin a listar um conjunto de características desejáveis para o trabalho em grupo (ver Ferramenta 23).

ESTUDO DE CASO: PSION SÉRIE 3

A Psion é uma das poucas empresas inglesas que desafiou os japoneses na produção de alta tecnologia. O computador portátil Psion Série 3 tem o monopólio de sua classe na Inglaterra e está conquistando um mercado crescente na Europa e nos EUA. A Psion baseou- se no projeto do produto como a sua principal arma para a batalha comercial.

A Psion foi fundada em 1982 para produzir *software* para os computadores pessoais. Em 1984 já faturava 8 milhões de dólares anuais e, com essa saúde financeira, decidiu explorar novas oportunidades de negócios. Um de seus programas, naquela época, era uma simples lista de nomes e endereços que deveria ser carregado no computador pessoal, usando um gravador de fita. Eles sentiram que isso poderia ser transformado em um produto com *hardware* dedicado, que funcionasse como uma agenda eletrônica que as pessoas pudessem carregar em seus bolsos. Assim nasceu a ideia do Organizador Psion 1. Dois anos depois, quando o primeiro Organizador Psion 1 foi vendido, ele era muito mais que uma simples agenda eletrônica. Contendo um processador de 8 bit e 2K de memória RAM, o Organizador era um diário, livro de endereços, calculadora e um computador programável. O Organizador Psion 1 foi um sucesso moderado de mercado, vendendo 30 mil unidades em 18 meses. Foi o suficiente para encorajar o investimento no Psion 2. Este era um produto mais sofisticado, com 32K de RAM e sem os problemas constatados no Psion 1. O mercado cresceu rapidamente, atingindo a marca de 20 mil unidades vendidas por mês, tanto para fins pessoais como industriais. Surgiram demandas para diferentes modelos, baseados no mesmo *hardware* e *software*. Foram desenvolvidos diversos periféricos, como o leitor do código de barras. Assim, foi criada uma linha de produtos, baseadas na mesma plataforma tecnológica.

Psion elaborou a estratégia corporativa para o futuro. Ela definiu sua missão como produtora de computadores portáteis, tanto para uso individual como industrial, "baseado em plataforma e direcionado pela arquitetura". Conseguiu visualizar novas aplicações, mas não era capaz de desenvolver a sua própria tecnologia inovadora (projeto de novos *chips*). Essa estratégia teve um profundo impacto nos destinos da empresa. Desenvolvendo produtos baseados numa plataforma comum, significava que não estavam pensando em inovações radicais. O processador de 8 bit, no qual se baseava o Psion 2, começou a ficar ultrapassado. Seria necessário desenvolver uma plataforma completamente nova, de 16 bit.

O caminho para o desenvolvimento da nova plataforma de 16 bit não foi fácil e a Psion pensou várias vezes em desistir. De acordo com o diretor Charles Drake, a Psion tinha subestimado a magnitude do que isso significava. Essa tarefa exigiria a implementação de uma estratégia completa de inovação. A Psion pretendia desenvolver uma nova plataforma de 16 bit, sobre a qual seriam desenvolvidos três novos produtos:

um computador *laptop*, para uso comercial; um computador robusto de alta flexibilidade, para uso industrial; e um computador de bolso, para uso pessoal. Cada produto foi planejado de modo a ter vantagens sobre os seus respectivos concorrentes. Tudo parecia ir de vento em popa, até que os problemas começaram a surgir.

O primeiro foi o atraso de 12 meses do fornecedor do *chip* de 16 bit, que era o coração da nova plataforma. Devido a isso, todos os demais trabalhos foram retardados. Durante esse tempo, o mercado da Psion tinha mudado. Os competidores, Sharp e Hewlett Packard tinham introduzido produtos concorrentes ao Psion 2 e começaram a tirar mercado da Psion. Surgiu um sinal de alerta no programa de desenvolvimento do produto. Contudo, a equipe de desenvolvimento do produto da Psion não sabia como responder a essa emergência. As metas que a Psion tinha estabelecido eram muito ambiciosas, pois necessitavam de novas tecnologias que ainda não estavam disponíveis. O desenvolvimento do novo *software* consumiu mais de 20 homens-ano até ficar completo.

Os problemas não cessaram com o término do desenvolvimento. O primeiro produto que resultou, o *laptop* MC400, foi um fracasso de mercado. A explicação desse fracasso consumiu muito tempo. Chegou-se à conclusão de que o produto tinha sido lançado apressadamente, sem um desenvolvimento adequado. Charles Drake admitiu que era quase impossível que a sua ambiciosa plataforma de 16 bit fosse lançado sem problemas. O *laptop* é um produto de alta tecnologia, num mercado muito competitivo e de rápidas mudanças. O produto que deveria substituir o decadente Psion 2 tinha falhado. O faturamento da Psion entre 1990 e 1991 tinha caído à metade, e a empresa registrou o segundo balanço negativo em sua história.

O senso de urgência degenerou em crise. A empresa precisava de um novo produto, com urgência. Em outubro de 1990 foi finalizada a especificação do Psion 3, que foi lançado 11 meses depois. A história do Psion 3 continua no Capítulo 7.

Ferramenta 16:

Conceitos-chaves sobre planejamento estratégico

A necessidade da estratégia

Uma empresa inovadora é aquela que sabe para onde está indo e como se chega lá. Contudo, não nega que a oportunidade tem um papel importante na identificação de novos produtos. Uma empresa que tenha uma estratégia bem definida procura ativamente as oportunidades que contribuam para alcançar os seus objetivos. Cada produto novo é visto como uma etapa para cumprir a missão da empresa. A estratégia corporativa baseia-se em diversas etapas, começando com a definição da missão e evoluindo para outras etapas, visando a sua implementação.

Missão

A missão da empresa é uma declaração clara e concisa da direção em que ela pretende evoluir e o que pretende alcançar. Corresponde a uma visão de futuro, declarada pelos principais dirigentes da empresa.

Objetivos da empresa

Objetivos da empresa são metas específicas de mudanças pretendidas, geralmente em termos gerais (crescimento do faturamento, aumento da margem de lucros, conquista de novos mercados). Quando esses objetivos forem alcançados, pelo menos boa parte da missão estará cumprida.

Estratégia da empresa

A estratégia da empresa explicita o caminho que ela pretende seguir, para alcançar os seus objetivos. Ela pode referir-se a qualquer aspecto dos negócios (vendas, *marketing,* fabricação), incluindo o desenvolvimento de produtos.

Objetivos do desenvolvimento de produtos

É uma parte dos objetivos da empresa. Especifica o que se pretende alcançar com a atividade de desenvolvimento de produtos.

Estratégia do desenvolvimento de produtos

Explicita quais são os novos produtos visados pela empresa e de que forma as oportunidades de novos produtos serão exploradas.

Implementação da estratégia

Apresenta as ações que devem ser desenvolvidas pelas pessoas ou grupos responsáveis, a fim de atingir os objetivos estratégicos.

Ferramenta 17:

Análise das forças, fraquezas, oportunidades e ameaças (FFOA)

A análise das forças, fraquezas, oportunidades e ameaças (FFOA) é uma forma simples e sistemática de verificar a posição estratégica da empresa.(12) Forças e fraquezas são determinadas pela posição atual da empresa e se relacionam quase sempre aos fatores internos. Oportunidades e ameaças são antecipações do futuro e quase sempre se relacionam aos fatores externos ou ambiente de negócios. Há quatro etapas na análise FFOA.

Primeira: o *brainstorming* pode ser usado para gerar uma longa lista de itens sobre os quatro tópicos da FFOA. Muita gente não consegue avançar nesta primeira etapa porque certos fatos podem ser classificados igualmente nos quatro tópicos. Por exemplo, os consumidores gostaram do nosso último produto e estão comprando além do previsto. No primeiro instante, isso poderia ser classificado como importante **força**. Contudo, poderia ser considerado também uma **fraqueza,** porque a empresa passou a depender muito do faturamento desse produto. Pode ser visto também como uma **oportunidade** para o desenvolvimento de outros produtos. Mas pode ser também uma **ameaça** para a empresa, se esse produto sofrer uma queda repentina nas vendas. Não se preocupe muito com essa classificação e escreva o máximo que puder.

Segunda: agrupe os itens similares ou aqueles relacionados entre si. Essa tarefa pode tornar-se mais fácil, se os itens da primeira etapa forem escritos em pequenos cartões, separadamente.

Terceira: analise os itens agrupados, generalize-os em forças, fraquezas, oportunidades e ameaças mais amplas, e coloque-os em ordem de prioridade.

Quarta: sintetize as informações, identifique os principais pontos que merecem mudanças, e decida como introduzir essas mudanças. Se a análise FFOA estiver ocorrendo como parte de um planejamento mais geral, essa última etapa pode ser adiada até que outras informações relevantes sejam obtidas e analisadas.

De preferência, a análise FFOA deve ser feita por um grupo de pessoas da empresa, que ocupem diferentes cargos e tenham diferentes tipos de responsabilidades. Se isso não for possível, pode ser feito por uma única pessoa que conheça bem a empresa. Essa análise pode revelar fatos desagradáveis sobre a empresa — isso justifica por que ela é evitada.

A análise FFOA só será benfeita se for realista e honesta. Ela também precisa ser bem abrangente. Pode revelar alguns fatos desabonadores, escondidos sob uma manta de aparente sucesso. Não se pode concluir que você tem uma empresa dinâmica, produzindo produtos desejados pelos consumidores, se a pessoa que cuida do seu almoxarifado é desorganizada, incompetente e incapaz de despachar as encomendas nos prazos e quantidades certas. A seguinte lista de verificação pode servir de inspiração para a elaboração dos itens da FFOA:

Funções da empresa:
Gerência?
Administração?
Produção?
Marketing?
Distribuição?
Vendas?

Principais negócios:
Mercado?
Clientes?
Produtos?
Serviços?
Concorrentes?
Fornecedores?

Posição dos negócios:
Orientado para o mercado?
Saúde financeira?
Controle de qualidade?
Flexibilidade/responsabilidade?
Dependência?

Pessoal:
Qualificação?
Entusiasmo?
Comprometimento?
Confiança?
Satisfação?
Cooperação?

Finanças:
Custos?
Preços?
Custos indiretos?
Lucros?
Investimentos?

Exemplo de análise FFOA	
Forças Clientela cativa Bom canal de distribuição Reputação da marca Boa equipe de vendas *Marketing* agressivo	**Fraquezas** Baixa margem de lucro Dívidas elevadas Equipamentos obsoletos Desenvolvimento lento de produtos
Oportunidades Boas perspectivas de mercado Extensão da linha de produtos Monopólio em algumas cadeias de lojas Fornecedores cativos	**Ameaças** Falhas no desenvolvimento de novos produtos Problemas de confiabilidade dos produtos Fraqueza financeira para novos negócios Pessoal pouco motivado

A análise FFOA é a base para a elaboração de um plano estratégico para a empresa. Este deve aproveitar as **oportunidades**, usando as **forças** e corrigindo as **fraquezas**, sem se descuidar das **ameaças**, para evitar surpresas desagradáveis.

Ferramenta 18:

Análise política, econômica, social e tecnológica (PEST)

A análise dos aspectos políticos, econômicos, sociais e tecnológicos (PEST) procura determinar as condições externas que podem influenciar ou ameaçar a empresa.[13] Novos regulamentos do governo, aumento de taxas ou tarifas de importação, redução do mercado devido a mudanças demográficas ou ameaças provocadas pelas novas tecnologias são fatos que provocam insônias nos executivos. A queda da taxa de natalidade pode ser uma ameaça para uma empresa que produz artigos para bebês. Contudo, os fatores PEST também podem ser úteis à empresa. A desregulamentação da economia está abrindo novos mercados, antes inacessíveis. Os incentivos à inovação ou empréstimos para desenvolvimento dos negócios podem viabilizar projetos antes inviáveis. Mudanças de hábitos dos consumidores podem contribuir para revitalizar alguns segmentos estagnados do mercado. O domínio de novas tecnologias pode ser uma "arma" importante para você ultrapassar os seus concorrentes.

Os quatro fatores da PEST contribuem para se refletir sobre o impacto que as mudanças mais amplas na economia e no ambiente de negócios provocarão sobre as operações da empresa.

Político. Mudanças nas leis e regulamentos introduzidos pelo governo. Podem incluir também mudanças políticas que contribuem para estabilizar ou desestabilizar o mercado.

Econômico. As questões macroeconômicas podem ter uma grande influência sobre os negócios. Isso inclui o crescimento econômico, recessão, inflação, balança de pagamentos, mercado de ações, e política fiscal. As questões econômicas de impacto imediato incluem as taxas de juros, disponibilidade de crédito e certos indicadores econômicos como: salários, índice de preços e outros.

Social. Tendências demográficas incluem mudanças da idade média da população, mobilidade social, migrações e aumento dos níveis de instrução. O crescimento da consciência ecológica provocou profundas mudanças nos hábitos de consumo em alguns setores, nas últimas décadas;

Tecnológico. O avanço da informática e comunicações tem provocado mudanças profundas em alguns setores, assim como o desenvolvimento de novos materiais, novos processos e novas fontes de energia.

Ferramenta 19:

Painel de consumidores

O painel de consumidores serve para acompanhar as mudanças do consumidor em relação à sua percepção da empresa, marca ou produto. Pode ser útil pesquisar um pequeno número de consumidores para descobrir ou confirmar a percepção dos mesmos em relação à empresa ou produtos que ela oferece. Como isso é uma pesquisa de mercado, aplicam-se aqui os princípios descritos na Ferramenta 26. Um dos princípios mais importantes é que o consumidor não deve ficar sabendo qual é a empresa que está sendo pesquisada. Do contrário, pode haver sérias distorções em sua resposta, com medo de causar ofensa. O objetivo do painel de consumidores é o de levantar a opinião dos consumidores sobre a sua empresa, em relação aos concorrentes. Como se mostra no exemplo abaixo, alguns aspectos específicos são substituídos por questões mais genéricas, para se evitar a identificação da empresa. Geralmente, os consumidores são estimulados a manifestar espontaneamente as suas opiniões, antes de responder a perguntas específicas.

Exemplo de painel de consumidores.

1. Fale-me dos nomes das principais cadeias de restaurantes que você conhece.
   (Objetivo: saber se a empresa pesquisada é mencionada espontaneamente.)
2. Nessa lista de principais cadeias de restaurantes, quais são as de que você já ouviu falar?
   (Objetivo: saber se a empresa pesquisada é mencionada.)
3. Fale-me dos nomes de cadeias de lanchonetes que você conhece.
   (Objetivo: manifestação espontânea de nomes de lanchonetes.)
4. Nessa lista de cadeias de lanchonetes, quais são as de que você já ouviu falar?
   (Objetivo: manifestação com ajuda da lista.)
5. Nessa lista de lanchonetes, quais são os que você viu na propaganda nos últimos seis meses?
   (Objetivo: fixação da propaganda.)
6. Nessa lista de lanchonetes, qual é a sua preferida?
   (Objetivo: avaliar a preferência.)
7. Quais são as notas que você atribui para essas lanchonetes da lista (escala de 1 a 5).

	Ruim				Excelente
a) Rapidez de atendimento	1	2	3	4	5
b) Qualidade do atendimento	1	2	3	4	5
c) Qualidade da comida	1	2	3	4	5
d) Higiene	1	2	3	4	5
e) Valor pelo preço cobrado	1	2	3	4	5
f) Novos produtos lançados	1	2	3	4	5

Ferramenta 20:

Análise da maturidade do produto

Os produtos têm um desempenho no mercado semelhante ao dos seres vivos – nascem, crescem, atingem a maturidade e entram em declínio. A análise da curva de vida dos produtos tem o objetivo de diagnosticar a linha de produtos da empresa, determinando a fase da vida de cada um deles.[14] Aqueles que já atingiram a maturidade, mantêm as suas vendas constantes durante algum tempo e, após isso, entrarão em declínio. Nesse momento, é necessário planejar a reposição dos mesmos. Naturalmente, essa estimativa é aproximada, pois as forças do mercado poderão modificar a curva de vida de um produto. O aparecimento de um concorrente forte pode decretar a morte prematura de um produto.

A Figura 5.8 mostra a curva de vida típica de um produto. Após a introdução no mercado, as vendas começam a crescer lentamente. Quando o produto for aceito por uma certa parcela de consumidores, as suas vendas se aceleram. Nas vendas a varejo, isso ocorre quando os lojistas decidem manter um estoque do produto. As vendas começam a diminuir quando todos os lojistas estão plenamente abastecidos com o produto e resolvem só repor o estoque das unidades vendidas. Isso geralmente ocorre quando há uma competição acirrada entre empresas rivais. Nesse estágio, geralmente as empresas baixam os preços para manterem suas fatias do mercado e é ocasião também para o lançamento do novo produto.

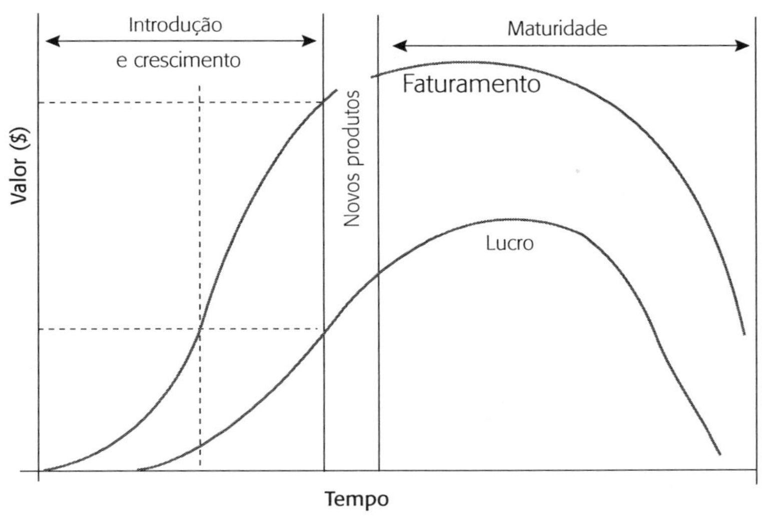

Figura 5.8 ■ Curva de vida típica de um produto no mercado.

Periodicamente, a empresa pode retirar de linha alguns produtos que estão declinando, a fim de abrir mercado para novos produtos. Após atingir a sua posição madura, a venda do produto pode cair rapidamente. A curva de lucro segue uma trajetória parecida com a de faturamento. Quando atinge a maturidade, os custos do desenvolvimento já foram recuperados e as despesas com propaganda podem ser reduzidas, porque o produto já é conhecido. Isso significa que os lucros podem crescer muito. Contudo, se os concorrentes estiverem no mesmo estágio, começa a guerra de preços e então os lucros declinam.

O conhecimento da curva de vida do produto é importante para o planejamento estratégico do desenvolvimento de novos produtos, porque os planos de lançamento de novos produtos devem ser preparados para aqueles produtos que atingem a maturidade. O tipo mais evidente de plano de desenvolvimento é para substituir aqueles produtos que entraram na maturidade. Uma outra opção, principalmente para produtos que são líderes de mercado, é o seu redesenho, para revigorá-lo no mercado, em vez de substituí-lo. O possível efeito do rejuvenescimento sobre a curva de vida de um produto é mostrado na Figura 5.9. Aqui, o produto que começa a declinar, é submetido a um redesenho e retorna à curva anterior de crescimento. Consequentemente, os lucros também tendem a crescer junto com a curva de vendas.

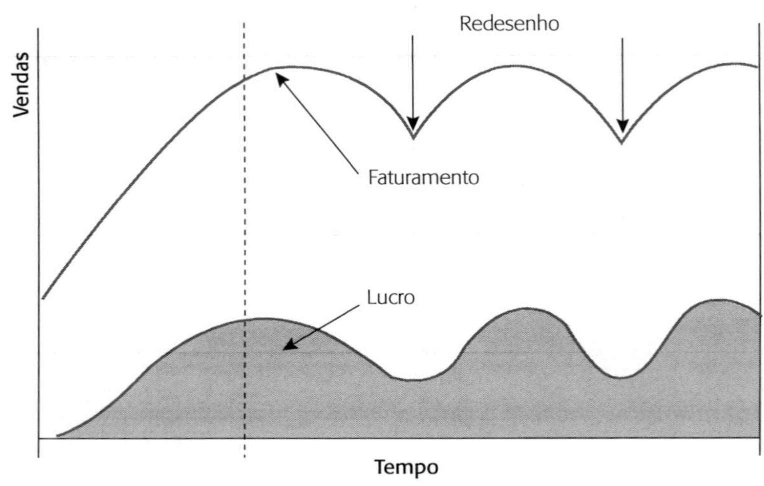

Figura 5.9 ■ O produtos que atingiram a maturidade podem ser redesenhados, para que possam recuperar o mercado e os lucros.

Na elaboração do plano estratégico de desenvolvimento de produtos, a empresa precisa analisar o conjunto de sua linha de produtos. Isso vai produzir um mapa das curvas de vida dos diversos produtos, como é mostrado na Figura 5.10. Esse é o caso de uma empresa que produz panelas e travessas de vidro. Esse tipo de produto costuma ter uma vida de vários anos, mas a duração varia bastante de produto para produto. A tecnologia no setor evolui lentamente, de modo que dificilmente aparecerá um concorrente com um produto revolucionário. Assim, torna-se relativamente fácil fazer as projeções das curvas de vida dos produtos.

Analisando-se esse mapa, a conclusão principal que se pode tirar é a necessidade (importante e urgente) de uma remodelação ou um produto novo para substituir o seu campeão de vendas, que é o Produto 1. Embora suas vendas ainda estejam crescendo, o ritmo de crescimento está se reduzindo. Sem esse produto, o faturamento da empresa será seriamente afetado. Três outros produtos (2, 3 e 5) apresentam uma curva similar, indicando que caminham para a maturidade. O Produto 4 ainda está em fase de franco crescimento e o 6, em declínio. Isso significa que há 6 produtos (1, 2, 3, 5 e 6), para os quais a empresa deve estar planejamento um redesenho ou substituição. Nessa empresa, há, portanto, trabalho contínuo para um ou dois anos no desenvolvimento de novos produtos. Nesse caso, o tempo para o produto atingir a maturidade é de 12 a 18 meses, que é o prazo disponível à empresa para redesenhá-lo ou substituí-lo.

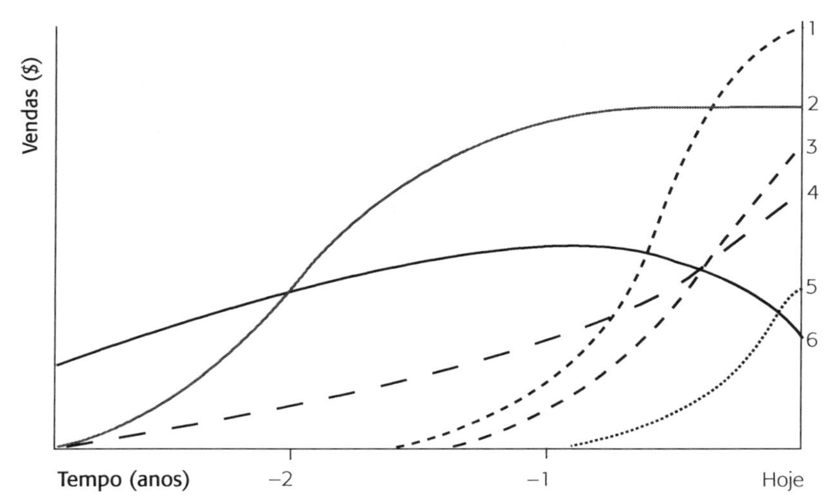

Figura 5.10 ■ Mapa mostrando as curvas de vida de 6 produtos de uma linha de panelas de vidros.

Ferramenta 21:

Análise dos concorrentes

A análise dos concorrentes serve para monitorar as empresas concorrentes e seus produtos. Procura determinar como elas conseguiram alcançar o sucesso e onde fracassaram. Essa análise a ajuda a antecipar como os seus negócios serão ameaçados no futuro e a desenvolver uma estratégia mais efetiva de competição. A análise do produto concorrente será descrito detalhadamente no Capítulo 6. Cada produto concorrente é analisado em relação ao produto existente ou proposto por sua empresa.

A chave do sucesso dessa análise é a qualidade das informações que se consegue obter. Algumas delas são obtidas com relativa facilidade, mas outras exigem pesquisa aprofundada durante algum tempo. Há algumas informações que são públicas, tais como: relatórios anuais da empresa, preços, catálogos e materiais promocionais, além do próprio produto. Outra fonte de informação são os distribuidores e os serviços prestados pela empresa. Contudo, a mais valiosa fonte de informação pode ser um ex-empregado do concorrente, que agora trabalha para você!

Existem dois motivos na análise dos concorrentes:

- Aprender com os concorrentes, de modo a aperfeiçoar os seus próprios produtos. Os produtos dos concorrentes podem ser desmontados e analisados, para ver se há alguma característica interessante que pode ser incorporada aos produtos da sua empresa (ver *benchmarking* no Capítulo 6).
- Deduzir a estratégia dos concorrentes, para predizer o que eles farão, para que se possa ajustar a própria estratégia a partir disso, como em um jogo de xadrez.

A primeira providência na análise dos concorrentes é reunir todos os fatos disponíveis. Isso pode abranger todas as principais empresas concorrentes e os aspectos semelhantes com a sua empresa. Em seguida, é necessário avaliar a natureza dos negócios de cada concorrente e como isso afeta o desempenho de sua empresa. Finalmente, as conclusões devem indicar as mudanças que deverão ocorrer em sua empresa para torná-la mais competitiva no futuro. Uma maneira de abordar essas três etapas é apresentada no quadro a seguir:

Fatos	
Faturamento total	Capacidade produtiva da fábrica
Lucros	Tamanho da força de vendas
Número de produtos	Tamanho do grupo de desenvolvimento de produtos
Faturamento médio por produto	Orçamento de *marketing*
Lucro médio por produto	Principais sucessos, falhas conhecidas
Patentes	

<table>
<tr><td colspan="3">Julgamentos</td></tr>
<tr><td>Principal natureza dos negócios</td><td>Velocidade do desenvolvimento de produtos no passado.</td><td rowspan="4"></td></tr>
<tr><td>Marketing mix</td><td>Qualidade do desenvolvimento de novos produtos no passado.</td></tr>
<tr><td>Valor relativo: razão valor/preço</td><td rowspan="2"></td></tr>
<tr><td>Satisfação dos consumidores</td></tr>
<tr><td colspan="3">Conclusões da análise</td></tr>
<tr><td>Forças</td><td rowspan="4">Relativas à própria empresa.</td><td rowspan="2">Estratégia de desenvolvimento de novo produto.</td></tr>
<tr><td>Fraquezas</td></tr>
<tr><td>Oportunidades</td><td rowspan="2">Ações necessárias para os próximos dois anos.</td></tr>
<tr><td>Ameaças</td></tr>
<tr><td colspan="3">Ações sugeridas</td></tr>
<tr><td>Mudanças imediatas na empresa para elevar o poder competitivo</td><td>Estratégia de desenvolvimento do produto para enfrentar os concorrentes.</td><td></td></tr>
</table>

O *marketing mix* e os concorrentes[15]

O *marketing mix* refere-se às quatro áreas básicas do processo decisório associado ao *marketing*: produto, promoção, preço e praça. Eles são conhecidos como os 4 Ps do *marketing* de produtos.

Produto. Quais são os produtos oferecidos pelas empresas concorrentes? Qual é a variedade de produtos que eles oferecem e como se relacionam entre si em termos de consumidores, tecnologias de fabricação e uso de canais de distribuição e vendas em comum?

Promoção (comunicação). Quais são as marcas que identificam as empresas concorrentes? Quais são os atributos do produto que eles enfatizam em suas promoções (qualidade, preço, desempenho)? Quais são os setores do mercado visados pelos concorrentes? Eles promovem produtos de forma diferente em diferentes setores do mercado?

Preço. Qual é a política de preço das empresas concorrentes (alto valor e alto preço ou valor básico e preço baixo)? Como se comporta a razão valor/preço comparada com os seus produtos? Que informações você pode deduzir sobre os custos de produção e vendas das empresas concorrentes? Como os custos deles se comparam com os seus custos?

Praça (distribuição). Em que praças os concorrentes distribuem os produtos? A capacidade de penetração nos diferentes mercados se compara com as suas capacidades de penetração?

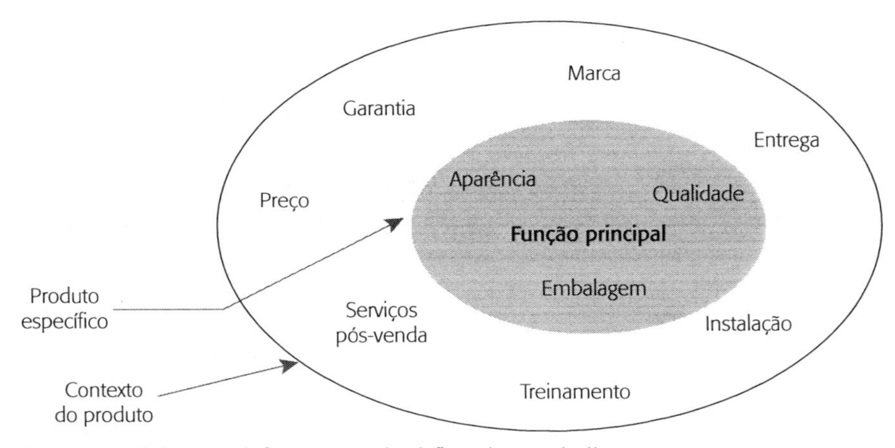

Fatores relacionados ao produto, que influem nas decisões de *marketing*.

Ferramenta 22:

Auditoria do risco de produtos

A auditoria do risco de produtos é um método para analisar as diferentes alternativas de desenvolvimento de produtos, em comparação com os recursos humanos disponíveis na empresa e o seu desempenho passado na área. Em essência, é um meio para conjugar os desejos ambiciosos de projeto, de um lado, com a capacidade real de desenvolvimento da empresa, do outro. Como tal, é uma parte essencial da preparação da estratégia de desenvolvimento do produto. O objetivo, contudo, é realizar julgamento sobre os tipos de produtos a serem desenvolvidos e sobre as mudanças que devem ser introduzidas na função de desenvolvimento do produto da empresa. Essas decisões são baseadas em julgamentos subjetivos. Contudo, é melhor ter esses julgamentos subjetivos baseados numa análise sistemática, do que contar simplesmente com opiniões subjetivas dos gerentes.

A auditoria do risco de produtos é realizada em duas fases. Na primeira, estima- se o custo de falha do produto, em termos do impacto que isso provoca sobre os negócios globais da empresa. Quanto mais a falha de um produto ameace a sobrevivência da empresa, maior deve ser a capacidade do desenvolvimento de produto em identificar os riscos de sua atividade, antes de começar os seus desenvolvimentos. A segunda fase é para estimar a capacidade de desenvolvimento do produto.

Custo da falha de um produto. O custo da falha de um produto envolve um custo direto com o seu desenvolvimento e uma estimativa da perda da oportunidade de ganho da empresa. O custo do desenvolvimento é representado pelos gastos reais realizados pela empresa em pessoal e materiais, e afetam o seu fluxo de caixa. Dessa forma, tem um impacto direto e imediato sobre a sua vida econômica. A perda de oportunidade de ganho refere-se às vendas potenciais que deixam de ser realizadas por elas (quanto a mesma poderia ganhar, se o produto não tivesse fracassado). Esses dois tipos de custos podem representar uma ameaça à sobrevivência da empresa. Como são difíceis de serem quantificados, uma classificação dos produtos em **crítico**, **significativo** e **marginal** pode ser suficiente. Os produtos considerados **críticos** à sobrevivência da empresa devem merecer maiores cuidados. A alocação de recursos humanos, materiais e financeiros no seu desenvolvimento deve ser adequada à importância desse desenvolvimento, e todas as etapas devem ser monitoradas com cuidado. Para produtos considerados **significativos**, os cuidados são importantes, mas inferiores aos da classe anterior. Para os produtos **marginais**, só devem ser alocados recursos quando não houver outras prioridades.

Quanto maior for a proporção do faturamento previsto com o novo produto, mais crítico será o custo da falha do produto.

Capacidade de desenvolvimento do produto. A capacidade é representada por um conjunto de pessoas, procedimentos, dinheiro e outros recursos que a empresa pode mobilizar para o desenvolvimento de produtos. Abaixo se apresentam formulários para análise dos mesmos.

As pessoas, procedimentos, dinheiro e outros recursos devem ser alocados de acordo com o impacto previsto pela falha no desenvolvimento dos produtos (crítico, significativo, marginal). Assim, por exemplo, os recursos humanos, correspondentes a esses três níveis podem ser classificados em: **excelente**, **competente**, e **básico**. Isso significa que pessoas excelentes deveriam cuidar dos projetos considerados críticos, ou seja, aqueles em que uma eventual falha pode comprometer seriamente a saúde financeira da empresa, representando, portanto, uma séria ameaça. Nesses casos críticos, quando não houver gente capacitada em número suficiente, pode-se recorrer ao treinamento para capacitar outras pessoas ou recrutar novos elementos. Entretanto, isso pode ser demorado. Havendo urgência, pode-se recorrer a consultores externos, ou pode-se terceirizar o projeto inteiro a um instituto de pesquisa ou universidade. De maneira semelhante, os recursos competentes devem ser alocados aos projetos significativos, e aqueles básicos, aos produtos marginais.

Custos da falha de um produto	
1. Custo do projeto e desenvolvimento	R$ ....
2. Faturamento previsto no caso de sucesso	R$ ....
3. Perda de negócios previstos devido à falha	R$ ....

Classificação: ☐ Crítico ☐ Significativo ☐ Marginal

Auditoria de pessoal								
Função	**Geradores de ideias criativas**		**Solucionadores de problemas técnicos**		**Meticulosos/ observadores de detalhes**		**Realistas/práticos**	
	Existe	**Recrutar**	**Existe**	**Recrutar**	**Existe**	**Recrutar**	**Existe**	**Recrutar**
Orientado para o mercado								
Projeto e desenvolvimento								
Protótipo e teste								
Engenharia de produção								
Marketing e vendas								
Controle financeiro								

Auditoria financeira		
	Existe	**Recrutar**
Custos do projeto e desenvolvimento		
Investimento para produção		
Marketing e propaganda		
Produção para estoque		

Auditoria de procedimentos		
	Existe	**Recrutar**
Planejamento do produto		
Especificações		
Geração de ideias		
Teste do protótipo		
Teste de mercado		

Auditoria de recursos		
	Existe	**Recrutar**
Construção do protótipo		
Teste do protótipo		
Fabricação e montagem		
Distribuição e vendas		

Ferramenta 23:

A equipe de projeto

A pesquisa de Meredith Belbin demonstrou que a equipe ideal é aquela que mistura diversas habilidades e tipos de personalidades. Baseado em um questionário, ele identificou as seguintes características de uma boa equipe.[10]

Função	Personalidade	Habilidades	Deficiências
Líder	Calmo, autoconfiante, controlado	Capacidade de receber igualmente bem todas as contribuições. Forte senso de objetividade	Não precisa ter inteligência ou criatividade excepcionais.
Trabalhador da empresa	Conservador, obediente, previsível	Capacidade de organizar, senso prático, disciplinado, trabalhador	Falta de flexibilidade, irresponsabilidade diante de ideias novas
Modelista	Muito sensível, saliente, dinâmico	Disposição para enfrentar a inércia, complacência	Propenso a provocações, irritação e impaciência
Desenhista/Projetista	Individualista, temperamento sério, não ortodoxo	Genioso, intelectual, imaginativo, bons conhecimentos	Cabeça nas nuvens, despreza detalhes práticos ou protocolos
Pesquisador/Busca de informações	Extrovertido, entusiasta, curioso, comunicativo	Capacidade de contatar pessoas e descobrir coisas novas	Perde interesse após a fascinação inicial
Avaliador/Responsável pelo acompanhamento	Sóbrio, desapaixonado, prudente	Capacidade de julgar, discrição	Sem inspiração ou capacidade de motivar os outros
Participantes do grupo	Socialmente orientado, tolerante, sensível	Habilidade para responder a pessoas e situações. Espírito de equipe	Indeciso em momentos de conflito
Responsável pelo acabamento	Meticuloso, metódico, consciente, ansioso	Capacidade de persistir, perfeccionista	Preocupação com pequenos detalhes

NOTAS DO CAPÍTULO 5

1. Rheinertsen, D. G., Whodunnit? The search for new product killers. *Electronic Business,* Julho 1983. O modelo econômico usado por Rheinertsen para produzir esses números foi publicado na versão completa em Smith, RG., e Rheinertsen, D. G., *Developing Products in Half the Time.* New York: Van Nostland, 1991, p. 28-41.
2. Design Council, *UK Product Development: A Benchmarking Survey.* Hampshire, UK: Gower Publishing, 1994.
3. Adaptado de Freeman, C., *The Economics of Industrial Innovation,* London: Francis Pinter Publishers, 1987.
4. Schnaars, S. P., *Managing Imitation Strategies.* New York: The Free Press, 1994. p. 54-59.
5. Nayak, P. R., Ketteringham, J. M., e Little, A. D., *Breakthroughs.* 2ª ed., Didcot, Oxfordshire, UK: Mercury Business Books, 1993 p. 6-28. e Schnaars, S. R, *Managing Imitation Strategies.* New York: The Free Press, 1994. P. 168-174.
6. Para uma introdução geral à estratégia da empresa, consulte Johnson, G. e Scholes, K., *Exploring Corporate Strategy.* London: Prentice-Hall, 1993.
7. Henderson, S., Illidge, R. e McHardy, R *Management for Engineers.* Oxford, UK: Butterworth Heinemann Ltd., 1994, p. 60-62
8. Monks, J., *Administração da Produção.* São Paulo: McGraw-Hill, 1987 p. 402-434.
9. Henderson, S., Illidge, R. e McHardy, R, 1994 – Veja nota 7 acima, p. 62-64.
10. Belbin, M. R., *Management Teams: Why they Succeedor Fail.* Oxford: Butterworth Heinemann Ltd., 1994.
11. Inwood, D. e Hammond, J., *Product Development: an Integrated Approach.* London: Kogan Page Ltd., 1993, p. 102-159.
12. A análise FFOA é um dos instrumentos mais conhecidos e usados no planejamento estratégico. Veja mais detalhes em Henderson, Illidge e McHardy, 1994 (veja nota 7 acima) p. 45-49.
13. O texto clássico de análise do ambiente empresarial é de Palmer, A. e Worthington, I. *The Business and Marketing Environment,* Berkshire, UK: McGraw-Hill, 1992.

14. Para um estudo mais aprofundado de produtos e mercados, veja Moore, W. L. e Pessemier, E. A., *Product Planning and Management: Designing and Delivering Value.* New York: McGraw-Hill, 1993. Um texto mais conciso pode ser encontrado em Henderson, Illidge e McHardy, 1994 (veja nota 7 anterior). P. 50-56.

15. O *marketing mix* pode ser encontrado em qualquer livro sobre *marketing.* Para análise de sua influência no produto consulte Urban, G. L. e Hauser, J. R., *Design and Marketing of New Products* (2ª ed.) Englewood Cliffs, New Jersey: Prentice Hall Inc., 1993, p. 357-378. A noção de produto específico e contexto do produto pode ser encontrado em Henderson, Illidge e McHardy, 1994, p. 20 (veja a nota 7 anterior) ou Inwood e Hammond, 1993, p. 36 (veja a nota 11 anterior).

Capítulo 6

Planejamento do produto – especificação da oportunidade

O planejamento do produto inclui: identificação de uma oportunidade, pesquisa de *marketing,* análise dos produtos concorrentes, proposta do novo produto, elaboração da especificação da oportunidade e especificação do projeto. Este capítulo é o mais longo do livro, devido à importância do assunto, que pode parecer estranho em um livro sobre projeto de produto.

Já vimos, no Capítulo 2, que o produto com uma especificação clara e precisa, antes de começar o desenvolvimento, tem três vezes mais chances de sucesso do que aquele cujo desenvolvimento é iniciado sem esse tipo de cuidado. Lembre-se também que muitas decisões importantes sobre o produto são tomadas nessa fase: qual é a clientela do produto e quais são as principais restrições ao seu desenvolvimento. Em outras palavras, muitas decisões sobre o projeto do produto são tomadas antes que comece o seu processo de desenvolvimento. Lembre-se também, sobretudo, que as decisões nessa fase são baratas, não implicando em grandes inversões de capital. Todo o tempo e esforço gastos nessa fase para a tomada de decisões corretas serão economizados posteriormente, pois quaisquer correções, em fases mais adiantadas do projeto, são mais demoradas e dispendiosas (ver Figura 2.3).

O planejamento do produto é uma das atividades mais difíceis do desenvolvimento de novos produtos. Pode ser frustrante experimentar a sensação de estar pulando no vazio, quando se procura especificar um produto, cujo desenvolvimento ainda não foi iniciado. Muitos *designers* não suportam essa sensação de vazio e partem logo para elaborar alguns esboços e modelos. O planejamento do produto exige, portanto, autodisciplina. Você deve insistir em cumprir bem essa tarefa, se desejar que o seu produto tenha uma boa chance de sucesso e se quer prevenir o aparecimento de muitos aborrecimentos durante o seu desenvolvimento. Começar o desenvolvimento sem ter um planejamento bem feito é como sair por aí navegando às cegas, sem ter um destino certo.

O PROCESSO DE PLANEJAMENTO DO PRODUTO

O planejamento do produto começa com a estratégia de desenvolvimento de produto da empresa e termina com as especificações de produção do novo produto. Como já vimos no Capítulo 5, a estratégia de desenvolvimento de produto representa as intenções de inovação, formuladas pela empresa. Ela apresenta propostas dessa empresa para tornar a inovação de produtos em um negócio de sucesso. Descreve a posição relativa dos produtos da empresa no mercado e seleciona aqueles produtos que a empresa pretende inovar. Em resumo, estabelece as regras gerais para a inovação dos produtos.

A partir dessa estratégia geral de inovação, nem sempre é fácil identificar e especificar as oportunidades de desenvolvimento de novos produtos. Isso requer o uso de diversas ferramentas e técnicas. Requer um rigor intelectual e, como já se disse, grande dose de autodisciplina. O problema não é determinístico. Há diversos pontos possíveis de partida, muitas oportunidades e restrições a serem consideradas, e muitos caminhos a explorar. Muitos *designers* descrevem frequentemente esse período como sendo de "queda livre". Você é lançado no espaço, onde existem muitas ideias flutuando, e deve agarrá-las, antes que elas fiquem fora do alcance. Se, durante a queda livre, você for capaz de agarrar uma boa ideia, transformando-a em especificação de projeto, seu paraquedas se abrirá e você aterrissará suavemente no solo, com autoconfiança e pronto para começar o projeto do produto. Se você falhar, a queda pode ser feia. Mesmo que você consiga sobreviver, o produto pode falecer durante o desenvolvimento.

Há quatro etapas no processo de planejamento do produto (Figura 6.1). Primeira: a estratégia de desenvolvimento do produto traça a orientação geral do planejamento do produto e estabelece seus objetivos. Segunda: há um estímulo, dando a partida para o desenvolvimento de um produto específico. Terceira: há um período de pesquisa e análise das oportunidades e restrições. Quarta: o novo produto proposto é especificado e justificado.

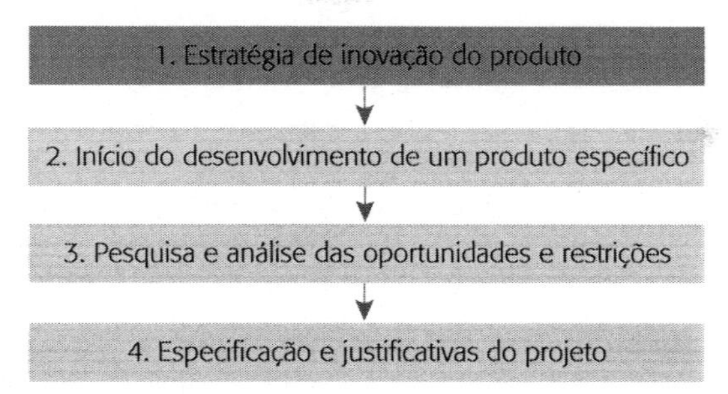

Figura 6.1 ■ Etapas do processo de planejamento do produto.

O caminho para se chegar às especificações do projeto, a partir da estratégia de inovação, varia muito de produto para produto e de empresa para empresa. Alguns produtos são mais facilmente avaliados e especificados que outros. Um projeto que vise simplesmente atualizar o estilo de um produto existente, por exemplo, pode ser fácil. Por outro lado, um produto que use uma nova tecnologia, tenha um *design* radicalmente novo ou se destine a um mercado ainda não explorado, pode ser mais difícil. Em geral, quanto mais dispendioso for o desenvolvimento do produto, mais detalhado deve ser o seu planejamento, para justificar o seu investimento. Como se pode ver na Tabela 6.1, projetos de desenvolvimento de produtos podem custar desde algumas centenas até alguns bilhões de dólares.(1) Empresas como a Boeing (aeronaves) e a Chrysler (carros) podem exigir mais evidências, para justificar o comprometimento de bilhões de dólares, do que a Stanley, que gasta 150 mil dólares para desenvolver uma nova ferramenta manual. Além disso, as empresas apresentam variações quanto às formalidades de seus processos de planejamento do produto. Algumas delas fazem diversos controles dos aspectos financeiro, técnico e de *marketing* do produto. Outras adotam procedimentos menos formalizados: a decisão pode ser tomada numa reunião da diretoria, na qual se apresentam e se discutem todos os aspectos do planejamento do produto.

Devido à grande variedade de casos, não é possível formular um método padronizado de planejamento do produto que possa ser seguido por uma empresa genérica do início ao fim. Como já vimos, eles podem ser simples ou altamente complexos, dependendo do caso. Este livro apresenta apenas um deles, que pode ser seguido na medida do possível. Cada empresa poderá adaptá-lo, de acordo com as suas necessidades específicas.

Tabela 6.1 ■ O desenvolvimento de novos produtos pode ter significados muito diferentes, dependendo da empresa.

Empresa	Stanley	Hewlett-Packard	Chrysler	Boeing
Produto	Chave de fenda motorizado	Impressora jato de tinta 500	Automóvel Concorde	Aeronave Boeing 777
Quantidade de peças	3	35	10 000	130 000
Prazo de desenvolvimento	1 ano	1,5 anos	3,5 anos	4,5 anos
Equipe de desenvolvimento	3 pessoas	100 pessoas	850 pessoas	6 800 pessoas
Custo do desenvolvimento	$ 150 mil	$ 50 milhões	$ 1 bilhão	$ 3 bilhões
Preço de venda	$ 30	$ 365	$ 19 000	$ 130 milhões
Produção anual	100 000	1,5 milhões	250 000	50
Ciclo de vida do produto	4 anos	3 anos	6 anos	30 anos
Custo desenvolvimento/vendas totais	1,2%	3%	3,5%	1,5%

COMPROMISSO – A META DO PLANEJAMENTO DO PRODUTO

Um bom planejamento deve ter uma meta bem definida. Quando o planejamento do produto for bem-sucedido, deve resultar em um compromisso da gerência para começar o projeto do novo produto. A pesquisa de *marketing*, a descoberta da oportunidade e a especificação do projeto são considerados **meios** para se chegar a esse fim. Esses meios são importantes, mas não terão significado se não houver o compromisso. Então, como se consegue esse compromisso?

O gerente da empresa argumenta: "prove-me que esse produto será um sucesso e eu aprovarei o seu projeto". O *designer* replica: "deixe-me projetar o produto e garantirei o seu sucesso". Esse é o dilema de todos. Vamos recordar o que foi dito do funil de decisões, no Capítulo 2. Elabore especificações para o novo produto. Comece o desenvolvimento do produto e avalie a sua viabilidade comercial, comparando-o com as especificações. Se for satisfatório, prossiga no desenvolvimento e reavalie.

As visões da gerência e dos *designers* costumam ser diferentes. A gerência está interessada em introduzir diferenciações no seu produto, para abrir novas oportunidades no mercado. A gerência está preocupada com o nível do investimento e do seu retorno. O produto é apenas um meio para se conseguir isso. Já, para o *designer*, o produto é o **fim** do seu trabalho. O *designer* está interessado em especificações detalhadas, descrevendo as principais características do produto. Por exemplo, para o projeto de uma câmara fotográfica compacta, deve-se especificar a durabilidade de sua caixa, para que resista a quedas e possa ser usada durante um certo número de anos. Essa especificação supõe que a câmara não será do tipo descartável.

Deve-se chegar, então, a dois níveis de compromissos (Figura 6.2). O primeiro compromisso refere-se ao objetivo comercial do produto, focalizado em uma oportunidade de negócio, descoberta no mercado. Ele deve especificar as características que o produto deve apresentar, em termos comerciais, para aproveitar essa oportunidade. Deve apresentar também uma justificativa financeira para o investimento proposto no desenvolvimento do novo produto. O documento contendo essas informações chama-se **especificação da oportunidade**. O segundo compromisso refere-se aos aspectos técnicos do produto. Essas especificações devem ter uma certa flexibilidade para comportar soluções inovadoras, que podem ocorrer durante o processo de desenvolvimento. Contudo, certas características básicas devem ser mantidas, para que o produto possa alcançar o seu objetivo comercial. A descrição técnica dos objetivos do produto é chamada de **especificação do projeto**.

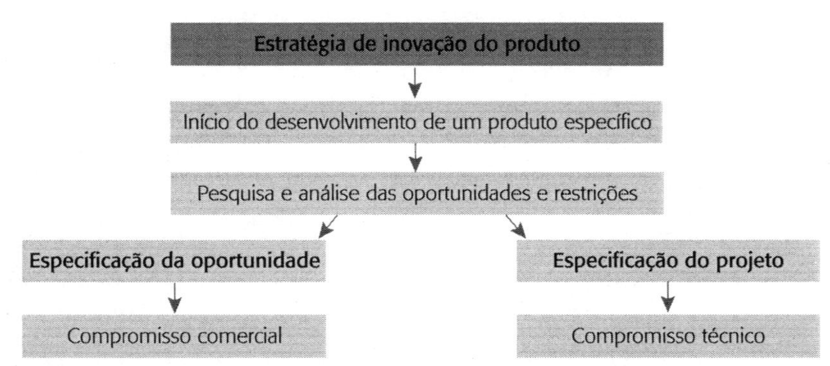

Figura 6.2 ▪ O planejamento do produto envolve dois tipos de compromissos.

A separação entre a especificação da oportunidade e a especificação do projeto apresenta muitas vantagens.

O foco da atenção é dirigido aos objetivos comerciais do novo produto, antes de começar o seu desenvolvimento, por mais excitante que pareça a oportunidade de projeto.

Pode-se hierarquizar o processo de decisão. A administração superior da empresa aprovará os objetivos comerciais, descritos na especificação da oportunidade. Os aspectos técnicos, contidos na especificação do projeto, podem ser delegados à equipe de desenvolvimento do produto.

Pode-se estabelecer um equilíbrio entre o controle de qualidade e a liberdade de criação. As especificações técnicas poderão ser modificadas, desde que não prejudiquem os objetivos comerciais, a fim de acomodar as ideias surgidas durante o processo de desenvolvimento.

Outra diferença importante entre as especificações da oportunidade e a do projeto está no nível de detalhe. Uma especificação da oportunidade não precisa entrar em detalhes sobre a forma ou função do novo produto. Ela simplesmente deve identificar a oportunidade, indicando os custos e benefícios que resultarão de sua exploração. Por outro lado, a especificação do projeto deve conter detalhes suficientes para que o *designer* possa saber se o produto desenvolvido atende aos objetivos propostos. Devem-se elaborar certas diretrizes do projeto para guiar o trabalho do *designer*, de modo que ele possa saber se o desenvolvimento está caminhando no sentido previsto.

Há também uma diferença no tempo. A especificação da oportunidade é preparada nos estágios iniciais do processo de desenvolvimento do produto. Ela se destina a uma decisão da administração superior da empresa, antes mesmo que as características do projeto sejam definidas. A especificação do projeto pode ser elaborada numa etapa posterior, após a aprovação da especificação da oportunidade, definindo-se as linhas funcionais e de estilo do novo produto.

Portanto, o processo de planejamento do produto é separado em duas seções, neste livro. No restante deste capítulo será apresentada a especificação da oportunidade, mostrando-se como ela contribui para assegurar o compromisso inicial de desenvolvimento do produto. No Capítulo 7 será apresentado o projeto conceitual e, após isso, no Capítulo 8, será mostrado como se prepara uma especificação do projeto.

O QUE É UMA ESPECIFICAÇÃO DA OPORTUNIDADE?

Vamos examinar mais detalhadamente o que se pretende atingir com a especificação da oportunidade.

- Para assegurar o compromisso no desenvolvimento do produto, a especificação da oportunidade precisa descrever a oportunidade e justificá-la em termos comerciais.

- Para ser considerada satisfatória, uma oportunidade de negócios deve apresentar uma perspectiva de bons lucros para a empresa.
- Para ser lucrativo, um produto deve vender em quantidade suficiente para amortizar o seu custo de desenvolvimento e os demais custos fixos (vender acima do *break-even point* ou ponto de equilíbrio).
- Para vender o produto, deve-se oferecer, aos consumidores, uma nítida vantagem sobre os produtos existentes. Novos produtos considerados apenas tão bons como aqueles existentes não oferecem incentivos para que o consumidor possa trocar os seus hábitos de consumo (os consumidores são conservadores), e o produto poderá fracassar.
- Para ter vantagem sobre seus concorrentes, o produto deve apresentar uma clara diferenciação aos olhos dos consumidores, para ele possa tomar uma decisão favorável ao seu produto.

A especificação da oportunidade deve conter uma ideia central, expressa de forma simples e concisa, chamada de **benefício básico.**(2) Ele representa a principal vantagem que o consumidor perceberá, ao adquirir o novo produto, em relação aos concorrentes. Para alguns produtos, o benefício básico será determinado pela pressão do mercado. Os fabricantes de pilhas elétricas, por exemplo, competem abertamente entre si, adotando uma única variável (duração), e anunciando vida mais longa para os seus produtos. Para a maioria dos produtos, entretanto, o benefício básico relaciona-se com outros tipos de variáveis.

Num assento de segurança para bebês, por exemplo, o benefício básico pode estar no "cinto de aperto fácil (com uma das mãos)". Nesse caso, o desenvolvimento do novo produto deve concentrar-se nos aspectos ergonômicos e de segurança, produzindo um cinto mais fácil de apertar. Em vez disso, o benefício básico poderia estar no "baixo preço e excelente segurança" ou poderia abranger mais aspectos, tais como "baixo preço e excelente segurança, com uma ampla gama de brinquedos acessórios". Entretanto, o benefício básico pode ser expresso de forma bem simples, descrevendo o principal aspecto que deverá diferenciá-lo dos concorrentes existentes no mercado. Deve ser um tipo de diferença que os consumidores possam perceber com facilidade e, além disso, fornecer os argumentos para a propaganda do novo produto.

A especificação da oportunidade, como um todo, precisa conter mais detalhes. Ela precisa descrever todos os fatores que determinarão o sucesso comercial do produto. Além do benefício básico, deve-se especificar também outros aspectos, como preço e aparência. Retornando ao exemplo do assento para bebês, vamos supor que o benefício básico seja "cinto de aperto fácil". Nesse caso, os consumidores estariam dispostos a pagar até um certo preço adicional por essa vantagem. Então, é necessário também estabelecer esse preço. Às vezes, não é possível e nem necessário, nessa fase, ter um valor exato desse preço. O valor pode ser colocado em termos relativos. Talvez seja suficiente dizer que o preço do novo produto não deve ultrapassar o nível de 75% do preço do concorrente mais próximo. Como esse novo cinto de segurança acrescenta valor ao produto, é possível que os consumidores esperem outros benefícios paralelos, como um acolchoamento luxuoso, com um tecido de boa qualidade. Essas características adicionais, que complementam o benefício básico, também devem ser mencionadas na especificação da oportunidade. Qualquer outro tipo de vantagem do novo produto também deve ser mencionado, mesmo que não se relacione diretamente com o benefício básico. Pode ser, por exemplo, o primeiro assento de segurança a usar extensivamente plásticos recicláveis.

Percentagens na escala de preços

As percentagens podem ser usadas para descrever uma posição numérica relativa. Por exemplo, se existirem 100 concorrentes no mercado, os preços deles podem ser colocados em uma escala de ordem crescente. Ao especificar que o novo produto deve ter preço não superior a 75% dos produtos concorrentes, significa que o novo preço deve ser, no máximo, igual ao produto que ocupa a 75ª posição na escala, sendo superado, em preço, por 25 ou menos produtos.

A especificação da oportunidade não precisa fazer uma listagem exaustiva de todos os aspectos do novo produto. Basta cobrir os principais fatores que contribuirão para torná-lo um sucesso de mercado. Assim, para que um produto seja melhor que o do concorrente A, deve incluir características positivas dos concorrentes B e C, e ter um preço não superior a 75% dos concorrentes.

JUSTIFICATIVA DA OPORTUNIDADE

A especificação da oportunidade deve conter a descrição do benefício básico e demais aspectos relevantes para que a alta administração da empresa possa tomar decisão. Naturalmente, se o produto se destinar a um mercado ainda desconhecido para a empresa, como no caso de exportações, as características desse mercado também devem ser descritas.

O próximo passo da especificação da oportunidade é a justificativa da oportunidade, principalmente em termos financeiros. Mas vamos começar com os aspectos não financeiros. Esses devem referir-se à capacidade produtiva da empresa (existência de máquinas, equipamentos e mão de obra), distribuição, mercado e pontos de venda para o novo produto. Esses aspectos só devem ser mencionados no caso de alguma mudança ou necessidade de alguma providência adicional, como alteração da matéria-prima, que exige a aquisição de uma nova máquina. Além disso, essa nova matéria-prima pode exigir também novos procedimentos de montagem e embalagem.

A justificação financeira exige a especificação de quatro aspectos do novo produto:

- Quais são os custos variáveis do produto? Esses custos referem-se aos insumos incorporados em cada unidade do produto e são diretamente proporcionais à quantidade vendida, incluindo: matéria-prima, mão de obra, energia, distribuição e vendas por unidade do produto.
- Quais são os custos fixos do produto? Esses custos não se relacionam diretamente com o volume de produção e vendas. Alguns custos fixos, como despesas com desenvolvimento do produto e custo das matrizes e ferramentas, ocorrem antes mesmo de iniciar a produção. Outros incidem em função do tempo, como salários dos diretores e aluguel do prédio.
- Qual é a meta de preço para o produto e qual é a margem que isso representa em relação aos seus custos?
- Qual é o ciclo de vida previsto para o produto no mercado? Quanto tempo será necessário para recuperar os custos fixos, antes de começar a entrar na fase lucrativa (acima do ponto de equilíbrio), e qual será o lucro total previsto durante toda a vida do produto no mercado?

Como você pode imaginar, obter todas essas informações, antes que o produto esteja desenvolvido, não é fácil. Mas há formas de resolver esse problema e isso será descrito mais adiante, neste capítulo. A Tabela 6.2 mostra os tipos de conteúdos necessários à especificação da oportunidade. Um roteiro para se preparar uma especificação da oportunidade é apresentado na Ferramenta 27.

Tabela 6.2 ■ Conteúdos da especificação de oportunidade.

<table>
<tr><th colspan="4">Especificação da oportunidade</th></tr>
<tr><th colspan="2">Descrição da oportunidade</th><th colspan="2">Justificativa da oportunidade</th></tr>
<tr><td colspan="2">Preço</td><td rowspan="3">Aspectos financeiros</td><td rowspan="3">Aspectos não financeiros</td></tr>
<tr><td colspan="2">Benefício básico</td></tr>
<tr><td>Vantagens secundárias</td><td>Outras vantagens comerciais</td></tr>
</table>

PESQUISA E ANÁLISE DA OPORTUNIDADE

Pesquisa e análise é geralmente a parte do planejamento de produto que mais consome tempo. A pesquisa é realizada para identificar, avaliar e justificar a oportunidade. Às vezes, é difícil determinar o momento exato de terminar a pesquisa. Há sempre uma tentação para continuar procurando uma informação adicional que possa melhorar um pouco mais a oportunidade. Para que isso não aconteça, é necessário estabelecer algum tipo de meta. Em geral, considera-se que uma oportunidade seja satisfatória quando ela confirma a viabilidade comercial do produto e demonstra coerência com a estratégia de desenvolvimento de produto da empresa.

A oportunidade deve ser coerente com a estratégia de desenvolvimento do produto, que decorre da missão da empresa, como se mostra na Figura 6.3. Ela é semelhante ao funil de decisão, já apresentado no Capítulo 2 (ver a Figura 2.2). A pesquisa tem o objetivo de explorar oportunidades de projeto relacionadas com a estratégia de desenvolvimento de produtos. Esse objetivo, às vezes, não é muito claro e pode-se recair naquela fase que chamamos de "queda livre". Ao menos, no domínio do planejamento estratégico, você saberá onde aterrissar e, uma vez no chão, se chegou ao lugar certo.

Existem três fontes principais de informação para pesquisar uma oportunidade de produto.

- A demanda e desejos dos consumidores, descobertos pela pesquisa das necessidades de mercado, apresentados na Ferramenta 26.
- A concorrência exercida pelos produtos existentes, descoberta pela análise dos concorrentes, apresentada na Ferramenta 21.
- As oportunidades tecnológicas para projeto e fabricação de novos produtos, descobertas pelas auditorias tecnológicas, apresentadas mais à frente, neste capítulo.

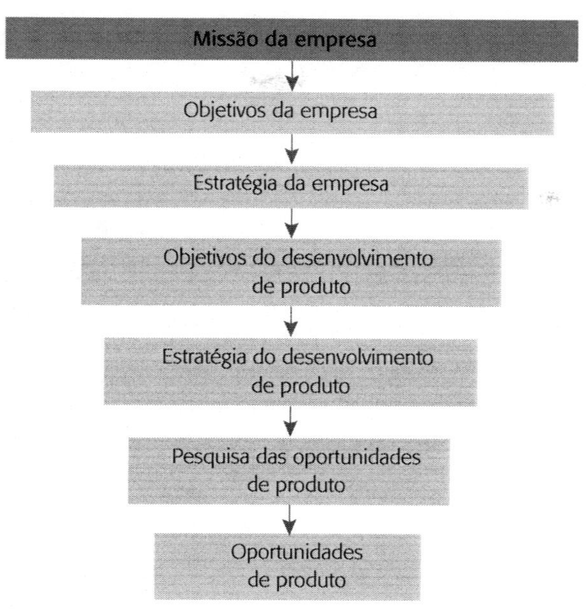

Figura 6.3 ■ Funil de decisão, partindo da missão e chegando à oportunidade do produto.

Pode-se considerar que uma oportunidade de negócios só passa a existir quando se pode identificar: 1) as demandas e desejos dos consumidores; 2) diferenças em relação aos produtos concorrentes. Uma oportunidade de negócios só pode ser explorada quando as tecnologias disponíveis permitirem a fabricação de um produto que satisfaça a uma demanda até então não atendida do mercado.

Pode-se considerar que uma oportunidade de negócios só passa a existir quando se pode identificar: 1) as demandas e desejos dos consumidores; 2) diferenças em relação aos produtos concorrentes. Uma oportunidade de negócios só pode ser explorada quando as tecnologias disponíveis permitirem a fabricação de um produto que satisfaça a uma demanda até então não atendida do mercado.

O início da pesquisa da oportunidade depende muito do fator que provocou a necessidade do novo produto.

ORIGENS DAS OPORTUNIDADES

A origem das oportunidades de desenvolvimento de novos produtos pode ser classificada em duas categorias: demanda do mercado e oferta de tecnologia. A **demanda** do mercado refere-se à procura, pelo mercado, de produtos ou características do produto que ainda não são oferecidos pela sua empresa. A demanda do mercado pode ser reconhecida de duas maneiras. Primeira: os produtos concorrentes podem mostrar-se mais competitivos, exigindo uma atualização dos seus produtos. Segunda: pode existir uma necessidade de mercado que não é atendida por nenhum dos produtos existentes. Para explorar esses dois tipos de demanda do mercado, a empresa deve adotar estratégias ofensiva ou defensiva, que foram vistas no Capítulo 5. A **oferta de tecnologia** refere-se à disponibilidade de novas tecnologias, gerando oportunidade de inovação do produto. Essa nova tecnologia pode ser um novo material, novos processos de fabricação ou novos conceitos de projeto.

As pesquisas sobre sucessos comerciais de produtos que tiveram origem tanto na demanda de mercado como na oferta de tecnologia mostram que os primeiros têm três vezes mais chances de sucesso.[3] Isso confirma a importância de orientar os produtos para o mercado. Um produto pode ser muito avançado tecnologicamente, mas não será bem-sucedido se os consumidores não quiserem comprá-lo. Isso não diminui a importância da oferta de tecnologia para o desenvolvimento de novos produtos. Significa apenas que não se pode confiar somente no avanço tecnológico para projetar produtos de sucesso. Ela deve ser complementada com uma pesquisa sobre as necessidades do mercado, para se certificar que o avanço tecnológico está servindo para preencher uma necessidade real do consumidor.

O processo de planejamento do produto é, portanto, diferente nos casos de demanda do mercado e de oferta de tecnologia. Se for motivado pela oferta de tecnologia, você precisa verificar a sua viabilidade comercial. Isso requer uma pesquisa de mercado e análise dos produtos concorrentes. Nesse caso, a pesquisa das tecnologias disponíveis é menos importante, porque você já partiu da identificação de uma oportunidade tecnológica.

Se você partir da demanda de mercado, é necessário encontrar um produto que preencha esta demanda. Isso requer pesquisa tecnológica e pode inspirar-se nos produtos concorrentes para se definir o perfil de um novo produto. Nesse caso, a pesquisa de mercado será menos importante, porque você já identificou a oportunidade de mercado, no início do processo. O fato de ser menos importante não significa que a mesma deva ser desprezada. Identificar uma oportunidade é bem diferente de identificar a melhor oportunidade. A pesquisa de mercado poderia levar à descoberta de outras necessidades não atendidas, e algumas delas podem ser mais promissoras que aquela identificada inicialmente.

Há sempre uma tentação para se abreviar o planejamento do produto, em particular, restringindo a fase de pesquisa. Se houver uma pressão muito grande para abreviar o tempo, isso torna-se inevitável. Entretanto, deve-se lembrar de duas coisas importantes:

- Quanto melhor for o planejamento do produto, maiores serão as chances de sucesso comercial do produto.
- Quanto mais tempo se gastar no planejamento do produto, mais tempo será economizado posteriormente, na etapa de desenvolvimento.

Em casos reais de planejamento do produto, é possível que o mesmo não seja motivado nem pela demanda de mercado e nem pela oferta de tecnologia, mas por uma combinação de fatores. Por exemplo, pode haver apenas uma identificação genérica da necessidade de inovação, a fim de acompanhar as mudanças do mercado e não se distanciar muito dos concorrentes, ao mesmo tempo que se pretende explorar as tecnologias emergentes.

ANÁLISE DOS PRODUTOS CONCORRENTES

Na prática, é frequente começar a análise dos produtos concorrentes antes da pesquisa de mercado. Isso favorece a pesquisa de mercado, feita posteriormente. Permite que as questões sejam formuladas de forma mais estruturada e clara, focalizando exatamente aquilo que se deseja saber dos consumidores potenciais.

A análise dos produtos concorrentes visa a três objetivos gerais:

- Descrever como os produtos existentes concorrem com o novo produto previsto.
- Identificar ou avaliar as oportunidades de inovação.
- Fixar as metas do novo produto, para poder concorrer com os demais produtos.

Esses objetivos são fixados analisando-se as características dos produtos que poderiam concorrer com o novo produto proposto. Isso significa examinar os produtos que os consumidores poderiam comprar no lugar do seu novo produto, em busca das mesmas funções. No caso de um produto eletrônico, por exemplo, significa comprar, no mercado, todos os produtos semelhantes que existam no mercado. Essa busca deve abranger, se possível, o mercado internacional, pois os lançamentos realizados em outros países logo chegarão ao nosso, em vista do mercado globalizado. Mesmo que a empresa produtora não possua subsidiárias no país, ela poderá conceder licença de fabricação ou comercialização desse produto a outras empresas. Normalmente, esses produtos dos concorrentes são desmontados e exaustivamente analisados. Até mesmo o produto mais simples de um pequeno fabricante pode ter, no seu interior, algumas soluções inovadoras. Com base nessas análises e a subsequente pesquisa das necessidades de mercado, deve-se tomar decisões sobre a oportunidade do produto e os critérios a serem usados na fixação de metas para o novo produto.

Traçar o perfil dos produtos concorrentes não é tão fácil como parece. A fábrica de automóveis Rolls Royce, por exemplo, concluiu, acertadamente, que não entraria na competição no segmento de carros compactos e econômicos. Mas onde você colocaria a linha divisória dos carros econômicos e compactos? Até para produtos bem simples como um clipe de papel, não é trivial definir os produtos concorrentes. Se você definir um clipe de papel como um produto para juntar temporariamente um conjunto de papéis soltos, pode-se encontrar pelo menos uma dezena de diferentes produtos no mercado (Figura 6.4). Se pensar mais um pouco, pode incluir envelopes, pranchetas ou até um arquivo de pastas. O julgamento inicial deve ser baseado no bom-senso. Poucas pessoas irão a uma papelaria pensando em comprar uma caixinha de clipes de metal, para acabar comprando um arquivo de gavetas. Ou seja, a linha divisória dos produtos concorrentes deve ser baseada nas forças do mercado. As escolhas dos consumidores recairão nas variedades de produtos dentro de uma faixa de preços, disponíveis nos locais em que o novo produto será vendido. Portanto, os concorrentes devem ser buscados nesses pontos de venda. Se eles não estiverem lá, dificilmente serão concorrentes, pois não se viabilizam como **opção de compra** para os consumidores.

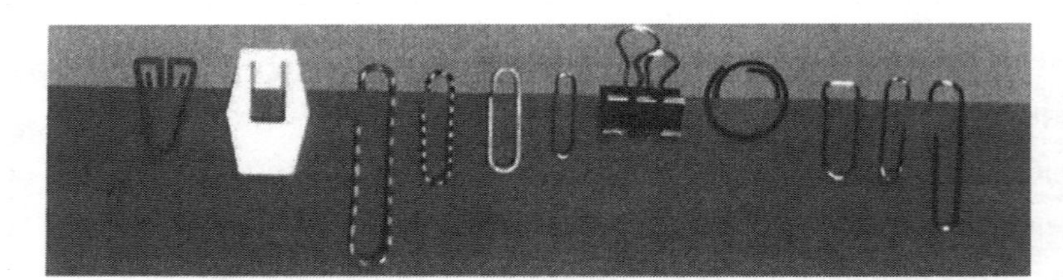

Figura 6.4 ■ Quais produtos podem ser considerados concorrentes?

Também se deve decidir sobre as características dos produtos concorrentes que interessam ser examinados. Isso dependerá de como você vê os produtos concorrentes, em relação ao novo produto proposto. Se a estratégia de sua empresa for voltada para produtos populares de baixo preço, então os preços dos concorrentes e as características de projeto que determinam os custos de fabricação, são de grande importância. Por outro lado, se a linha de produtos for voltada para alta qualidade e valor, o foco de sua atenção deve concentrar-se nos concorrentes que oferecem produtos de alto valor, em termos de performance e aparência.

Como já se disse, o objetivo principal do planejamento de produtos é fixar metas. Na especificação da oportunidade, as metas mais importantes são aquelas que determinam o desempenho comercial do novo produto proposto. Elas geralmente se referem ao preço e às características que determinam o valor do produto, sob o ponto de vista do consumidor. Mais adiante, neste capítulo, será apresentado um exemplo de decisão baseada na análise dos produtos concorrentes.

As empresas inovadoras realizam análises dos produtos concorrentes de forma sistemática e não apenas esporadicamente, quando pensam em desenvolver novos produtos. Algumas delas costumam adquirir todos os produtos concorrentes lançados no mercado, mantendo um mostruário dos concorrentes. Analisando-se o conjunto dos produtos concorrentes, pode-se extrapolar uma tendência de evolução desses produtos. As pessoas que acompanham essa tendência tornam-se capazes, depois de algum tempo, de fazer extrapolações, predizendo as próximas mudanças que serão introduzidas no mercado. Assim, a empresa, tendo essa visão do futuro, será capaz de se antecipar aos seus concorrentes. Outras empresas delegam essa tarefa aos consultores externos. Alguns desses consultores são famosos e prestam serviços a várias empresas, como no caso dos estilistas italianos de automóveis.

PESQUISA DAS NECESSIDADES DE MERCADO

Entender as necessidades dos consumidores é fundamental para identificar, especificar e justificar uma oportunidade de produto. Isso é feito pela pesquisa das necessidades de mercado,[4] que baseia-se em quatro fontes de informação:

- capacidade de *marketing* da própria empresa;
- pesquisa bibliográfica;
- levantamentos qualitativos do mercado;
- levantamentos quantitativos do mercado.

Um dos maiores patrimônios de uma empresa é o conhecimento do seu mercado, que é muito importante para elaborar a especificação da oportunidade. Esse tipo de conhecimento é dominado pelas pessoas que têm um contato maior com os consumidores, como os **vendedores** e aqueles que prestam serviços de **assistência técnica**. Eles sabem o que os consumidores querem, como os produtos da empresa atendem aos desejos dos consumidores, e como os produtos da empresa se comparam com os dos concorrentes. Essas informações podem ser obtidas de diversas maneiras: reuniões ou entrevistas formais, discussões informais ou questionários com "listas de desejos". Uma lista de desejos contém um conjunto de itens que os vendedores ou prestadores de serviços gostariam de ver incorporados ao novo produto, para atender melhor aos consumidores. Por exemplo, a Companhia New York Seguros de Vida usou o conhecimento dos seus vendedores para desenvolver uma nova política de seguros (ver quadro ao lado).

Lee Gammill, vice-presidente da Companhia New York Seguros de Vida, envolveu os vendedores no projeto de uma nova política para seguro de vida, em 1986.[5] Sua empresa estava precisando de uma mudança radical, a fim de revitalizar os negócios. Gammill convocou os seis melhores vendedores de sua equipe, especializados em diversos aspectos do seguro de vida e se trancou com eles numa sala durante dois dias, em regime de imersão total. Gammill pediu a eles que não comentassem nada do que fosse discutido naquela sala, até que a empresa anunciasse a sua nova política para o público. No final da reunião, eles tinham traçado uma nova política. Os vendedores acreditavam que essa nova política poderia agradar os clientes, e os analistas financeiros consideraram-na viável. Eles estavam certos. Em um ano, após o lançamento, o volume de vendas aumentou em 80%.

Os registros da empresa também podem fornecer valiosos subsídios sobre as necessidades do consumidor. Que tipos de produto estão vendendo bem? Eles apresentam algum aspecto em comum? Eles se diferenciam de outros produtos que não estão vendendo bem? Houve recentes mudanças significativas nas vendas? Isso foi motivado pelas mudanças na preferência dos consumidores?

Contudo, não se pode esperar que as fontes internas de informação forneçam uma descrição completa das necessidades do consumidor. Os registros da empresa fornecerão apenas uma visão parcial dessas necessidades. Informações dos vendedores e prestadores de serviços são relacionadas às reclamações dos clientes. Como o interesse imediato deles é vender ou consertar os produtos defeituosos, provavelmente não estão preocupados em saber as preferências dos consumidores sobre novos produtos. Outro problema é que as informações deles se referem ao passado. É possível que uma grande reclamação, feita por um cliente há três anos atrás, fique mais gravada do que sobre um pequeno defeito há apenas um mês. Então, a empresa deve avaliar corretamente essas informações. Para confirmá-las, é aconselhável manter um diálogo direto com os consumidores.

A outra fonte de informação é a **pesquisa bibliográfica**. Isso não significa necessariamente extensos levantamentos em bibliotecas. Pode ser interpretada apenas como uma consulta às revistas especializadas.

Os relatórios publicados pelas empresas que fazem pesquisas de mercado podem fornecer informações valiosas, se forem focalizados nos tipos de produtos que você esteja procurando (Figuras 6.5 e 6.6). Nessa linha, podem ser citadas também as revistas das associações de consumidores, que publicam testes de desempenho de produtos.

A empresa Mintel realiza pesquisas de mercado e publica relatórios regulares sobre produtos e serviços de diversos setores. O relatório de 1992 fez uma avaliação dos utensílios de cozinha.(6) Ela também classifica os produtos por outros critérios, como o de material e acabamento superficial: panelas com material não aderente representam 68% das vendas, tendo crescido 24% desde 1988, enquanto as panelas de vidro caíram de 42% para apenas 4% do mercado. Também se incluem informações sobre as empresas fornecedoras, como a Tefal (T-plus, Super T-Plus, Ultra T-plus e Resistal), DuPont (Teflon e Silverstone), Weilberger (Grebon) e Plástico Whitford (Xylan e Excalibur).

Figura 6.5 ▪ Os relatórios publicados por empresas especializadas em pesquisa de mercado podem ser uma boa fonte de informações sobre produtos.

Contudo, nada se compara a uma pesquisa direta com os consumidores. Para que se possam tirar conclusões válidas, a consulta aos consumidores deve ser feita de maneira estruturada, usando técnicas formais de pesquisa de mercado. Isso não significa que essa pesquisa deva ser longa ou custosa. Com imaginação, boa preparação e cuidadosa execução, uma grande quantidade de valiosas informações pode ser obtida em alguns dias de pesquisa.

As consultas aos consumidores podem ser de dois tipos: qualitativo e quantitativo. Como se descreve na Ferramenta 26, a pesquisa qualitativa é exploratória e opinativa. Procura-se obter opiniões e julgamentos sobre suas necessidades e como elas são pelos produtos existentes.

As pesquisas **quantitativas**, por outro lado, são mais específicas, mais precisas e apresentam indicações quantificadas de como os consumidores preferem o novo produto proposto. Frequentemente, os dois tipos de pesquisa são realizados, um após o outro. A pesquisa **qualitativa** identifica as principais características nas necessidades do consumidor e as suas expectativas. Aquela quantitativa explora isso em maior profundidade, permitindo realizar projeções de vendas e a posição de *marketing* do novo produto.

Você pode obter uma boa ajuda na pesquisa sobre novos materiais com um bibliotecário especializado na área. As bibliotecas de Universidades e Centros de Pesquisa são as melhores para isso. Existem muitas bases de dados especializadas, como é o caso do Sistema *Dialog*. As informações acessadas podem incluir publicações na área, teses, projetos de pesquisa e nomes dos pesquisadores. As bibliotecas técnicas costumam ter assinaturas dos principais periódicos da área e catálogos das publicações mais recentes. Revistas técnicas costumam ser publicadas pelas associações profissionais. (No Brasil, existe uma rede de informações tecnológicas setoriais, coordenado pelo IBICIT – Instituto Brasileiro de Informação em Ciência e Tecnologia, com sede em Brasília. O Conselho Nacional de Desenvolvimento Científico e Tecnológico – CNPq mantém uma base de dados sobre pesquisadores e grupos de pesquisa atuantes no país. A Associação Brasileira das Instituições de Pesquisa Tecnológica – ABIPTI, com sede em Brasília, mantém cadastro dos centro de pesquisa. Diversas universidades do país mantêm serviços de Disque Tecnologia, onde podem ser feitas consultas sobre tecnologias disponíveis e nomes de especialistas nos diversos ramos tecnológicos. Os Balcões Sebrae também mantém um sistema de atendimento aos interessados em desenvolvimentos tecnológicos.) N.T.

Figura 6.6 ■ Fontes de informações tecnológicas.

Deve-se mencionar, ainda, duas críticas que os *designers* costumam fazer à pesquisa de mercado. Primeira: a pesquisa de mercado restringe a possibilidade de criação, fixando os parâmetros a um denominador comum do gosto popular. Segunda: os consumidores não podem dizer se gostam ou não de um produto completamente novo, se eles nunca viram antes. A meu ver, essas críticas se referem a uma pesquisa de mercado malfeita, e não à pesquisa de mercado em si. A pesquisa de mercado não precisa ser conduzida visando apenas à cautela ou para levantar a expectativa média do consumidor médio. Quando me refiro à pesquisa das **necessidades** do mercado, considero o teste de *marketing* como um assunto separado. Acredito que você deve começar entendendo qual é a necessidade fundamental dos consumidores. A partir disso, você pode extrapolar o tipo de produto que poderá satisfazer a essa necessidade, usando toda a criatividade e imaginação possíveis. Como resultado, você pode chegar a um produto revolucionário. O que importa é que você atenda às necessidades do consumidor, a um custo aceitável. Existem consumidores que estão dispostos a adotar o produto, dando um voto de confiança, mesmo que nunca o tenham visto antes. Assim, a pesquisa de mercado bem elaborada pode ser uma grande ajuda para os projetistas de produtos, sem restringir a sua capacidade criadora.

O FATOR MORITA

Akio Morita é o presidente da empresa Sony, que tem como lema: "Faça o que os outros ainda não fizeram". Morita acredita que os consumidores não são capazes de dizer se desejam um produto que nunca viram antes. Ele enfrentou exatamente esse problema no desenvolvimento do famoso *walkman.*[7] Quando o primeiro *walkman* foi desenvolvido, na década de 1970, os gravadores de fita eram produtos que tocavam e gravavam som. Ao analisar o aparelho que, além de **não gravar**, poderia ser ouvido por apenas uma pessoa, com uso de fones de ouvido, o departamento de *marketing* da Sony concluiu que se tratava de um produto "mudo". Felizmente, o próprio Morita havia experimentado o produto. Como ele tinha gostado do produto, contrariou os especialistas de *marketing* e assumiu pessoalmente o risco de lançamento do novo produto. Felizmente, resultou em grande sucesso de mercado.

Mas como esse produto foi desenvolvido? A necessidade de gravar está implícita no seu nome: gravador de fita. Perguntar aos consumidores se um gravador deveria gravar, seria redundância. A pesquisa de *marketing* poderia fazer uma série de perguntas, do geral para o específico. Perguntando-se "como", "quando" e "onde" as pessoas gostam de ouvir música, poder-se-ia achar alguma pista da necessidade de gravá-la. Na época em que o *walkman* foi desenvolvido, a Sony tinha infor-

O *walkman* original: um produto "mudo", de acordo com o departamento de *marketing* da Sony.

mações de *marketing* que poderiam ser interpretadas como uma necessidade de mercado. "Música em movimento" era a tendência naquele tempo. Isso era resolvido acrescentando-se alças nos gravadores para torná-los portáteis, mas resultavam em produtos incômodos. Posteriormente, quando o departamento de *marketing* investigou a função de gravar, concluiu que não era tão essencial como supunham. Os consumidores raramente faziam as gravações fora de casa e, em casa, quase todos já tinham um segundo sistema de som com alta fidelidade.

A escolha das perguntas a serem feitas aos consumidores depende de dois fatores: 1) das restrições existentes na empresa, para satisfazer às oportunidades do produto (por exemplo, o aproveitamento dos processos de produção existentes na empresa); e 2) de como os consumidores aceitam as restrições às suas necessidades, impostas pelos produtos disponíveis no mercado (produtos que não atendem exatamente às suas expectativas — eles comprariam outros produtos menos satisfatórios?). Quanto mais liberdade você tiver para projetar o novo produto, introduzindo mudanças radicais em relação aos produtos existentes, mais perguntas básicas deverão ser feitas, para descobrir as necessidades mais profundas dos consumidores. Quanto maiores forem as restrições, de modo que os produtos a serem projetados se assemelhem funcionalmente aos existentes, mais específicas deverão ser as perguntas. Você precisa simplesmente saber o que eles pensam sobre aquilo que já está disponível.

Como regra geral, a pesquisa de *marketing* poderia começar com algumas questões básicas sobre as necessidades mais profundas e ir evoluindo para questões específicas sobre produtos. As questões básicas fornecem subsídios para as inovações radicais e isso serve para elaborar novos conceitos para atender as oportunidades disponíveis. As questões específicas servem para a fase de detalhamento do projeto.

OPORTUNIDADES TECNOLÓGICAS

Existem muitas formas de identificar as oportunidades tecnológicas, dependendo do tipo de tecnologia e da rapidez de sua evolução. Aqui apresentaremos apenas um breve resumo sobre as maneiras de identificar as oportunidades tecnológicas, para orientar os *designers* ou empresas que queiram explorá-las em maior profundidade. Em geral, as oportunidades tecnológicas podem ser identificadas de quatro maneiras, indo do específico para o geral.

1. **Análise dos produtos concorrentes**. A análise dos produtos concorrentes é uma boa maneira de você não ficar atrasado, em relação aos seus concorrentes. É necessário que os produtos dos concorrentes sejam analisados detalhadamente, para identificar as inovações tecnológicas. Se os produtos concorrentes forem analisados apenas pelos especialistas de *marketing,* é possível que os avanços tecnológicos passem despercebidos. Se forem envolvidos engenheiros e outros especialistas, provavelmente esses avanços serão identificados com maior facilidade. Isso, entretanto, não é suficiente. Para empresas que visam uma liderança tecnológica no mercado, é necessário realizar pesquisas mais profundas.

2. ***Benchmarking*.** O segundo nível de busca das oportunidades tecnológicas é pelo *benchmarking* das tecnologias relevantes. O *Benchmarking*[8] estabelece certos marcos comparativos, a partir da análise das melhores técnicas e processos já em prática no mercado. Assim, procura-se determinar o estado da arte para todos os processos utilizados pela empresa, em comparação com outras empresas, para se identificar as melhores práticas. Essa procura não precisa se restringir às empresas do mesmo ramo. Por exemplo, uma fábrica de doces pode melhorar a sua distribuição analisando como os cigarros chegam aos principais pontos de venda. A aplicação do *benchmarking* permite, à empresa, adotar uma prática de melhoria contínua, orientado pelas empresas líderes. Ele indica a direção a ser seguida e não apenas as metas operacionalmente quantificáveis, que podem ser atingidas imediatamente. O *benchmarking* setorial procura tendências globais de um grupo de empresas análogas, que tenham interesses e tecnologias similares, tentando identificar as tendências de produtos e serviços. As boas características desses produtos e serviços concorrentes podem ser identificadas e incorporadas ao seu próprio. Desse modo, o *benchmarking* é um instrumento de identificação e priorização dos esforços de melhoria. É um processo contínuo, pois os concorrentes jamais se acomodarão na busca de melhores níveis de desempenho.

3. **Monitoramento tecnológico**. Muitas tecnologias emergentes são extensivamente divulgadas em congressos, feiras, revistas e livros. A Figura 6.6 apresenta indicação de algumas fontes de informações tecnológicas. Muitas agências governamentais e privadas promovem a divulgação de novas tecnologias. As informações mais profundas sobre novas tecnologias podem ser obtidas com os especialistas de cada área

(ver Figura 6.6). Informações mais práticas podem ser obtidas junto às empresas que fornecem matérias-primas ou equipamentos de produção. Muitas dessas empresas publicam excelentes catálogos e manuais, que são fornecidos de graça. Algumas delas também mantêm serviços telefônicos e por *internet* para atender aos usuários.

A descoberta e a aplicação de novas tecnologias geralmente são feitas pelas universidades e centros de pesquisa. Com o aumento da pressão comercial sobre as universidades, os grupos acadêmicos estão, cada vez mais, oferecendo seus serviços para a indústria. Contudo, eles são muito especializados e têm pouca prática empresarial. Devido às regras das instituições de fomento à pesquisa, eles geralmente estão envolvidos em pesquisas de ponta. Existem publicações sobre as pesquisas desenvolvidas e grupos de pesquisa, por áreas de conhecimento, disponíveis em muitos países (ver Figura 6.6).

4. **Previsão tecnológica.** A previsão tecnológica procura antecipar as tendências tecnológicas do futuro. Mesmo no caso de tecnologias que evoluem rapidamente, essas tendências podem ser projetadas e usadas para se fixar metas de desenvolvimento de novos produtos ou para antecipar as pressões dos concorrentes. Na indústria de semicondutores, por exemplo, mudanças rápidas ocorrem todos os anos (Figura 6.7).

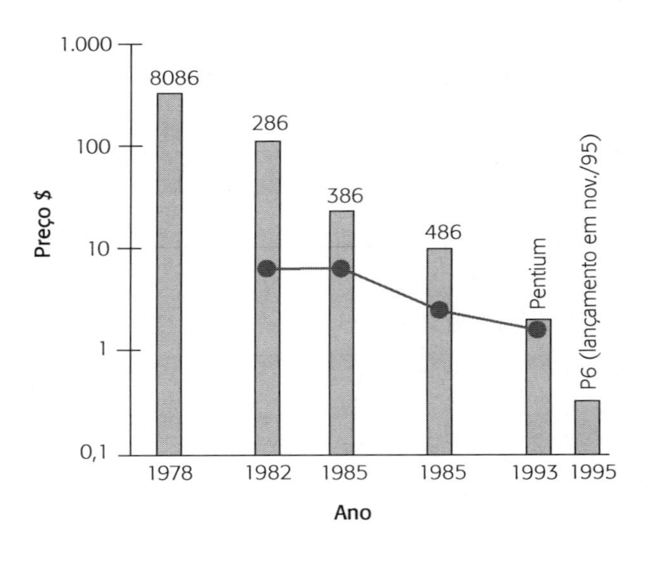

Figura 6.7 ■ A capacidade de processamento e o preço dos semicondutores têm variado continuamente.[9]

Existem diversas técnicas formalizadas para se fazer previsões tecnológicas. Uma das mais difundidas é o método Delphi, que é apresentado na Ferramenta 25. Ele usa uma série de questionários estruturados para se fazer consultas a especialistas. Os resultados são obtidos por consenso entre esses especialistas, após diversas etapas de consultas sucessivas.

Os métodos formalizados de projeção tecnológica muitas vezes são demorados e não fornecem as informações desejadas. Para se obter uma informação mais direta, talvez seja melhor consultar um especialista da área do que aplicar as técnicas de projeção, embora estas possam fornecer informações mais confiáveis.

PLÁSTICOS PLASTECK

A empresa de plásticos Plasteck[10] é uma pequena empresa com 170 empregados, que produz peças injetadas em plástico para uso doméstico, principalmente pequenos objetos para uso em cozinha (ver Figura 6.8). Ela tem uma rede de distribuição própria para pequenas lojas, supermercados e lojas de departamentos. O faturamento do último ano foi de $ 13,6 milhões, gerando um lucro de $ 1,5 milhões.

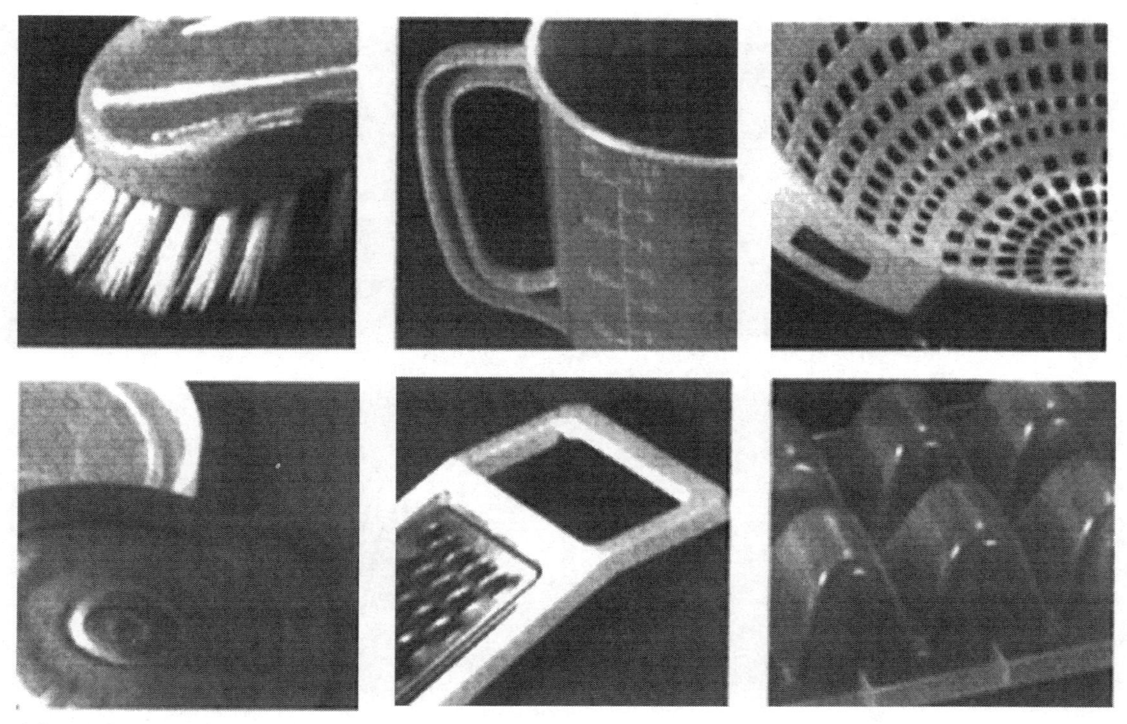

Figura 6.8 ▪ Produtos fabricados pela Plasteck Ltda.

Durante uma recente auditoria financeira, a Plasteck descobriu que os produtos mais caros estavam gerando um faturamento proporcionalmente muito maior. Isso encorajou a Plasteck a pensar em atender preferencialmente o mercado dos produtos de preços elevados. Essa mudança na linha de produtos poderia ser feita aproveitando-se os seus atuais canais de distribuição. Isso envolvia uma mudança de sua estratégia e, pela primeira vez, a empresa colocou isso no papel. O documento contendo as principais linhas dessa estratégia é apresentado na Figura 6.9. A intenção de mover-se para um mercado superior está expressa na declaração de sua missão. Contudo, ela não pretende introduzir mudanças radicais em direção aos produtos luxuosos.

Plásticos Plasteck

Atingir a liderança na fabricação de pequenos objetos domésticos de plástico, baseados em excelente *design*, excelente qualidade e excelente valor em relação ao preço cobrado.

Objetivos da empresa

Desenvolver produtos que sejam apreciados pelos consumidores, devido ao *design* inovador e alto valor pelo preço. Criar uma identidade própria, uniformizando a linha de produtos em 2 anos. Aumentar o faturamento em 60% em 2 anos e aumentar os lucros em 70% em 2 anos.

Estratégia da empresa

Aumentar o investimento no desenvolvimento de novos produtos, em 75%, em 1 ano. Melhorar o projeto de embalagens, em 1 ano. Conquistar novos mercados, mais apropriados para os novos produtos, com aumento de 15% em 2 anos.

Objetivos do desenvolvimento de produtos

- Criar uma imagem corporativa associada com inovação e alto valor.
- Melhorar os procedimentos do desenvolvimento de produtos (mais inovador e mais sistemático, com confiabilidade nos prazos e custos).
- Introduzir pelo menos 5 produtos novos por ano.
- Reduzir a taxa de falha a índices menores que 20% dos produtos lançados (considera-se falha a venda inferior ao previsto no primeiro ano).
- Reduzir os casos de atrasos ou custos maiores que os previstos, para nível zero.

Estratégia do desenvolvimento de produto

- Recrutar dois *designers* para melhorar o desenvolvimento de novos produtos.
- Começar um planejamento proativo de desenvolvimento do produto, capaz de gerar mais propostas de novos produtos.
- Criar um grupo de gerenciamento do produto, composto do diretor de *marketing*, diretor de desenvolvimento, diretor de produção e diretor financeiro.
- Realizar avaliações semestrais de todas as atividades de desenvolvimento de produtos.

Figura 6.9 ■ Estratégia da Plasteck.

Grande parte do capital da empresa foi investido em injetoras de plástico. Os operadores dessas máquinas foram bem treinados. Com isso, havia um bom aproveitamento dessas máquinas, e a produção era de boa qualidade. Além disso, um dos pontos fortes da empresa era o seu excelente contato com as lojas. Portanto, a empresa pensou em mover-se para um mercado superior, aproveitando a sua capacidade produtiva e os seus canais de distribuição. Eles pensaram que poderiam fazer isso adicionando valor pelo *design.* Os novos produtos deverão ser mais inovadores, além de terem uma identidade visual uniforme, coerente com a nova imagem corporativa da empresa.

A atual linha conta com 19 produtos. A análise de maturidade dos produtos (ver Ferramenta 20) mostrou que 4 deles entrariam em declínio este ano e 6, no próximo. Para substituí-los, seria necessário desenvolver 5 novos produtos por ano. Além disso, os 9 outros produtos deveriam ser redesenhados nos próximos 2 anos, para estabelecer a coerência da linha de produtos com a nova imagem da empresa. Essa carga de trabalho era o dobro, em relação àquela que a empresa vinha desenvolvendo nos dois últimos anos, exigindo-se alguma mudança profunda no setor de desenvolvimento de novos produtos.

A auditoria dos desenvolvimentos anteriores realizados pela empresa revelou diversos problemas. De um total de 7 produtos lançados nos dois últimos anos, três foram retirados do mercado no prazo de seis meses. Somente dois foram lançados dentro do prazo, sendo que um deles sofreu atraso de quatro meses, e 4 superaram os preços projetados, numa média de 12%. Decidiu-se fazer uma revisão total dos procedimentos adotados para o desenvolvimento de produtos. Os novos procedimentos deveriam reduzir a taxa de falha para 20% e não seriam admitidos "atrasos" ou "custos superiores". Para isso, foram contratados novos *designers* para o desenvolvimento de produtos. Um grupo de coordenação, composto de 4 diretores, ficou encarregado de estabelecer as metas do programa de desenvolvimento de produtos, além de supervisionar as suas atividades.

O planejamento do produto começou com uma análise dos produtos concorrentes. Um grande problema foi localizado imediatamente. A atual linha de 19 produtos abrange 15 tipos diferentes de produtos. Um levantamento preliminar mostrou que mais de 450 produtos existentes no mercado poderiam ser considerados como concorrentes. Para analisar todos eles, seriam necessários vários meses. O grupo de coordenação decidiu prosseguir com o desenvolvimento preliminar dos produtos, para se ter uma ideia de como a inovação, qualidade e alto valor poderiam ser alcançados.

Os 450 produtos concorrentes foram classificados em termos do grau de inovação, qualidade e valor, procurando vê-los do ponto de vista dos consumidores. Os produtos melhor classificados em cada categoria foram analisados mais detalhadamente, na busca de características aproveitáveis. A equipe de projeto chegou a uma lista de 100 produtos interessantes, que foram adquiridos. Foi criada uma equipe de três mulheres e um homem, para atuarem como juízes, representado os consumidores. Foi solicitado a cada um deles, separadamente, selecionar os 20 melhores produtos, na amostra de 100, em três rodadas distintas. Na primeira vez, eles deveriam focalizar o aspecto **inovador** do produto, na segunda, a **qualidade** e, na terceira, o **valor** em relação aos respectivos preços. No final, 22 produtos receberam unanimidade dos juízes (6 por inovação, 8 pela qualidade e 8 pelo valor). Entre eles, 4 produtos estavam incluídos simultaneamente nos três critérios. Decidiu-se analisar esses 22 produtos selecionados, prestando-se atenção especial nos 4 produtos que foram aprovados nos 3 critérios.

A análise dos produtos concorrentes começou a ser feita, segundo os critérios de qualidade, inovação e valor de cada um. O preço mereceu atenção especial, tendo em vista que a estratégia da empresa era focalizada no aumento do valor e do preço. Ficou claro que os produtos inovadores e de alta qualidade também tinham os preços mais elevados. Olhando-se para as características em comum do *design,* descobriu-se que os produtos inovadores eram "integrados", ou seja, reuniam, num único produto, diversas características boas que se encontravam isoladamente em outros produtos. Isso poderia ser conseguido de forma sistemática, aplicando-se a técnica do *benchmarking.* Por exemplo, alguns produtos exerciam bem as suas funções básicas, outros tinham um fácil manejo, e outros pareciam limpos e higiênicos. Os *designers* de produtos inovadores foram capazes de juntar todas essas características em um único produto. O principal fator determinante da qualidade do produto era o seu **acabamento**. Eles simplesmente pareciam bons, sólidos e limpos.

Foi solicitado, aos juízes da empresa, que se manifestassem sobre o "sentimento" de qualidade dos produtos. Eles disseram que eram incapazes de especificar qual era o sentimento associado à ideia de qualidade. Estudando o assunto com maior profundidade, a equipe de projeto pensou que o **peso do produto** poderia ser importante. Produtos mais pesados transmitiriam a noção de qualidade. Comparando-se o peso dos produtos considerados de boa qualidade com outros produtos da mesma classe, a hipótese parecia correta. Contudo, a variância era muito grande, para permitir conclusões válidas. Mas uma coisa ficou clara: se os consumidores julgavam o produto pelo seu peso, eles deveriam ter a oportunidade de pegá-lo, em seu ponto de venda. Os produtos da Plasteck eram embalados em caixas fechadas, não permitindo esse contato pessoal.

Com a análise dos produtos concorrentes, diversas partes da estratégia de desenvolvimento de produto da Plasteck ficaram claras (Figura 6.10). O desenvolvimento de produtos inovadores, de alta qualidade, era o caminho certo. Isso seria capaz de elevar a posição da Plasteck, em direção aos produtos mais caros, com maiores margens de lucros. A **inovação** poderia ser conseguida juntando-se as características boas, encontradas em diversos produtos, em um único produto, usando-se a técnica do *benchmarking.* A questão da **qualidade**, aos olhos dos consumidores, necessitava de uma pesquisa mais profunda, mas parecia que estava relacionada com o desenho de detalhes e precisão nos processos de fabricação.

Análise dos produtos concorrentes da Plasteck

Foram encontrados 450 produtos no mercado, que poderiam ser considerados concorrentes dos 19 produzidos pela Plasteck. A análise dos mesmos levou às seguintes conclusões:

- Produtos inovadores têm preços mais altos — em 4 casos observaram-se preços máximos em suas categorias.
- Produtos de boa qualidade também têm preços altos, mas não tanto quanto aqueles inovadores.
- De acordo com os vendedores, os produtos considerados inovadores e de boa qualidade são os preferidos pelos consumidores (2 deles eram campeões de venda em suas categorias).
- O valor pelo preço era muito variável. Alguns eram produtos de baixo preço, com valor relativamente alto e outros de alto preço, com alto valor.

Conclusão: a estratégia da empresa em direção aos produtos inovadores e de alta qualidade, é correta. Esses produtos podem ser vendidos na faixa de 90%, da distribuição dos preços de sua categoria.

- Os produtos de boa qualidade apresentam um bom acabamento (precisão, pequenas tolerâncias nas juntas, acabamento texturizado ou natural (madeira).
- Os produtos inovadores reúnem diversas qualidades boas encontradas isoladamente em outros produtos.
- Os produtos inovadores e de alta qualidade foram considerados pelos projetistas como aqueles melhor estilizados.

Conclusão: procurar descobrir as características que os consumidores associam à qualidade do produto.

Figura 6.10 ■ Conclusões e decisões da análise dos produtos concorrentes da Plasteck.

Com essas descobertas, a velocidade do desenvolvimento de produtos começou a crescer. A primeira oportunidade do produto surgiu em algumas semanas de preparação. Um clima de excitação tomou conta da equipe de projeto. As tarefas começaram a ficar claras, e a equipe começou a trabalhar sem necessidade de receber ordens superiores.

Muitas descobertas interessantes (Figura 6.11) resultaram de entrevistas com pequenos grupos de consumidores, nas quais se perguntavam: Qual é a tarefa mais desagradável na cozinha? Que tipo de utensílios de cozinha possuem? O que o incomoda nos produtos que costuma usar? O que você comprou recentemente e o que achou dele? Por que você escolheu esse tipo de produto? O que você olha ao escolher um produto para comprar?

Pesquisa qualitativa do mercado da Plasteck

- Um tema predominante, mencionado em muitas pesquisas, foi a higiene. Os produtos considerados desagradáveis faziam "sujeiras" e eram difíceis de limpar, após o uso.
- Os consumidores mencionaram espontaneamente três tipos de tarefas que não gostavam de fazer na cozinha: recolher os restos de comida (são muito sujos); ralar alimentos (você pode ralar os dedos); e descascar batatas (já mandaram um homem à lua, mas não fizeram um bom descascador de batatas).
- Os produtos dos concorrentes, selecionados pelos juízes da empresa, eram aqueles mais inovadores, de alta qualidade, apresentando maior valor em relação aos seus preços.

Figura 6.11 ■ Conclusões e decisões da pesquisa qualitativa do mercado.

Uma discussão mais aprofundada com os vendedores da empresa e um pequeno número de lojistas revelou casos importantes de sucesso no mercado de pequenos objetos de cozinha.

Dois deles chamaram a atenção dos projetistas. Um deles era a tesoura Fiskars, uma velha conhecida no mercado. Ela tornou-se rapidamente líder do mercado, por ter pegas moldadas de plástico laranja, que se adaptavam bem a qualquer usuário. O segundo era uma jarra para leite ou sucos, com base cônica, para ser colocada na porta de geladeiras. O primeiro produto teve o seu sucesso baseado na solução funcional — tornou-se um desenho dominante, com diversas cópias feitas pelos seus concorrentes. A jarra que cabe na porta da geladeira teve o mérito de resolver uma necessidade comum a muitas pessoas.

Ao término dessas pesquisas, o grupo de coordenação reuniu-se com a equipe de projeto. Faltava decidir sobre os tipos de produtos a serem desenvolvidos. A discussão pulou imediatamente para ideias de produtos específicos. Todos os membros tinham as suas sugestões. A discussão prosseguiu por uma hora, quando o diretor de *marketing* observou que não estavam fazendo progresso. Ele sugeriu que a reunião fosse interrompida e que todos voltassem aos seus escritórios. Todos teriam 15 minutos para escrever 10 frases sobre o que haviam descoberto sobre as necessidades do mercado e as oportunidades do produto. Quatro temas surgiram rapidamente: a necessidade de desenvolver um produto inovador de alta qualidade; a necessidade de explorar alguma insatisfação no uso de produtos domésticos; a necessidade de atender aos desejos comuns a muitas pessoas (caso da jarra); e a necessidade de produtos ergonomicamente bem resolvidos (caso da tesoura). Duas necessidades específicas também foram identificadas — o ralador de alimentos e o descascador de batatas. Dois *designers* foram indicados para preparar especificações para os mesmos. (O caso Plasteck segue mais adiante.)

SELEÇÃO DA OPORTUNIDADE DE PRODUTO

Uma oportunidade de produto propõe um novo produto que se aproxime de um produto ideal para a empresa. A seleção da melhor oportunidade de produto exige análise de todas as informações disponíveis, o agrupamento dessas informações em propostas específicas e a escolha daquela que melhor se adapte à missão da empresa (ver Figura 6.9). Nesse processo, há quatro síndromes que devem ser evitadas.

1. ***Síndrome do primeiro amor.*** O momento da descoberta de uma oportunidade é excitante, até mesmo para um *designer* experiente. A oportunidade é nova, suas vantagens são sedutoras à primeira vista, e a ideia é **sua**. A excitação, os sensos de realização e de posse fazem o *designer* se apaixonar por essa ideia. Ele fica temporariamente "cego", não vendo os seus defeitos. A crítica dos outros pode provocar uma reação de inveja, levando-o a defender ferrenhamente a sua ideia. Entretanto, se você estiver disposto a debater abertamente as suas ideias, é possível que os erros sejam descobertos com mais facilidade. Aqueles que se apegam ferrenhamente à primeira ideia em geral são pessoas pouco criativas, que não querem perder a única ideia que tiveram.

A síndrome do primeiro amor constitui um sério problema tanto para pessoas como para empresas.[11] A geração de ideias deve ocorrer não apenas no primeiro momento de exploração de uma oportunidade de produto, mas deve prosseguir durante todo o processo de desenvolvimento do novo produto.

Esse apego à primeira ideia pode ocorrer também no nível institucional, quando a empresa se torna "cega" às novas contribuições.

O mais razoável é que o planejamento do produto prossiga até gerar muitas ideias, para se selecionar a melhor delas. Pode-se reduzir o sentimento de posse individual das ideias, usando-se a técnica do advogado de ideias. De acordo com essa técnica, as pessoas não apresentam diretamente as suas ideias, mas por meio de um "advogado". Aquele que tem a ideia apresenta-a para um colega (advogado) e este a apresenta ao grupo, sem o mesmo grau de torcida pelo seu sucesso. Isso resulta em um exame menos apaixonado das ideias. Muitas vezes, o próprio autor acaba criticando a sua ideia durante o processo de seleção, depois de vê-la apresentada por terceiros. É importante manter um clima amistoso, em que o criador não se sinta prejudicado com a sua ideia sendo apresentada por outros. Sentimentos de injustiça ou ressentimentos podem levar a animosidades pessoais e isso pode corroer o espírito de equipe.

2. ***Síndrome da grama verde.*** Para um carneiro, a grama do quintal vizinho, do outro lado da cerca, sempre parece mais verde e apetitosa. Uma empresa pode sentir-se completamente familiar em um determinado mercado, mas pode considerar muito atrativo um outro mercado desconhecido. Ela ouve histórias de sucessos espetaculares, porque os fracassos só são conhecidos pelos vizinhos mais próximos. O *marketing* pode parecer fácil, quando só se conhece superficialmente o mercado. Os consumidores podem parecer maravilhosos, porque você não conhece as suas idiossincrasias. E a distribuição pode parecer fácil, porque você não se aprofundou em certas dificuldades logísticas.

Entrar em um novo mercado pode ser uma das coisas mais difíceis para uma empresa. Os competidores que já dominam esse mercado podem expulsar o novato. Como eles conhecem melhor o terreno, podem encontrar muitos caminhos para combatê-lo. Mesmo que você conte com aliados, na forma de distribuidores, não de deve desprezar a capacidade de reação do outro. É preciso então tomar o maior cuidado, antes de pular a cerca.

3. ***Síndrome do Concorde.*** As inovações radiciais parecem mais divertidas do que as pequenas e monótonas mudanças incrementais, feitas passo a passo. Contudo, no mundo dos negócios, grandes descobertas científicas podem resultar apenas em pequenos resultados comerciais. O desenvolvimento da primeira aeronave supersônica comer-

cial do mundo, o Concorde, foi anunciado como um grande avanço para a indústria aeronáutica, na década de 1960. Após bilhões de dólares gastos no seu desenvolvimento e enormes déficits, cobertos pelos governos da Grã-Bretanha e da França, o Concorde deveria voar durante centenas de anos, para que se tornasse um investimento lucrativo. Apesar do sucesso tecnológico, o Concorde redundou num enorme fracasso comercial.

Aquilo que constitui um gigantesco avanço tecnológico para pequenas empresas pode ser apenas um pequeno passo rotineiro para as grandes empresas. Portanto, esse avanço é uma questão relativa. O grau de inovação tecnológica pode ser avaliado pela análise financeira de custo-benefício: quais são os custos necessários para se introduzir uma inovação radical no produto e quais são os prováveis retornos do investimento. Uma parte dessa análise, que geralmente é subestimada, é o risco do fracasso. No desenvolvimento de novas tecnologias, o risco pode ser enorme. Contudo, quando as tecnologias existentes estão sendo aplicadas a um novo problema, os riscos são menores, mais controláveis e mais fáceis de estimar. O maior risco das inovações radicais do produto é a possibilidade de seu fracasso no mercado. Isso pode ser antecipado por uma pesquisa de mercado benfeita (veja tópico sobre o fator Morita).

4. ***A síndrome do "pouco por muito".*** A análise de custo-benefício, aplicada na seleção de oportunidades de produto, deve considerar quanto benefício se pode gerar para o consumidor, em consequência do seu custo de desenvolvimento. Se for possível adicionar **algum** valor para o consumidor, já é um ganho, pois isso não é fácil. Mas só isso não é razão suficiente para se selecionar novas oportunidades de produto. Já vimos, no Capítulo 2, que o risco de fracasso comercial pode ser reduzido a um quinto, quando o produto apresentar benefícios importantes e significativos aos olhos do consumidor. Ao contrário, produtos que apresentem apenas benefícios marginais, que os consumidores considerem pouco importantes, tem chances de apenas 20% de sucesso comercial.

Uma oportunidade de produto realmente atrativa para a empresa é aquela que produz grande benefício ao consumidor, com baixo custo de desenvolvimento. Produtos que oferecem muitos benefícios ao consumidor, mas com elevado custo de desenvolvimento, representam elevados riscos e só devem ser assumidos se a saúde financeira da empresa o permitir. Produtos que oferecem poucos benefícios ao consumidor, associados a custos elevados de desenvolvimento, devem ser sempre evitados.

MATRIZ DE AVALIAÇÃO

Pode-se usar uma matriz de avaliação para realizar a seleção sistemática de oportunidades de produto. Nessa matriz, as oportunidades potenciais do produto são avaliadas contra as metas de desenvolvimento de produto da empresa. Em primeiro lugar, deve-se pensar no principal critério de seleção. Isso pode ser extraído dos objetivos e da estratégia da empresa. Critérios adicionais e mais específicos podem ser necessários para um conjunto particular de oportunidades. Em segundo lugar, você deve encontrar uma **oportunidade de referência**, contra a qual todas as oportunidades potenciais devem ser comparadas. Esta pode ser uma oportunidade aproveitada pela empresa no passado e que resultou no produto atual. Nesse caso, as novas oportunidades podem ser avaliadas em função dos fatores de risco e em relação aos resultados conhecidos de experiências passadas. Também se pode usar uma oportunidade atual (geralmente aquela considerada melhor, subjetivamente) como referência, de modo que todas as outras são comparadas em relação à esta.

As oportunidades são classificadas em termos relativos como "melhor que", "pior que", "igual a", em comparação com a **oportunidade de referência**, e são designadas por (+), (–) ou (0) na matriz. Se algum fator for mais importante que outros, pode ser ponderado, com pesos de 1 a 10. As oportunidades então podem ser transformadas em um número de pontos.

A Tabela 6.3 apresenta um exemplo, comparando três oportunidades de projeto para um assento de segurança para bebês. Intuitivamente, os projetistas escolheram o "cinto de aperto fácil (com uma das mãos)" como a melhor alternativa e ela será usada como referência para as demais. Os critérios de seleção foram escolhidos pelo grupo e, após um debate, houve consenso sobre a sua ponderação. Cada membro da equipe de projeto foi solicitado a preencher a matriz. Houve alguma discordância em torno de alguns pontos específicos, mas, para surpresa geral, todos concordavam num ponto: a alternativa do cinto de aperto fácil não era a melhor. Ela foi superada pela alternativa 1 "menor preço com excelentes requisitos de segurança". Em relação à oportunidade de referência, ela apareceu com 14 pontos a mais, enquanto a alternativa 2 apareceu com 4 pontos.

Tabela 6.3 ■ Matriz de avaliação para seleção de oportunidades para um assento de segurança para bebês. As alternativas são comparadas em relação a uma oportunidade de referência.

Matriz de avaliação de cadeira de segurança para bebês				
		Oportunidade de referência	Alternativa 1	Alternativa 2
Critério de seleção	**Peso do fator**	**Cinto de aperto fácil (com uma das mãos)**	**Menor preço e excelente segurança**	**Como 1, acrescentando-se brinquedos opcionais**
Tamanho do mercado potencial	10	0	+10	+10
Lucro/unidades vendidas	10	0	−10	+10
Ciclo de vida do produto	5	0	0	−5
Custo do desenvolvimento	1	0	+1	−1
Risco de acidente/técnico	5	0	+5	−5
Risco de aceitação/mercado	10	0	+10	+10
Uso da capacidade produtiva	5	0	−5	−5
Canais de distribuição	7	0	0	−7
Capacidade de projeto	3	0	+3	−3
Total	56	0	+14	+4

Para confirmar essa conclusão, o grupo trabalhou junto para examinar cada critério em que essa alternativa foi considerada melhor que aquela de "aperto fácil". A preferência seria fundamentada? A alternativa "aperto fácil" poderia ser melhorada para se reverter essa preferência? A resposta foi um convincente "não". O grupo passou a explorar outros aspectos positivos das demais alternativas, para que pudessem ser transferidos à alternativa "menor preço com excelentes requisitos de segurança". As possibilidades de manobra eram limitadas, devido ao baixo preço do produto. A capacidade produtiva da empresa foi considerada pouco adequada para a fabricação de "menor preço e excelente segurança". Tanto os equipamentos como os processos de fabricação estavam adaptados à produção de alto valor e altos preços. Isso não foi considerado a maior dificuldade. A equipe de produção tinha demonstrado eficiência em resolver diversos tipos de problemas no passado. O diretor industrial foi solicitado a propor uma adaptação dos processos de fabricação, de modo a minimizar os custos para o produto proposto.

> O controle de qualidade deve assegurar a coerência entre o processo de desenvolvimento do produto e a oportunidade identificada. Contudo, a descoberta de que a própria oportunidade esteja errada pode ser uma questão de sorte.

Com uso da matriz de seleção, diferentes oportunidades de produto podem ser comparadas entre si, para serem selecionadas. Tal rigor é necessário nessa etapa de desenvolvimento do produto, mas o tempo e os esforços gastos são compensadores. A escolha de uma má oportunidade de produto pode ser um dos maiores enganos que uma empresa pode cometer. Isso vai provocar despesas consideráveis durante um certo tempo. Muitas vezes, o engano só é descoberto após o lançamento do produto no mercado. Existem, naturalmente, diversos tipos de controles de qualidade, durante o processo de desenvolvimento, para identificar e corrigir os eventuais erros. Contudo, esses controles visam assegurar que o desenvolvimento se processe de acordo com a oportunidade escolhida. Uma oportunidade escolhida de maneira errada só será descoberta por sorte. Isso acontece, por exemplo, quando os testes de mercado mostrarem algumas surpresas, evidenciando que algo está errado.

PREÇO DO NOVO PRODUTO

Após ter identificado a oportunidade do novo produto, o próximo passo é justificá-la. É sempre conveniente certificar-se que a oportunidade selecionada é realmente a melhor, ou financeiramente viável. Muitas vezes, durante essa justificação, descobre-se a fraqueza da oportunidade escolhida. Quando isso acontecer, é necessário retornar ao processo de seleção da oportunidade, escolhendo-se a segunda (ou terceira, ou quarta) melhor alternativa. Essa realimentação para corrigir etapas anteriores costuma ocorrer com frequência durante o desenvolvimento de novos produtos, e não deve ser considerada como debilidade do método. Ao contrário, a descoberta de pontos fracos ao longo do desenvolvimento indica que o processo está sendo conduzido exatamente como deve ser. Nesse caso, a substituição da primeira pela segunda melhor alternativa toma apenas uma fração do tempo que se gastou para a seleção daquela primeira.

A justificação de uma oportunidade de produto, como já discutimos no início deste capítulo, consiste em examinar a sua viabilidade financeira. Considerando que essa análise é feita **antes** do início do projeto, o planejamento financeiro só pode ser feito grosseiramente, e deve ser refinado à medida que o projeto for desenvolvido.

Uma maneira de realizar esse planejamento financeiro é pelo método da **subtração do preço-teto**. Esse é um método subtrativo e começa com a definição de um preço-teto a ser cobrado do consumidor final (Figura 6.12). A partir do preço-teto são subtraídos os diversos custos, sucessivamente. Assim se subtraem a margem do lojista, a margem da distribuição, margem de lucro do fabricante, o custo de desenvolvimento do produto, e se chega à meta de **custo de fabricação**.

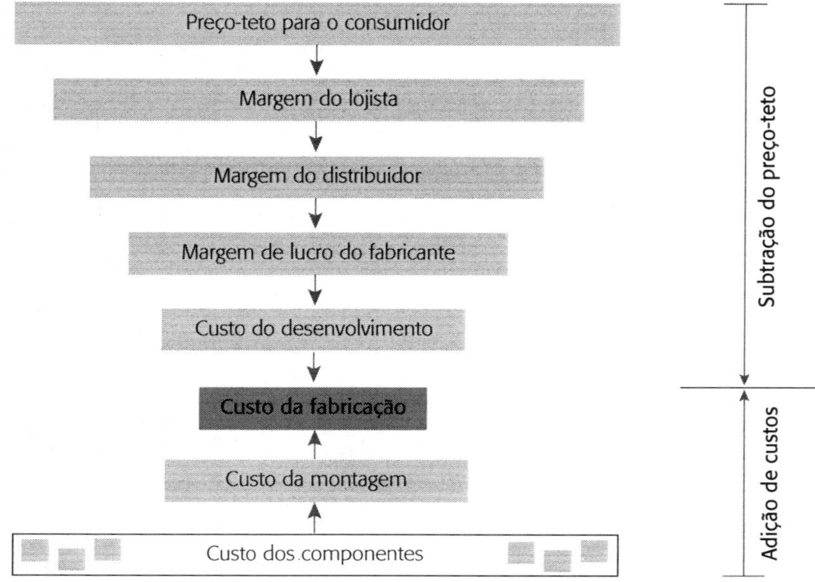

Figura 6.12 ■ Os métodos de "subtração do preço-teto" e "adição de custos" no planejamento financeiro do novo produto.

Um método inverso é o da **adição de custos**, que começa com os custos dos componentes e se adicionam o custo da mão de obra, custos indiretos, e se chega ao custo de fabricação. A este se adicionam o custo do desenvolvimento, a margem de lucro do fabricante, a margem do distribuidor, impostos e outros, para se chegar ao preço a ser pago pelo consumidor. Esse método é mais antigo e tem a desvantagem de incorporar todas as ineficiências do processo produtivo, que levam ao aumento do preço. Nesse caso, o custo dessas ineficiências é repassado ao consumidor final. Isso não ocorre no método da "subtração do preço-teto", pois ele parte do preço final e obriga a corrigir essas ineficiências, para que o preço-teto seja mantido. No método da "subtração do preço-teto", o fabricante pode determinar com antecedência os preços máximos que poderá pagar a cada fornecedor de componentes e serviços terceirizados, e ele deve negociar com os mesmos para que essas metas sejam mantidas. Já no método da "adição de custos", o fabricante não dispõe dessas metas para as negociações. O método da "adição de custos" será melhor discutido no Capítulo 9.

MAPA PREÇO-VALOR

O preço-teto é aquele que o consumidores estariam dispostos a pagar. Ele é fixado a partir da análise dos concorrentes e da política da empresa. Para isso, deve-se construir o mapa **preço-valor**, onde são lançadas as posições dos concorrentes. A Figura 6.13 apresenta um mapa preço-valor para um assento de segurança para bebês. No eixo horizontal são colocados os preços dos diversos produtos concorrentes. Eles representam os preços finais, pagos pelo consumidor. Se houver diferenças de preço entre diversos pontos de venda, pode-se tirar uma média. O eixo vertical representa o valor dos produtos, como ele é percebido pelos consumidores. Na prática, pode existir alguma dificuldade na estimativa desses valores. O valor, para os consumidores, é determinado por um conjunto de fatores. Ele pode gostar do funcionamento de certo produto, mas preferir a aparência de outro. Para calcular o valor desses produtos, usa-se um procedimento similar ao da matriz de avaliação. Identificam-se alguns fatores que determinam o valor dos produtos e variam de acordo com a natureza dos produtos. Esses fatores devem estar relacionados com as características dos produtos desejados pelos consumidores. Eles são relativizados, usando-se uma ponderação dos fatores. Os produtos são avaliados numa escala de 1 a 5. (1 = muito ruim; 2 = ruim; 3 = regular; 4 = bom; 5 = excelente). O número de pontos de cada produto, representando seu valor, é calculado multiplicando as suas avaliações pelas respectivas ponderações e somando-se os pontos obtidos em todos os fatores.

Se o novo produto situar-se dentro das variações dos produtos concorrentes, é necessário examinar melhor os valores dos diversos produtos. No caso apresentado, o mapa foi baseado em um teste realizado por uma associação de defesa do consumidor,[12] que comparou 13 diferentes assentos para bebês usando cinco critérios: segurança, conforto para o bebê, facilidade de fixação no carro, facilidade de colocar o bebê no assento, e facilidade de limpeza. No exemplo apresentado, a segurança foi ponderada com peso 10, conforto 3, fixação no carro 3, colocação do bebê 1 e limpeza 1. Isso significa que o número máximo de pontos possíveis é de 90. A partir disso, construiu-se um mapa cartesiano, colocando os preços no eixo horizontal e os respectivos valores no eixo vertical (ver Figura 6.13). O mapa preço-valor não indica que o valor dos produtos aumente consistentemente com o seu preço. Por exemplo, os produtos 12 e 13 têm elevado valor com preços moderados, enquanto o produto 2 tem preço elevado, com baixo valor. A oportunidade de desenvolver um assento de segurança para bebês de baixo custo e alto valor tornou-se clara. Pode-se obter uma vantagem marginal com um produto vendido a $ 45 ou menos, oferecendo um valor de 65 pontos ou mais. Seria ideal que o novo produto custasse $ 35 ou menos, oferecendo um valor de 80 pontos ou mais.

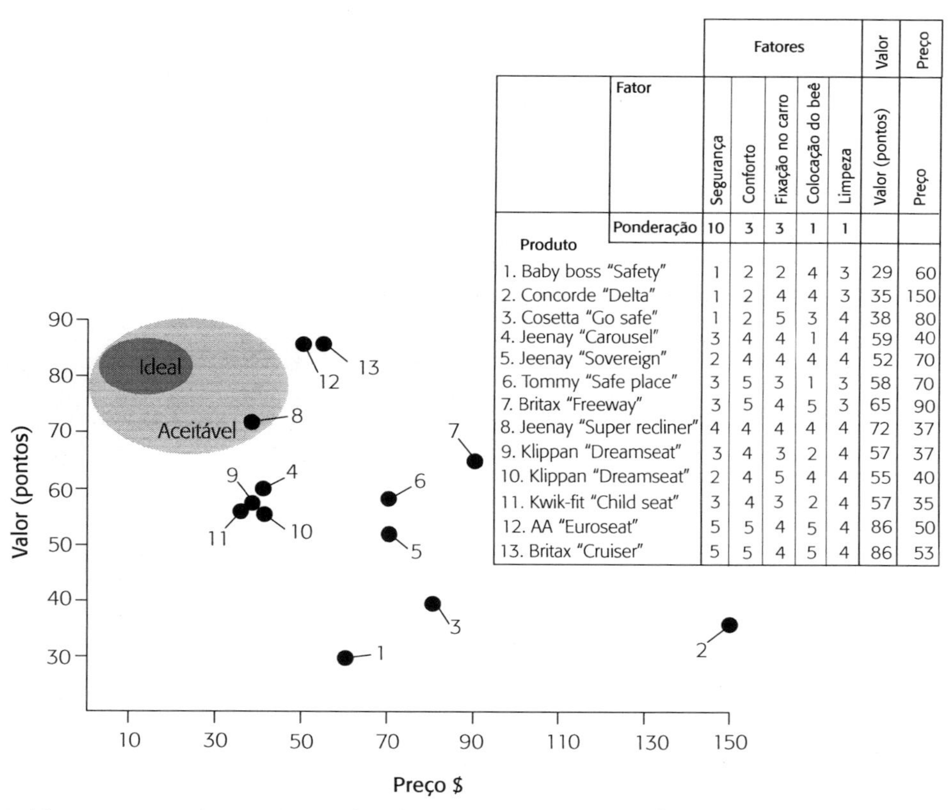

	Fatores					Valor	Preço
Fator / Produto	Segurança	Conforto	Fixação no carro	Colocação do beê	Limpeza	Valor (pontos)	Preço
Ponderação	10	3	3	1	1		
1. Baby boss "Safety"	1	2	2	4	3	29	60
2. Concorde "Delta"	1	2	4	4	3	35	150
3. Cosetta "Go safe"	1	2	5	3	4	38	80
4. Jeenay "Carousel"	3	4	4	1	4	59	40
5. Jeenay "Sovereign"	2	4	4	4	4	52	70
6. Tommy "Safe place"	3	5	3	1	3	58	70
7. Britax "Freeway"	3	5	4	5	3	65	90
8. Jeenay "Super recliner"	4	4	4	4	4	72	37
9. Klippan "Dreamseat"	3	4	3	2	4	57	37
10. Klippan "Dreamseat"	2	4	5	4	4	55	40
11. Kwik-fit "Child seat"	3	4	3	2	4	57	35
12. AA "Euroseat"	5	5	4	5	4	86	50
13. Britax "Cruiser"	5	5	4	5	4	86	53

Figura 6.13 ■ Mapa preço-valor para assentos de segurança para bebês.

O estágio final da justificativa da oportunidade é uma análise financeira, para verificar se o produto seria viável ou não (Figura 6.14). Partindo-se do preço-teto de $ 35, os lojistas costumam exigir uma margem de 50%, ou seja, $ 17,50. O custo de distribuição é estimado em $ 2,50, restando $ 15,00 para os custos internos da empresa. A empresa costuma adotar uma margem de 40% (sobre os $ 15,00) para cobrir os custos de *marketing*, custos de desenvolvimento e a sua margem de lucro, significando $ 6,00. Resta, finalmente, $ 9,00 para os custos diretos de fabricação. Isso significa que o consumidor final paga 3,89 vezes o custo direto de fabricação. O concorrente que oferece o maior valor nessa faixa de preço- teto é o Produto 8. Analisando esse produto, chegou-se à conclusão de que o mesmo custaria $ 10,50, se fosse produzido na empresa hoje. Para que o preço-teto não seja ultrapassado, o custo de produção deveria ser reduzido em pelo menos $1,50 por unidade. Isso significa uma necessidade de redução de 14% no custo de fabricação. Estudando-se o Produto 8 mais detalhadamente, descobriram-se diversas oportunidades de redução dos custos. Alguns materiais poderiam ser substituídos por outros mais econômicos, o projeto poderia ser melhorado para reduzir o número de componentes, e a montagem poderia ser muito mais simples. Chegou-se à conclusão que o preço-teto pode ser mantido e que a oportunidade é viável.

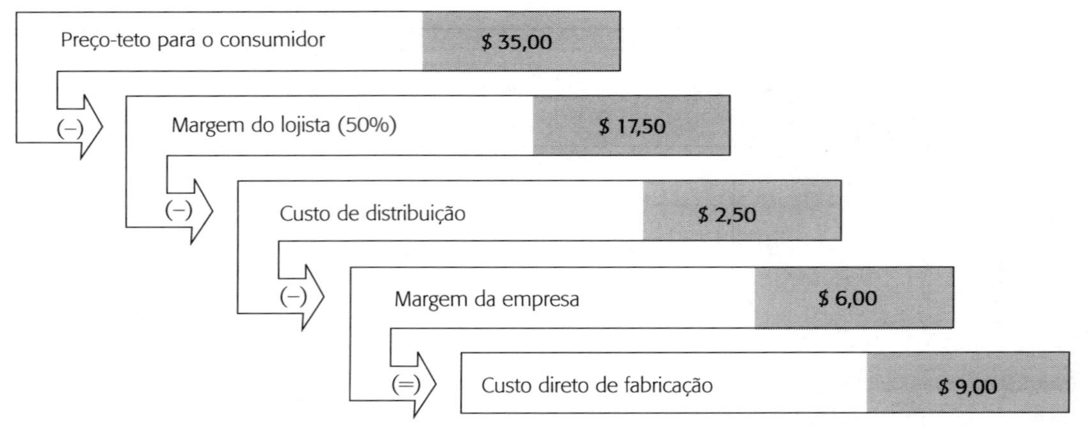

Figura 6.14 ■ Análise financeira do assento para bebês usando-se o método da "subtração do preço-teto".

■ PLANEJAMENTO DO ESTILO

O estilo é a parte "artística" do projeto de produto. Mas isso não significa total liberdade de criação. O estilo deve ser direcionado para oportunidades e isso significa que há certas restrições, exatamente como acontece em outras fases do desenvolvimento do produto. As oportunidades e restrições ao estilo são de dois tipos. Primeiro, é necessário considerar o contexto do mercado, onde o produto deverá ser colocado. Cada mercado específico exige um tipo de estilo, que pode ser inadequado em outro contexto. Segundo, existem certas particularidades de estilo, intrínsecas ao produto em si. Qual é o produto, e qual é a necessidade dos consumidores que se procura preencher?

Esses aspectos contextuais e intrínsecos do produto definem a oportunidade de estilo e suas restrições. O planejamento do produto deve realizar pesquisas para definir essas oportunidades e restrições, a fim de orientar o trabalho de estilização do produto. Quando esses aspectos estiverem claros, será possível determinar se os objetivos do estilo foram atingidos.

FATORES CONDICIONANTES DO ESTILO

Os fatores condicionantes do estilo referem-se ao ambiente comercial onde os produtos serão introduzidos e podem ser classificados em quatro categorias (Figura 6.15).

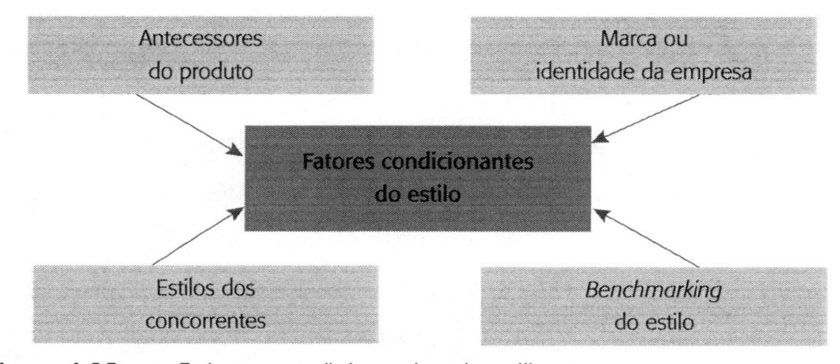

Figura 6.15 ■ Fatores condicionantes do estilo.

1. ***Antecessores do produto.*** Se o novo produto for uma reestilização de um produto já existente, é importante preservar a identidade visual do produto anterior. Isso serve para que os consumidores possam reconhecer o produto e continuem a ampliá-lo. Uma mudança radical no aspecto visual do produto pode causar ruptura, provocando perda dos antigos consumidores, e isso seria um erro muito grave. Os antecessores do produto, então, precisam ser estudados, para se determinar os aspectos do estilo que precisam ser preservados, no sentido de não perder o contato com os seus consumidores tradicionais.

2. ***Marca ou identidade da empresa.*** A preservação da marca ou identidade da empresa pode dar igual segurança aos consumidores. Se o consumidor já comprou produtos com a marca da empresa, a identificação do novo produto com essa marca pode atrair a confiança dele.

Para algumas empresas, basta o uso de certas combinações de cores para essa identificação. Produtos da mesma linha podem apresentar características comuns, como mostradores e botões de formas e cores semelhantes. Às vezes, o próprio formato pode identificar o produto, como no caso de embalagens de perfumes. Um produto pode ser identificado pelas suas proporções, linhas curvas ou linhas inclinadas características. Portanto, estudar as características que determinam a identificação da linha de produtos da empresa é uma parte importante do planejamento do produto.

3. ***Estilo dos concorrentes.*** A análise dos estilos dos concorrentes pode mostrar o caminho para o seu próprio estilo. Qual é o padrão estilístico dos produtos dessa classe? Os produtos existentes apresentam estilos elaborados, ou seguem um estilo mais simples? Quais são os temas predominantes do estilo? Qual é a tendência atual do estilo? Qual é a mensagem que se quer transmitir pelo estilo? Existem mensagens sobre a função do produto (semântica do produto) ou sobre o estilo de vida e valores dos consumidores (produtos simbólicos)? A análise dos estilos dos concorrentes pode ajudá-lo a decidir sobre as características atrativas e aquelas que prejudicam, para se chegar ao seu próprio estilo. Este assunto será retomado no Capítulo 7.

4. **Benchmarking *do estilo.*** O estudo de produtos concorrentes pode ajudar a extrair as melhores características de estilo, que podem ser incorporadas ao produto em desenvolvimento. Qual é o estilo que apresenta exatamente a imagem que você quer transmitir com o novo produto? Qual é a forma mais agradável? Qual delas transmite a melhor mensagem semântica e simbólica? Quais são os materiais, cores, acabamento superficial e detalhes que parecem melhores? A combinação de diversos pontos ótimos de cada produto fornece uma imagem ideal, que deve ser usada para o projeto do estilo do novo produto.

FATORES INTRÍNSECOS DO ESTILO

Ao descrever a aparência de um produto, procuramos associá-lo com alguma imagem mental e dizemos que se "parece com" certas coisas. Essas imagens podem ter uma existência física, como um avião ou um navio, ou podem ser abstratas — parece com alguma coisa pesada ou infantil. Isso é diferente de dizer o que é o produto. A imagem transmitida pela aparência do produto representa o **simbolismo** do produto. Quando um observador diz que um produto se **parece com** alguma coisa, ele está querendo dizer o que pensa do produto.

Os produtos costumam ter dois tipos de valores simbólicos. Em primeiro lugar, o produto pode transmitir certas imagens, por si mesmo. Pode parecer robusto, pesado, durável, frágil, delicado ou perecível só pela sua aparência. Segundo, o produto pode simbolizar certos traços pessoais do seu usuário. Assim, roupas, carros, relógios, canetas, bolsas, telefones celulares e joias tornaram-se símbolos de *status* no mundo ocidental.

Na prática, os *designers* usam o termo "simbolismo do produto" para descrever os valores humanos associados aos produtos. Assim, descrever o simbolismo do produto significa descrever os valores pessoais e sociais incorporados à aparência do produto. A forma como o produto transmite esses valores é chamada de "semântica do produto" (significado do produto). Seria ideal que a semântica do produto transmitisse também um valor funcional melhor que o dos concorrentes. Assim, o produto não seria configurado para dizer apenas: "eu faço isso". Ele deveria dizer também: "eu funciono melhor que meus concorrentes". O resultado do planejamento da semântica do produto poderia ser uma lista de frases do tipo "eu faço isso" e "é isso que faço melhor". Voltaremos a abordar a questão da semântica dos produtos no Capítulo 7.

ESPECIFICAÇÃO DO ESTILO

As principais tarefas no planejamento do produto, em geral, consistem em coletar informações sobre o produto proposto, definir objetivos para o desenvolvimento do produto e avaliar a sua viabilidade comercial. Em relação ao estilo do produto, isso significa:

- pesquisar os condicionantes do estilo;
- explorar a semântica e o simbolismo do produto; e
- produzir um objetivo para o estilo, baseando-se em documentos anteriores de planejamento do produto (Figura 6.16).

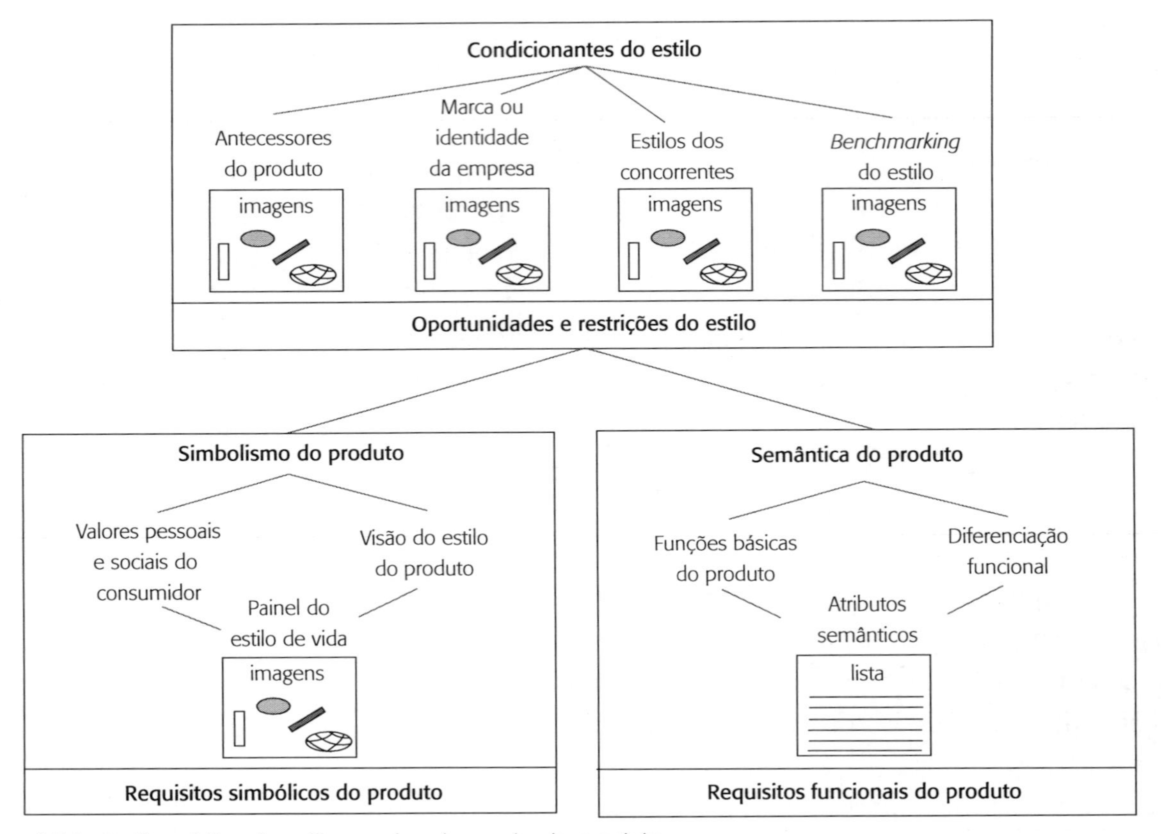

Figura 6.16 ■ Requisitos do estilo no planejamento do produto.

Tendo-se definido o objetivo para o estilo, com as suas especificações, pode-se avaliar a possibilidade de atingi-lo, dentro das restrições de custos, prazos e outras. Esse objetivo torna-se critério de avaliação para o conceito, configuração e o projeto detalhado. Nos casos em que o estilo for essencial para o sucesso do produto, o seu desenvolvimento deve ser monitorado continuamente. Esse desenvolvimento deve ser interrompido assim que for constatado algum desvio indicando que o objetivo não será alcançado. A atitude aqui deve ser idêntica ao caso da especificação dos aspectos funcionais, e faz parte de uma boa prática de desenvolvimento de produtos.

ESPECIFICAÇÃO DA OPORTUNIDADE NA PLASTECK

Apresentamos anteriormente o caso da Plasteck, quando chegamos a duas especificações de oportunidade: o descascador de batatas e o ralador de alimentos. Vamos agora seguir o desenvolvimento de uma delas, o descascador de batatas. Para especificar a oportunidade, o *designer* deve rever as conclusões do planejamento estratégico e da pesquisa de oportunidade. Os aspectos relevantes devem ser resumidos para que não sejam esquecidos (Figura 6.17).

Antes de fazer novas pesquisas, o *designer* deve ter clareza sobre o que se procura alcançar com a especificação de oportunidade. É necessário ter uma ideia clara do benefício básico procurado e identificar meios para aumentar o valor dos produtos existentes ou reduzir seus custos. Isso exige um conhecimento melhor dos produtos concorrentes, bem como uma pesquisa de mercado. O projeto conceitual não deve ser apresentado junto com a especificação de oportunidade. Procuram-se simplesmente informações para se decidir entre duas oportunidades de negócio apresentadas: o descascador de batatas ou ralador de alimentos. Justificar a oportunidade de negócio nem sempre é tarefa fácil, nos estágios iniciais do seu desenvolvimento.

Conclusões do planejamento estratégico

Missão da empresa... pequenos produtos inovadores... baseados em excelentes *designs*... qualidade e valor pelo preço. Objetivo... identidade da marca... estilo inovador, qualidade e valor pelo preço. Desenvolvimento do produto sem defeitos... todos os produtos no prazo e a custos previstos. Produtos inovadores de alta qualidade, na faixa de 90% dos preços dos concorrentes.

Conclusões da pesquisa de oportunidades

Excelente qualidade de acabamento... textura (parece limpo), peso (parece sólido) e excelente *design* de detalhes (pequena tolerância na junção das peças, sem desalinhamentos nos moldes).

Conclusões específicas para o descascador de batatas

A higiene é importante. Os descascadores existentes não funcionam bem.

Figura 6.17 ■ Conclusões da etapa de planejamento da Plasteck.

■ ANÁLISE DOS DESCASCADORES DE BATATA CONCORRENTES

Examinando-se mais detalhadamente os 100 produtos coletados, descobriu-se que apenas 4 deles serviam realmente para descascar batatas. Para aumentar a amostra desses produtos, foram percorridas as diversas lojas, e foram feitos pedidos aos amigos e parentes. Assim, conseguiu-se coletar mais 43 descascadores (Figura 6.18).

Figura 6.18 ■ Descascadores de batata encontrados no mercado.

Embora fossem produtos distintos (e não apenas com cabos de cor diferente), todos eles tinham a mesma concepção básica. Foi possível identificar seis "famílias" diferentes, de acordo com as lâminas de corte e posição da lâmina em relação ao cabo (Figura 6.19).

A coleção de descascadores é uma rica fonte de análise. A classificação delas em famílias facilita a estruturação dessa análise. Contudo, não sabemos se descascadores de famílias diferentes apresentam diferenças significativas de desempenho entre eles. Considerando que todos eles estão no mercado, é necessário admitir que cada um deles deve oferecer algum tipo de vantagem. Pode ser que se diferenciem apenas em alguns detalhes – comprimento da lâmina, afiação da lâmina ou formato do cabo. É necessário realizar uma pesquisa de mercado antes de prosseguir com essa análise dos produtos.

4 difirentes tipos de lâminas
- Lâmina de faca com proteção;
- Lâmina fixa;
- Lâmina móvel – uma extremidade fixa;
- Lâmina móvel – duas extremidades fixas.

3 posições relativas da lâmina
- Alinhada ao cabo;
- Perpendicular ao cabo;
- Paralela ao cabo.

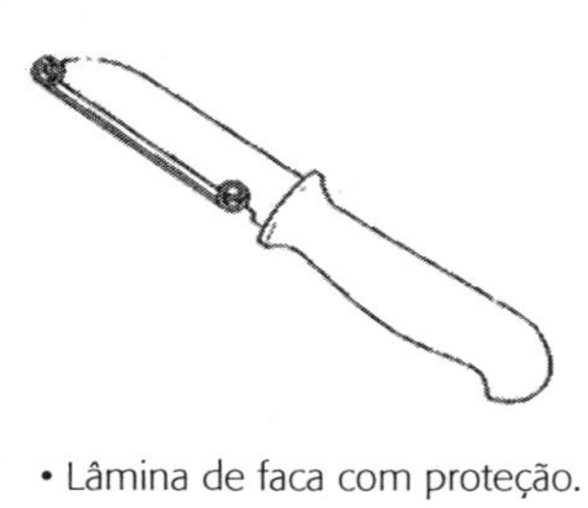
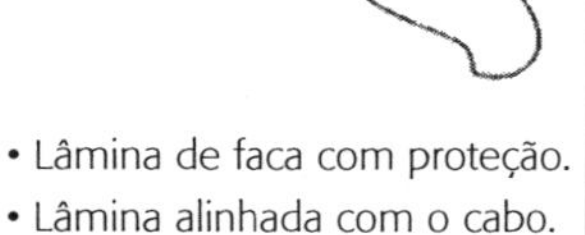
- Lâmina de faca com proteção.
- Lâmina alinhada com o cabo.

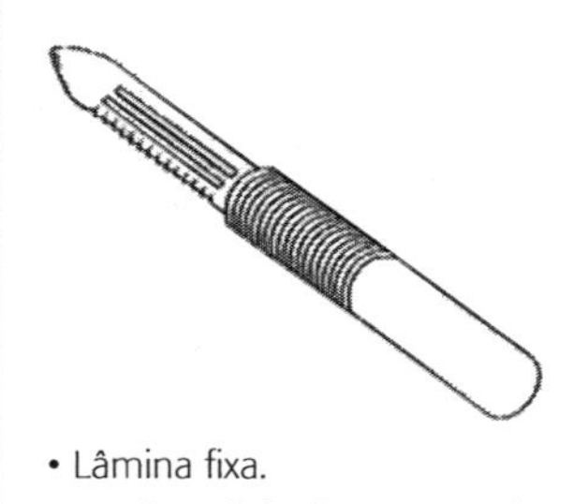

- Lâmina fixa.
- Lâmina alinhada com o cabo.

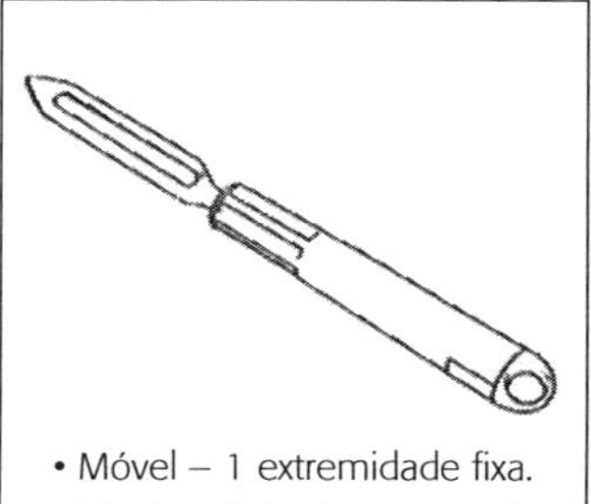
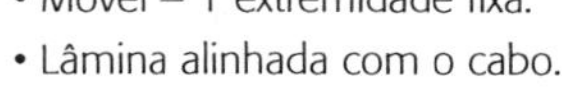
- Móvel – 1 extremidade fixa.
- Lâmina alinhada com o cabo.

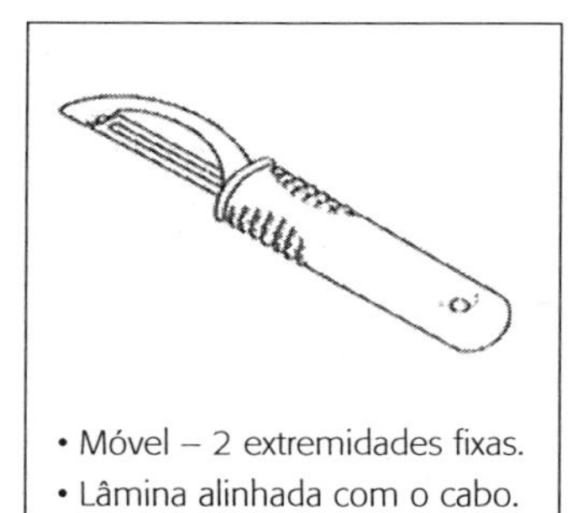
- Móvel – 2 extremidades fixas.
- Lâmina alinhada com o cabo.

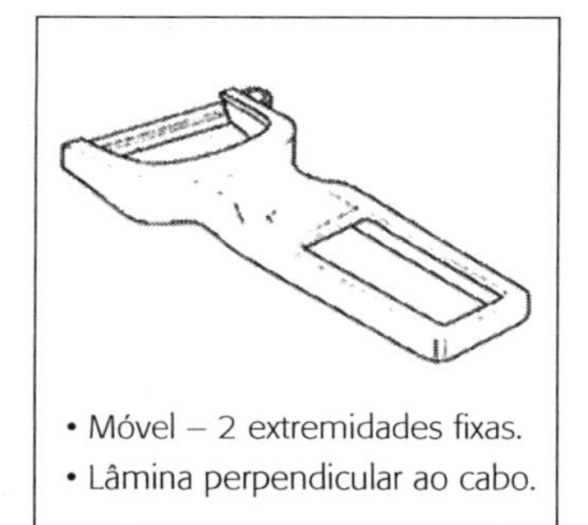
- Móvel – 2 extremidades fixas.
- Lâmina perpendicular ao cabo.

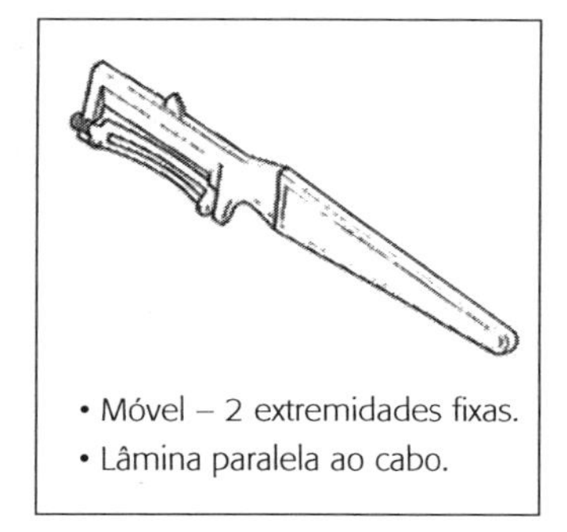
- Móvel – 2 extremidades fixas.
- Lâmina paralela ao cabo.

Figura 6.19 ■ Seis diferentes famílias de descascadores de batata.

PESQUISA DE MERCADO DOS DESCASCADORES DE BATATA

Após entrevistas informais com trabalhadores de 9 empresas que usavam os descascadores de batata, começaram a aparecer algumas características predominantes das necessidades dos consumidores. Disseram que os descascadores devem funcionar bem. Perguntando-se o que isso significa, foram mencionados: rapidez no corte, lâmina afiada, conforto no manuseio. Deveriam ser também higiênicos: ter uma aparência limpa, sem acúmulo de resíduos após o uso. Perguntando-se se os descascadores funcionavam bem, foram unânimes em responder que não. Pedindo-se para serem mais específicos, mencionaram os defeitos: lâminas cegas, incômodo de usar, e dificuldade de limpar. Outros aspectos também foram mencionados: algumas lâminas se entortavam ou se soltavam, as goivas (pontas) para remoção dos olhos das batatas eram difíceis de usar, e as lâminas de alguns descascadores eram curtas para as batatas grandes. Uma usuária comentou que a cor escura de alguns descascadores os faziam confundir com as cascas das batatas e eram jogados fora junto com as cascas.

Durante essas discussões, desenvolveu-se um plano para testar os descascadores concorrentes. Tendo-se identificado as principais necessidades do consumidor, foi possível enumerar as características de projeto para satisfazer a essas necessidades. Foram selecionados os descascadores que apresentavam variações ao longo dessas características, para serem testados com voluntários. Assim, poderia ser verificada a relação entre a variação do desenho e a satisfação do usuário. Esse tipo de análise, chamado de QFD *(quality function deployment* ou desdobramento da função qualidade), é apresentado no Capítulo 8.

Após listar um conjunto de necessidades do consumidor (rapidez no corte, facilidade de corte, manejo confortável), identificaram-se as características do produto que poderiam estar associadas com essas necessidades (Tabela 6.4). Esse exercício não teve o objetivo de pesquisar as necessidades do consumidor ou as características dos descascadores de maneira geral. Teve o objetivo, simplesmente, de explorar as necessidades do consumidor que não foram atendidas até agora. Foram selecionados 16 descascadores que apresentavam grandes variações nas quatro variáveis escolhidas: tipo de lâmina, posição da lâmina em relação ao cabo, corte da lâmina, e tamanho do cabo. Algumas lâminas eram fixas e outras eram móveis (giratórias). Algumas lâminas se colocavam em paralelo ao cabo e outras, perpendicularmente. Alguns tinham lâminas afiadas e outras, cegas. Alguns tinham lâminas compridas, outras, curtas.

Tabela 6.4 ■ Qual a relação entre certas necessidades dos usuários e as características do projeto?

Necessidade dos usuários	Características de projeto			
	Tipo de lâmina	Posição relativa da lâmina	Afiação da lâmina	Tamanho do cabo
Rapidez no corte	Móvel melhor que o fixo?	Desconhecido	É rápido afiar a lâmina?	Desconhecido
Facilidade de corte	Desconhecido	Desconhecido	É fácil afiar as lâminas?	Não relevante
Manejo confortável	Não relevante	É melhor alinhar a lâmina com o cabo?	Não relevante	Desconhecido

Um grupo de 12 pessoas (sem incluir os 9 das entrevistas iniciais) foi escolhido para testar os 16 descascadores selecionados, avaliando-os numa escala de 1 a 5, para três variáveis definidas pelos usuários: rapidez no corte, facilidade de corte, e manejo confortável. Eles não foram informados que os desenhos dos descascadores poderiam influir no seu desempenho. Antes de iniciar os testes, foram solicitados a se pronunciar sobre as impressões iniciais de cada descascador. Isso se destinou a comparar essas impressões antes dos testes, aquelas após os testes e verificar se houve mudanças.

O experimento procurou obter avaliações numéricas das preferências das pessoas sobre os diferentes descascadores. Esses valores numéricos permitem determinar a importância das características dos desenhos. Infelizmente, a percepção dos usuários mostrou-se mais complexa do que foi suposto no teste. Os números obtidos tiveram pouco significado. Mas as outras descobertas realizadas durante os testes foram de grande valor. Ao final dos testes, muitas ideias haviam surgido.

A primeira descoberta: haviam diferenças na forma de descascar as batatas, tratando-se de lâmina fixa ou móvel. Muitos estavam acostumados a usar apenas os descascadores com uma lâmina e desconheciam os que tinham duas faces de corte. As lâminas móveis facilitavam o corte, mas as lascas eram finas e estreitas. As lâminas fixas faziam cortes mais largos e profundos. Assim, não foi possível responder qual deles era o mais rápido. O de lâmina móvel foi mais rápido em tirar uma lasca, mas maior número de lascas deveriam ser tiradas para se descascar a batata toda. Ao final, pareceu que os de lâmina fixa eram mais rápidos. Contudo, os de lâmina móvel foram considerados melhores para acompanhar a superfície curva da batata. A posição relativa do cabo e da lâmina também produziu diferenças. Com a configuração alinhada, muitas pessoas disseram ter um controle maior dos movimentos. Isso porque usavam o polegar para guiar o movimento da lâmina. Com a lâmina perpendicular ao cabo, isso torna-se impossível. Assim, a configuração linear foi escolhida pela maioria dos usuários.

Embora o experimento não tenha decorrido exatamente como fora planejado, chegou-se ao resultado mais importante: foi possível identificar uma oportunidade de produto. Essa oportunidade indicou o desenvolvimento de um descascador combinando as vantagens da lâmina fixa com as de lâmina móvel. Isso permitiria descascar rapidamente, com característica da lâmina fixa, descascar facilmente, com característica da lâmina móvel, e descascar confortavelmente, por ter a lâmina alinhada com o cabo. No momento, o *designer* não tem ideia de como isso pode ser feito, mas não importa. Isso fica para ser resolvido posteriormente na etapa de concepção e configuração do projeto. O problema poderá ser resolvido analisando-se profundamente os projetos existentes e com muita criatividade.

ESPECIFICAÇÃO DA OPORTUNIDADE DO DESCASCADOR DE BATATA

Chegou a hora de preparar a especificação da oportunidade. Deve-se elaborar um documento para convencer, primeiro, o grupo de coordenação e, depois, o presidente da empresa, de que o novo descascador é uma oportunidade de negócio viável. Para tanto, é necessário apresentar tanto as informações técnicas como aquelas comerciais. A oportunidade técnica parece clara. Um novo projeto do descascador, reunindo as vantagens da lâmina fixa e da lâmina móvel, poderia conquistar o mercado que, antes, era dividido pelos que preferiam um tipo ou outro. O risco de fracasso em contentar um ou outro grupo poderia ser avaliado por uma pesquisa de mercado, a ser realizada mais tarde. O problema de fabricação seria facilmente resolvido. Um técnico da empresa poderia projetar o molde de injeção para o cabo, e um fornecedor externo, que já produz peças metálicas estampadas, poderia fornecer as lâminas.

Demonstrar a viabilidade comercial era mais difícil. Em uma pesquisa feita por amostragem, pelo telefone, entre as lojas que vendiam produtos da Plasteck, foi possível levantar o volume semanal de vendas dos descascadores em geral (Tabela 1 da Figura 6.20). A partir disso, foi possível fazer estimativas otimistas e pessimistas das vendas anuais, e as projeções (otimista e pessimista) de vendas para o novo descascador, nos próximos 4 anos (Gráfico 1 da Figura 6.20), baseando-se na curva de vendas de produtos similares da Plasteck, lançados nos três últimos anos. O preço-teto do produto foi estimado a partir do mapa preço-valor (Gráfico 1 da Figura 6.20), construído a partir da análise dos produtos concorrentes e da pesquisa de mercado.

O conhecimento da estrutura de custo dos canais de distribuição e vendas da Plasteck permite elaborar uma análise financeira e uma meta de custo para a fabricação, pelo método do "preço menos" (Tabela 2 da

Figura 6.20). A viabilidade dos custos de fabricação foi confirmada pelos próprios engenheiros da Plasteck e fornecedores das lâminas estampadas. O custo de desenvolvimento do novo descascador foi estimado a partir da experiência dos *designers* em projetos semelhantes (Tabela 3 da Figura 6.20). Tendo-se todas as informações financeiras, pôde-se elaborar um demonstrativo, colocando-se os valores críticos de vendas, custos, e prazo de desenvolvimento (Gráfico 1 da Figura 6.20). O conjunto de tabelas e gráficos que compõem a Figura 6.20 constitui a especificação de oportunidade. A conclusão mostra que a oportunidade é viável, embora seja necessário complementá-la com uma pesquisa de mercado, para confirmar as projeções de vendas.

Especificação de oportunidade do descascador de batatas

1. Necessidades do consumidor

Os consumidores demonstram forte fidelidade tanto ao tipo de lâmina fixa como ao de lâmina móvel.

Os consumidores estão conscientes dos problemas que ocorrem nos dois tipos.

2. Proposição do benefício básico

Desenvolver um novo descascador de batatas, reunindo as vantagens da lâmina fixa e da lâmina móvel, eliminando-se as desvantagens de ambos, com um projeto consolidado.

3. Oportunidade de *marketing*

É possível abranger os dois mercados hoje segmentados (lâmina fixa e lâmina móvel). Os descascadores estão presentes em todos os lares (isso foi confirmado por 40 pessoas pesquisadas na própria empresa).

4. Oportunidade de vendas

Os descascadores de batata são vendidos em 95% dos pontos de venda de produtos da Plasteck (estimativa do diretor comercial).

5. Oportunidade de fabricação

O molde para injeção do cabo pode ser fabricado na própria empresa. As lâminas podem ser fornecidas por um fabricante externo, já existente.

6. Principal risco comercial

O novo descascador pode não satisfazer os dois grupos de consumidores (lâmina fixa e lâmina móvel).

7. Pesquisa de mercado

Realizou-se uma pesquisa de mercado interna (na própria empresa) baseada em um desenho de apresentação do novo produto, que foi confirmada com uma pesquisa dos consumidores, baseada em um protótipo do novo produto.

Figura 6.20 ■ Especificação de oportunidade da Plastek para o novo modelo de descascador de batatas *(continua)*.

Tabela 1 Amostragem de vendas e projeção de vendas para o novo descascador.

Justificação da oportunidade					
	Vendas atuais (semanais)			Vendas projetadas	
Pontos de venda	**Totais**	**Otimistas**	**Pessimistas**	**Estimativa otimista**	**Estimativa pessimista**
Lojas de utilidades (5)	6	2	0,1	3	1
Supermercados (2)	53	24	9	30	7
Lojas de departamentos (2)	37	13	1,8	16	6
Vendas pelo correio (1)	146	58	13	73	23
Outros (2)	5	2	0,2	2	1
Estes números representam estimativas de vendas semanais de uma amostra de diferentes pontos de vendas da Plasteck, incluindo 5 lojas de utilidades, 2 supermercados, 2 lojas de departamentos, 1 serviço de venda por correio e 2 outros. Estimativa otimista = 1,25 x vendas otimistas aturais; Estimativas pessimista = 0,5 x (otimistas atuais – pessimistas atuais)					

Tabela 2 Análise financeira do preço.

Preço-teto ao consumidor — extraído do mapa preço-valor	**2,20**
Margem do lojista — 50% do preço final	1,10
Preço do atacadista — baseado na cifra acima	0,88
Margem do atacadista — 20% do preço por atacado	0,22
Custo de distribuição — $ 4 por caixa de 1200 unidades	0,03
Custos indiretos de fabricação — baseados na cifra acima	0,85
Margem do custo de fabricação — 60% dos custos indiretos	0,32
Meta do custo de fabricação — baseado na cifra acima	**0,53**
Custo de *marketing* e vendas — 50% margem custo fabricação	0,16
Margem de lucro — 50% restante	0,16

Tabela 3 Custos de desenvolvimento.

Etapas do desenvolvimento	Homens-dia	Custo $190/dia	Custo de materiais	Soma $
Projeto conceitual	10	1.900	300	2.200
Especificação do projeto	5	950	0	950
Configuração	10	1.900	1.000	2.900
Projeto de detalhes	15	2.850	1.000	3.850
Engenharia de produção	15	2.850	30.000	32.850
Total	**55**	**10 450**	**32 300**	**42 750**

Figura 6.20 ■ Especificação de oportunidade da Plastek para o novo modelo de descascador de batatas. *(continua)*.

Gráfico 1 Vendas previstas para o novo descascador.

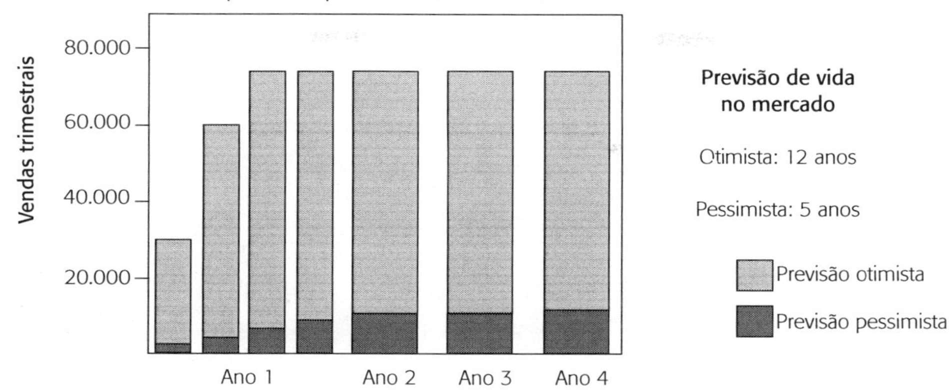

Amortização dos custos do desenvolvimento
Otimista: 1, 1 anos
Pessimista: 6,7 anos

Lucros/prejuízos durante a vida do produto
Otimista: $ 537.000
Pessimista: (–)$ 12.221

Gráfico 2 Mapa preço-valor.

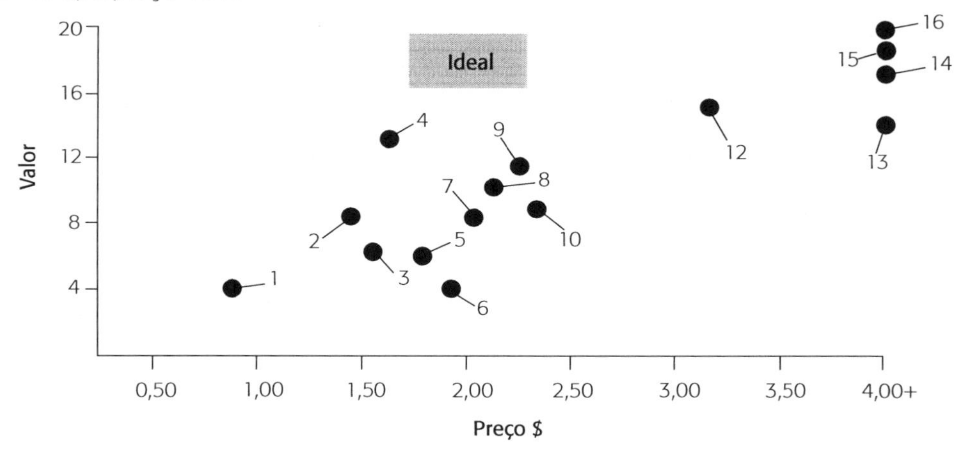

O preços se referem à média, encontrados no mercado. Os valores foram obtidos pela soma dos pontos, obtidos em quatro fatores: qualidade do cabo; qualidade da lâmina; função do cabo; e foram feitos por 12 avaliadores da própria empresa.

Figura 6.20 ■ Especificação de oportunidade da Plastek para o novo modelo de descascador de batatas. *(continuação)*

Conclusões sobre o descascador de batatas

1. O desenvolvimento de um novo projeto de descascador de batatas é comercialmente viável para a Plasteck.
2. A estimativa otimista de vendas e o crescimento das vendas sugere um ponto de equilíbrio (*break-even point*) após 1,1 ano e um lucro de $ 49 000 anuais daí para a frente.
3. O trabalho de projeto deve ser direcionado para o desenvolvimento de um desenho consolidado, combinando as vantagens do descascador de lâmina móvel e de lâmina fixa, eliminando-se as desvantagens de ambos.
4. O desenvolvimento do projeto consumirá 55 homens-dia, e a matriz do molde, mais $ 30 000, com um custo total de $ 42 750. Desse total, $ 6 500 serão gastos com um protótipo para teste de mercado. O restante $ 36 250 será investido no detalhamento do projeto, engenharia de produção e ferramentaria. Essas despesas só devem ser liberadas se o teste de mercado confirmar o retorno do investimento em menos de 2 anos.

Ferramenta 24:

Conceitos-chaves da especificação de oportunidade

1. Planejamento do produto

O planejamento do produto ocorre em dois estágios:

- Preparação da especificação da oportunidade, na fase inicial do desenvolvimento do produto.
- Preparação da especificação do projeto após projeto conceitual.

2. Especificação da oportunidade

A especificação da oportunidade procura comprometer a administração da empresa a dar continuidade ao desenvolvimento do produto. Ela é composta de um resumo da oportunidade comercial do novo produto e uma justificativa comercial dessa oportunidade.

3. Proposição do benefício básico

A essência da oportunidade comercial é descrita na proposição do "benefício básico", descrevendo-se as diferenças proporcionadas pelo novo produto em relação aos seus concorrentes.

4. Justificativa da oportunidade

A oportunidade é justificada pela posição do preço-teto proposto para o novo produto, em relação aos concorrentes no mapa preço-valor. A partir desse preço, pode-se estimar o custo de fabricação aceitável e verificar se é possível produzi-lo nesse nível de custo. A seguir, estimam-se as vendas e o tempo necessário para recuperar o custo do desenvolvimento e também o lucro total durante toda a vida do produto.

5. Preparação da especificação da oportunidade

A especificação da oportunidade é baseada na análise dos produtos concorrentes, pesquisa das necessidades de mercado e auditoria tecnológica. Ao fim disso tudo, você terá elaborado uma oportunidade do produto capaz de preencher uma necessidade do consumidor, com um produto que se diferencie dos seus concorrentes e que seja tecnologicamente viável para fabricação industrial.

Ferramenta 25:

O método Delphi

O método Delphi foi desenvolvido pela empresa Rand Corporation na década de 1950 e foi aplicado pela primeira vez para se obter consenso entre especialistas sobre a ameaça nuclear da União Soviética contra os EUA. O método Delphi coleta opiniões de um grupo de especialistas, por meio de um questionário bem estruturado, em rodadas sucessivas. Muitas vezes os especialistas selecionados são grandes autoridades no assunto e dificilmente poderiam ser reunidos em uma sessão conjunta. Assim, o método Delphi foi desenvolvido para consulta postal, com os participantes enviando as respostas por escrito (N.T. atualmente essas consultas são feitas pela Internet) . No método original, os participantes não se conheciam entre si e era garantido o anonimato dos mesmos. Entretanto, variações posteriores do método são aplicadas em reuniões, com respostas verbais dos participantes. Uma variante do método Delphi pode ser aplicada, por exemplo, para se obter consenso sobre o volume de vendas possíveis de um novo produto, reunindo os diretores comercial, industrial, administrativo e financeiro da empresa, podendo também envolver alguns especialistas externos em pesquisa de mercado.

Após identificar o problema, os especialistas são consultados em três rodadas sucessivas. Em cada uma dessas rodadas, podem-se fazer perguntas cada vez mais específicas e convergentes para se chegar a algum ponto de consenso. O **primeiro** questionário costuma abranger os aspectos gerais, para se obter um posicionamento inicial dos participantes. As respostas são coletadas e compiladas. Estas servem para elaborar o segundo questionário, aos mesmos especialistas. O **segundo** questionário destina-se a clarear e expandir alguns tópicos, identificar áreas de concordâncias e discordâncias e uma primeira tentativa para estabelecer as prioridades. Frequentemente, os participantes são solicitados a votar em algumas alternativas oriundas do primeiro questionário. As respostas do segundo questionário são novamente coletadas e compiladas. O **terceiro** questionário visa estabelecer consenso sobre os tópicos levantados e determinar a melhor solução. Novamente os especialistas são solicitados a votar em proposições específicas. Os resultados do terceiro questionário devem representar as ideias e opiniões centrais dos participantes, filtradas nas rodadas anteriores. Essas ideias e opiniões são adotadas como base para a escolha da melhor solução possível para o problema.

O método Delphi é uma excelente técnica para colher opiniões de especialistas, que não poderiam participar de reuniões para discussões pessoais. E um método bem disciplinado para colher opiniões de um número qualquer de pessoas. Tem a desvantagem de ser demorado (pelo menos 2 meses) e exigir trabalho de um grupo habilitado em sua coordenação. A qualidade do trabalho vai depender muito da capacidade desse grupo em compilar, interpretar, filtrar, classificar e resumir as respostas recebidas dos especialistas, transformando-as em novas questões para a rodada seguinte.

Exemplo de aplicação do Método Delphi

Uma empresa do ramo eletrônico está pensando em investir em novas tecnologias, a fim de desenvolver produtos com sistemas neurais de computação. Ela está procurando informações e orientações sobre essa área de rápidas mudanças. Decidiu, então, aplicar o método Delphi para consultar algumas autoridades da área.

Rodada 1

Enviou-se uma carta aos especialistas, explicando os objetivos da empresa e sua intenção de investir em redes neurais. Explicou-se o método Delphi, solicitando ajuda dos mesmos e oferecendo uma retribuição. O primeiro questionário, contendo as seguintes questões, foi anexado à carta:

1. *O que você acha do futuro da tecnologia de computação neural? Você tem alguma informação sobre a expansão futura da tecnologia neste setor?*
2. *Existe alguma aplicação específica ou setor de mercado onde você vê possibilidade de aplicação da computação neural nos próximos cinco anos?*
3. *Você conhece alguma aplicação atualizada ou algum estudo de caso envolvendo computação neural?*
4. *Quais são os líderes do mercado no fornecimento de sistemas para desenvolvimento de computação neural?*
5. *Na sua opinião, quais são os principais obstáculos para uma empresa como a minha, que pretende começar a desenvolver aplicações de computação neural?*
6. *Você pensa que seria um bom negócio começar a investir em computação neural, nos dias de hoje? Por favor, apresente os principais argumentos de sua resposta.*

Rodada 2

Os principais tópicos da primeira rodada foram analisados e usados como base para a preparação do segundo questionário, que foi novamente enviado aos mesmos especialistas:

1. *Há opiniões sobre um crescimento substancial do mercado de computação neural para processamento automático de sinais, tanto para aplicações industriais como domésticas. Você concorda com isso? Sim/Não.*
2. *Você tem alguma informação ou estimativa pessoal sobre a provável dimensão desse mercado: a) na Inglaterra; b) na Europa; c) nos EUA; d) no mundo?*
3. *O principal obstáculo para a minha empresa desenvolver sistemas de computação neural é a falta de capacitação do pessoal técnico. Para capacitar os técnicos que já dominam bem os conhecimentos de eletrônica e computação, seria necessário um treinamento em tempo integral durante cerca de: a) 2 semanas; b) 2 meses; c) 6 meses; d) mais de 6 meses?*

Rodada 3

Os resultados da rodada 2 foram analisados e usados como base para a elaboração do questionário para a rodada 3, que foi novamente enviado aos mesmos especialistas:

1. *Eu penso em investir na tecnologia de computação neural para desenvolver produtos para processamento automático de sinais. Na sua opinião, quem serão os meus principais concorrentes, e quais são as suas forças e fraquezas?*

2. *Eu estou organizando cursos para treinar os técnicos da empresa em sistemas de computação neural. Por favor, avalie, na escala de 1 a 10, as importâncias dos seguintes tópicos:*

a) Desenvolvimento de *hardware* do sistema.

b) Desenvolvimento de *software* do sistema.

c) Sistemas aplicativos do *hardware.*

d) Sistemas aplicativos do *software.*

e) Sistemas de processamento de sinais.

Ferramenta 26:

Pesquisa das necessidades de mercado

A pesquisa das necessidades de mercado usa um conjunto de métodos para descobrir o que os consumidores esperam de em um tipo particular de produto. Ela procura determinar como os consumidores percebem uma necessidade que não é atendida pelos produtos atualmente existentes no mercado. As consultas são feitas aos consumidores ou a especialistas de mercado, que conheçam profundamente as percepções dos consumidores e seus hábitos de compra no segmento do mercado em questão.

E necessário pensar bem nas questões a serem formuladas, que devem ser colocadas em um questionário estruturado, para perguntar e analisar as reações dos consumidores. Elas fornecem a evidência de uma necessidade de mercado (ou a ausência dela). Atuam como um filtro, analisando criticamente a viabilidade do novo produto proposto. Até esse estágio, poucos recursos terão sido gastos no novo produto. Então, é crucial identificar os produtos que não terão sucesso no mercado, para serem eliminados nesse estágio, antes que consumam mais recursos.

Os métodos de pesquisa de mercado podem ser classificados em: internos (à empresa), bibliográficos, qualitativos e quantitativos. Os métodos internos e bibliográficos já foram descritos no início deste capítulo. Agora examinaremos os métodos qualitativos e quantitativos de pesquisa.

Planejamento da pesquisa das necessidades de mercado. A pesquisa das necessidades de mercado é feita para subsidiar as decisões. Nenhuma pesquisa deve ser feita se não houver necessidade da mesma ou quando não se tem um objetivo claro. Esse objetivo pode ser amplo (por exemplo, o que os consumidores desejam e não encontram nos produtos atuais), mas é conveniente fazer sempre, de alguma forma. O planejamento da pesquisa das necessidades de mercado define o objetivo, em função das decisões a serem tomadas.

O planejamento da pesquisa baseia-se, pelo menos parcialmente, nas suposições das necessidades do mercado, mas também é focalizado nas áreas críticas de incertezas, das quais depende o sucesso do novo produto (Figura 6.21). A seguir, determina-se a metodologia, escolhendo-se a sua categoria (qualitativa ou quantitativa) e as perguntas a serem feitas. Escolhe-se uma amostra representativa dos consumidores (idade, sexo, nível de renda, nível sociocultural, distribuição geográfica) e o tamanho da amostra. Os métodos de medida determinam como as questões serão apresentadas (pessoalmente, por telefone ou Internet) e a análise de dados deve estabelecer a forma de processá-las. A etapa final do planejamento deve decidir como os resultados serão interpretados e transformados em decisão (por exemplo, se aprova/rejeita a proposta do novo produto).

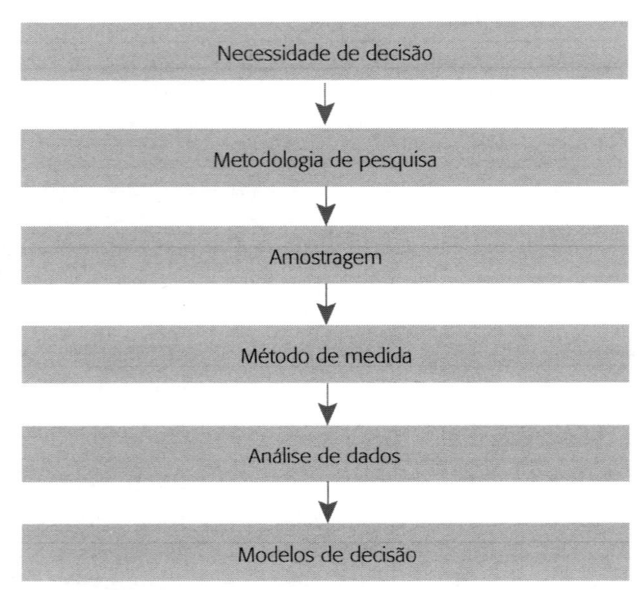

Figura 6.21 ■ Etapas da pesquisa das necessidades de mercado.[4]

Objetivos da pesquisa. Antes de mais nada, deve-se saber quais são as informações que se quer extrair do mercado. Elas devem ser focalizadas nas oportunidades percebidas e nas ameaças que podem determinar o sucesso ou fracasso do novo produto. Rever o benefício básico do novo produto (ver Tabela 6.2) é fundamental nessa etapa. Os assuntos sugeridos devem ser colocados por escrito, para serem discutidos, até se conseguir um consenso. Esses assuntos que merecem ser pesquisados recaem em duas categorias:

- Os aspectos críticos que podem determinar o sucesso ou fracasso do novo produto.
- Os aspectos que geram grande incerteza.

Um resumo dos requisitos identificados na pesquisa de mercado é um documento importante para o controle de qualidade neste estágio, assegurando clareza e consenso sobre os objetivos da pesquisa.

Considerando que a utilidade da pesquisa de mercado é fornecer subsídios à decisão, seus objetivos devem ser descritos de modo a informar, apoiar ou refutar essas decisões.

Metodologia de pesquisa. Após identificar os requisitos da pesquisa de mercado, deve-se escolher o tipo de pesquisa mais adequado para o caso. A pesquisa **qualitativa** pode cobrir uma ampla gama de assuntos e pode estudar mais a fundo as percepções dos consumidores sobre os produtos existentes no mercado. Contudo, é limitado por uma pequena amostragem. A pesquisa **quantitativa** faz um pequeno número de perguntas a um grande número de pessoas. Ela fornece respostas objetivas a questões do tipo: Qual é a percentagem do mercado que percebe uma determinada necessidade? Qual é a percentagem do mercado que está disposta a pagar mais por uma função adicional do produto? Para o desenvolvimento de grandes produtos, pode-se usar os dois tipos, pois eles se complementam entre si. As pesquisas qualitativas podem explorar as percepções e necessidades dos consumidores, que depois podem ser pesquisadas em maior profundidade com o método quantitativo.

Amostragem. Tanto a pesquisa qualitativa como a quantitativa baseiam-se em entrevistas com pessoas. A seleção dessas pessoas é uma parte importante da pesquisa de mercado e deve-se investir tempo para que seja realizada corretamente. Em termos gerais, o grupo de pessoas selecionadas deve ser uma amostra representativa dos consumidores do novo produto. Se o mercado desse produto ainda não estiver bem definido, deve-se começar com uma amostra bem variada, representando vários segmentos do mercado. À medida em que os objetivos vão ficando mais claros, a amostragem deve ir se estreitando. Muitas empresas usam uma amostragem interna, constituída de gente da própria empresa, para uma pesquisa preliminar. Outras mantém um cadastro de usuários conhecidos de produtos da empresa. Geralmente, os clientes tradicionais da empresa estão dispostos a experimentar outros lançamentos dessa empresa. Outra alternativa é recorrer a agências de pesquisa de mercado. Elas geralmente mantém um certo número de consumidores em cadastro, que podem ser convocados, e se juntam a amigos ou vizinhos, quando necessário. Finalmente, os consumidores podem ser selecionados ao acaso, tanto para entrevistas pessoais, como pelo telefone ou Internet. É isso que acontece, por exemplo, quando as pessoas são abordadas na rua. As vantagens e desvantagens relativas desses métodos de escolha da amostra é apresentada na Figura 6.22.

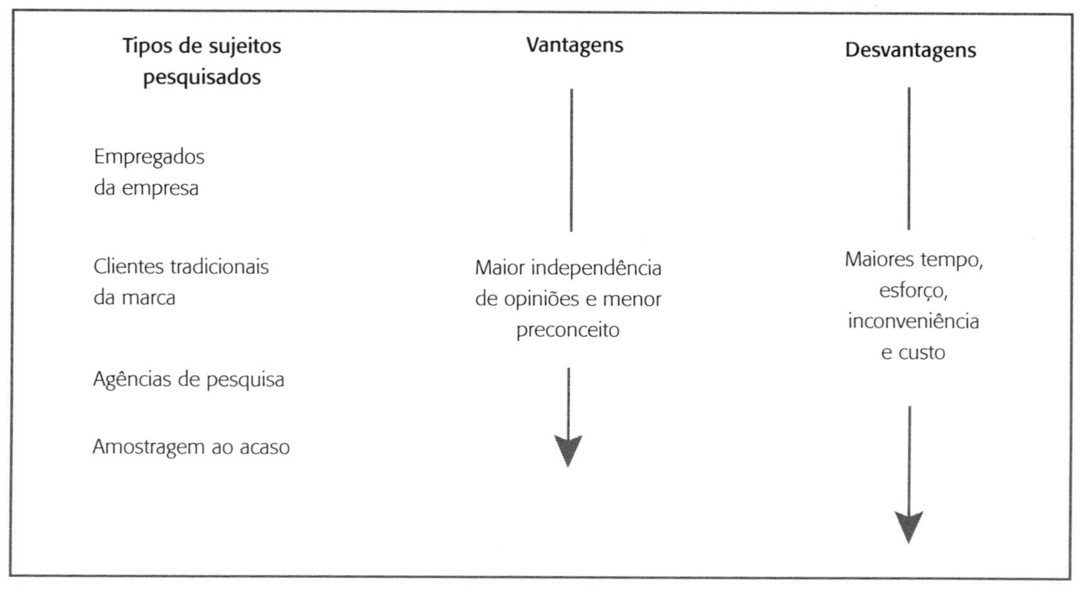

Figura 6.22 ■ Diferentes tipos de amostras de consumidores para pesquisa das necessidades de mercado.

Perguntando e obtendo respostas. Tanto a pesquisa qualitativa como aquela quantitativa dependem das perguntas corretas, para se obter a informação desejada. A pesquisa de mercado deve evitar as ideias preconcebidas. É necessário dar oportunidade aos entrevistados para que eles possam escolher as respostas. Muitas vezes, as questões são formuladas e depois se oferecem diversas alternativas de respostas. Isso ajuda a estruturar a análise e interpretar os resultados. Contudo, as questões devem ser neutras, não introduzindo viés a nenhuma das alternativas. Quando é dada oportunidade para o entrevistado simplesmente concordar com a pergunta feita, provavelmente as respostas serão tendenciosas.

Infelizmente, as pessoas procuram dar a resposta que você quer ouvir, segundo o julgamento delas. Isso faz parte da natureza humana. Se você perguntar: "Você prefere o produto X em vez do produto Y?", a pessoas tendem a concordar, simplesmente. Em vez disso, se a pergunta for: "Que produto você prefere, produto X ou produto Y?", força a pessoa a tomar uma decisão, sem induzi-la. Fazer perguntas neutras nem sempre é só uma questão de palavras. A entonação na hora de fazer a pergunta pode ter influência. Considere o efeito da entonação nessas perguntas simples: "**Por que** você fez isso?", " Por que **você** fez isso?", "Por que você **fez** isso?", "Por que você fez **isso**?". A explicação inicial sobre o objetivo da pesquisa também pode ser uma fonte de distorção das respostas. Assim, deve-se dar apenas uma indicação bem genérica sobre os objetivos da pesquisa. Por exemplo: "eu gostaria de fazer algumas perguntas sobre o que você acha dos telefones celulares"— a explicação mais detalhada pode ficar para o final da entrevista.

Usa-se, em pesquisas de mercado, colocar uma gradação para as respostas, numa escala linear, que pode ser verbal ou por escrito. Em geral se usam cinco ou sete graus nessa escala, como nos seguintes exemplos:

O telefone celular é um instrumento essencial para o moderno mundo dos negócios.

	Concorda inteiramente	Concorda	Não concorda nem discorda	Discorda	Discorda inteiramente
Você:	________	________	________	________	________

Outro método consiste em definir os dois extremos da escala:

A função de memória no meu telefone celular é:

|___|___|___|___|___|___|___|

Muito complicada e difícil de usar — Bem projetada e fácil de usar

Um outro método consiste em pedir que o entrevistado distribua um certo número de pontos de acordo com as suas preferências:

Divida 100 pontos entre essas três marcas de telefone celular, de acordo com as suas preferências:

Motorola________ pontos   Nokia________ pontos   Ericsson________ pontos

Pesquisa qualitativa. O objetivo da pesquisa qualitativa é obter a percepção aprofundada da necessidade de mercado consultando um pequeno número de consumidores (Tabela 6.5). A pesquisa pode ser realizada individualmente ou em grupos de cerca de 5 pessoas. Essa pesquisa em grupo, também chamada de Grupo de Foco, é muito utilizada na área de *Marketing*. As pesquisas geralmente são realizadas na casa de alguém, para se ter uma atmosfera relaxada e facilitar a discussão. Griffin e Hauser[13] descobriram que, na pesquisa qualitativa do mercado, a percentagem de necessidades identificadas cresce com o aumento do número de sujeitos, assim como com o aumento do número de analistas que examinam os resultados (Figura 6.23).

Tabela 6.5 ■ Principais características da pesquisa qualitativa.

Pesquisa qualitativa	
Características	**Descrição**
Informativa e exploratória	Dá oportunidade para que o entrevistado fale sobre o que realmente sente. Encoraja sentimentos, percepções e crenças, além de suas experiências diretas. Procura obter opiniões positivas e negativas. Procura surpresas e opiniões que conflitem com os conceitos iniciais da empresa.
Exploratória, sem fronteiras definidas.	Não se atém rigidamente ao roteiro. Persegue todas as linhas interessantes de discussão.
Sem resposta conclusiva	Não se força a busca de uma resposta conclusiva a partir da interpretação da pesquisa qualitativa.
Depende da habilidade do entrevistador	O entrevistador exerce uma função-chave na pesquisa qualitativa. Ele deve estabelecer a linha divisória entre manifestação espontânea e conversa inútil. O entrevistador deve ter um conhecimento profundo dos objetivos da pesquisa.

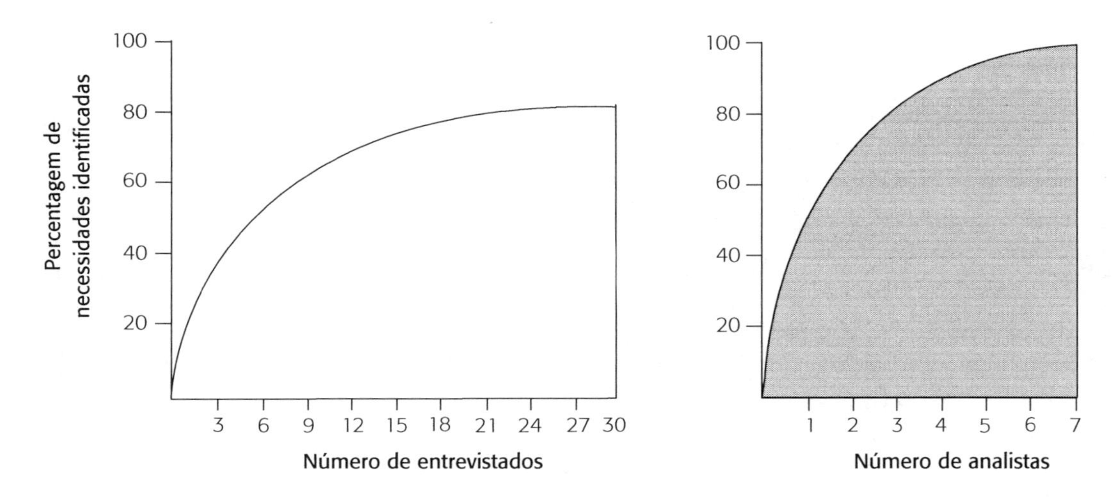

Figura 6.23 ■ O resultado da pesquisa qualitativa depende do número de pessoas entrevistadas e do número de analistas.

Pesquisa quantitativa. O objetivo da pesquisa quantitativa é produzir respostas objetivas, consultando-se uma amostra estatisticamente significativa de consumidores (Tabela 6.6). A pesquisa pode ser realizada por entrevistas pessoais, por telefone ou Internet, seguindo um roteiro rigidamente estabelecido. Geralmente se entrevistam pelo menos 100 pessoas. A pesquisa quantitativa de mercado pode ser usada para a elaboração de modelos sofisticados de comportamento do consumidor. Ela não pode ser feita de modo superficial e sugere-se uma leitura dos livros recomendados na nota,[4] antes de começar tal tipo de pesquisa.

Tabela 6.6 ■ Principais características da pesquisa quantitativa.

Pesquisa quantitativa	
Características	**Descrição**
Definida e específica	Geralmente é baseada numa pesquisa qualitativa prévia. A pesquisa quantitativa focaliza um pequeno número de questões. Geralmente se usa um questionário estruturado, que é o mesmo para todos os entrevistados.
Resultados numéricos e orientados estatisticamente	A pesquisa quantitativa geralmente é usada para se fazer projeções dos negócios (vendas futuras). Para isso, é necessário fazer um delineamento estatístico da pesquisa. Os resultados são submetidos a análises estatísticas. A dimensão da amostra pode ser calculada conhecendo-se a variância dos resultados e a precisão que se deseja das respostas.
Facilita decisões quantitativas	As questões devem ser formuladas para se obter respostas claras e precisas, para orientar as decisões. Um teste preliminar das questões serve para conferir se as respostas são aquelas desejadas, com a precisão necessária.

Ferramenta 27:

Especificação da oportunidade

A especificação da oportunidade é um documento conciso, descrevendo a necessidade de mercado para um novo produto proposto e a oportunidade de negócio representada pelo produto.

É usada, em primeiro lugar, pela gerência da empresa, para decidir sobre um investimento inicial no novo produto. Se for aprovada pela gerência, serve também para orientar os trabalhos da equipe de desenvolvimento do produto. Uma especificação da oportunidade deve cobrir dois aspectos relevantes do novo produto proposto:

- Uma descrição da oportunidade do novo produto proposto, focalizando o benefício básico da proposta.
- Uma justificativa da oportunidade de negócio, contendo a projeção das vendas, margem sobre os custos de produção, custos de desenvolvimento, ponto de equilíbrio (acima do qual o produto começará a gerar lucro).

Etapas da preparação da especificação da oportunidade

O primeiro estágio na preparação da especificação da oportunidade é a identificação do benefício básico do novo produto, valendo-se da análise dos produtos concorrentes (Ferramenta 21), pesquisa das necessidades de mercado (ver Ferramenta 26), e auditoria de tecnologia. As oportunidades de produto geralmente estão ligadas a: aumento do valor do produto, redução do preço do produto, e necessidades não preenchidas no mercado (Figura 6.25).

A proposta de benefício básico é uma descrição simples e concisa dos benefícios proporcionados ao consumidor, em comparação com os produtos concorrentes

Análise dos produtos concorrentes
A análise dos produtos concorrentes no mercado visa detectar brechas ainda não preenchidas nas necessidades do consumidor.

Proposta do benefício básico
Descrição simples e concisa, abordando necessidades significativas do consumidor, ainda não preenchidas pelos produtos existentes no mercado e que podem ser realizadas com as tecnologias disponíveis.

Pesquisa das necessidades de mercado
Pesquisa para descobrir necessidades do consumidor, que ainda não foram preenchidas.

Auditoria tecnológica
Levantamento das oportunidades tecnológicas, capazes de satisfazer as necessidades do consumidor, de forma inovadora.

Figura 6.24 ■ Proposta do benefício básico.

Exemplos de benefícios básicos de alguns produtos:[(2)]

- Cheques de viagens do American Express — conceituado, aceito em todos os lugares, completa proteção contra perdas, pronta reposição.
- Impressora a *laser* Hewlett Packard — imprime documentos em excelente qualidade, silenciosa, fácil de usar e fazer manutenção, confiável e flexível.
- Xampu autorregulável Silkience — xampu que proporciona uma quantidade apropriada de substâncias para tratamento de diferentes partes dos cabelos — limpa as raízes dos cabelos sem ressecar as suas pontas.

Na etapa seguinte, devem-se desenvolver outros aspectos da descrição da oportunidade, incluindo:

- Benefícios secundários do produto proposto, em comparação com outros produtos existentes no mercado.
- Outras características necessárias ao produto, para manter a sua posição relativa no mercado.

- Principais aspectos de produção, distribuição e vendas do novo produto.
- Possíveis riscos no desenvolvimento do novo produto.

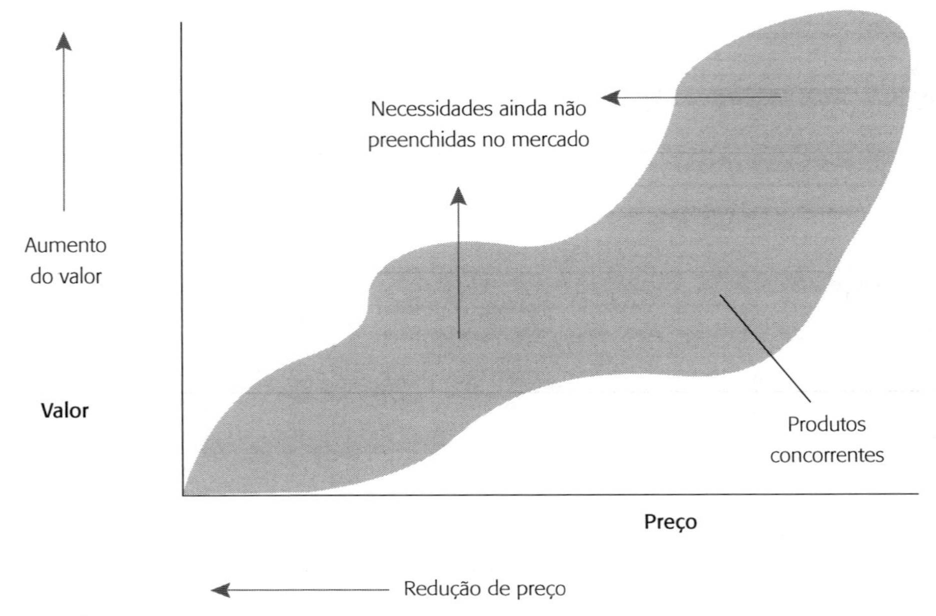

Figura 6.25 ■ Os três tipos de oportunidades de produto.

O próximo passo é justificar a oportunidade. A primeira e mais importante etapa é a posição de **preço** do produto. Isso significa encontrar um preço para o novo produto, que seja competitivo com outros produtos e reflita o valor do novo produto. Estabelecer o preço é uma das decisões mais importantes a serem tomadas sobre o novo produto. O preço tem sido descrito como uma variável "perigosamente explosiva". Pesquisa realizada na área econômica demonstrou que o preço de um produto tem 20 vezes mais efeito sobre as vendas do que a propaganda, por exemplo.(14) Uma maneira de determinar o preço de um novo produto é pelo mapa preço-valor dos produtos concorrentes, como foi mostrado na Figura 6.16.

Depois que o preço for estabelecido, é possível chegar à meta do custo de fabricação, usando-se o método de planejamento financeiro da "subtração do preço-teto" (Figura 6.26). Esse método parte do preço final a ser pago pelos consumidores e vai subtraindo, sucessivamente, as margens e os custos em cada etapa de distribuição, até chegar ao custo de produção na fábrica (ver Figuras 6.12 e 6.14). Aí se examina se é possível fabricá-lo com os benefícios básicos e demais benefícios secundários, naquele nível de custo. Se for constatado que isso será possível, a etapa final da justificativa da oportunidade consiste em completar o modelo dos custos de desenvolvimento e o tempo previsto para conseguir retorno dos investimentos. O modelo pode fazer também uma projeção da curva de vida do novo produto, quando ocorrerá o ponto de equilíbrio, e qual será o lucro anual após esse ponto, e os lucros totais durante toda a vida do produto. Esse modelo financeiro já foi exemplificado para o caso do descascador de batatas (ver Tabela 2 da Figura 6.20).

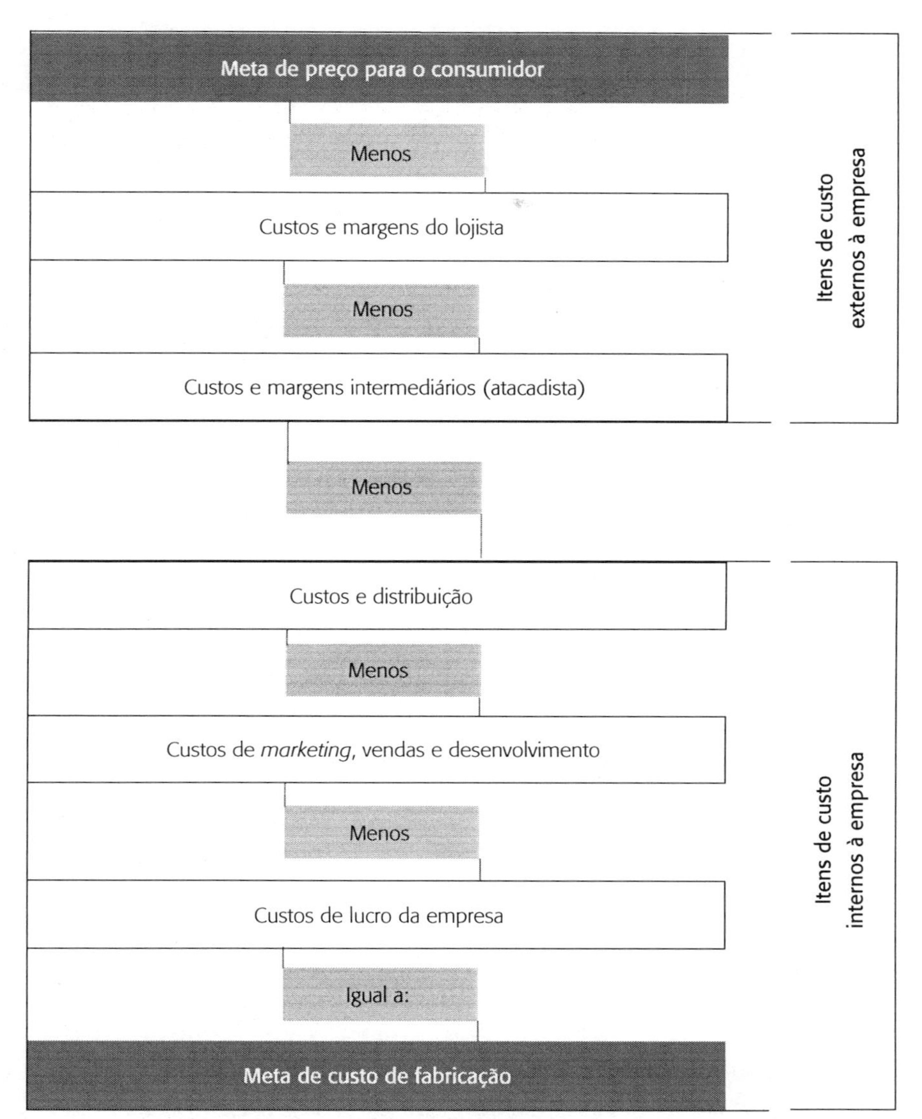

Figura 6.26 ▪ Processo de planejamento financeiro pelo método da subtração do preço.

NOTAS DO CAPÍTULO 6

1. Ulrich, K.T. e Eppinger, S.D., *Product Design and Development,* New York: McGraw Hill Inc., 1995, p. 6.
2. Urban, G.L. e Hauser, J.R., *Design and Marketing of New Products* (2ª edição), Englewood Cliffs, New Jersey: Prentice Hall International Inc., 1993, p. 164.
3. Urban e Hauser, 1993 (veja nota 2 acima), p. 30.

4. Um texto clássico sobre pesquisa de mercado é o Churchill, G. A. Jr., *Basic Marketing Research* (2ª edição), The Dryden Press, 1992. Para uma pesquisa mais orientada para o produto, consulte Urban e Hauser (veja a nota 2 anterior), ou Moore, W.L. e Pessemier, E. A., *Product Planning and Management: Designing and Delivering Value.* New York: McGraw Hill Inc., 1993.
5. Waterman, R. H. Jr., *Adhocracy: The Power do Change.* Knoxville, Tennessee: Whittle Direct Books, 1990.
6. Mintel Market Intelligence, *Cookware.* London: Mintel International Group. Julho 1992, p. 8-9.
7. A história de desenvolvimento do *walkman* é contada pelo próprio Morita, em Morita, A. Selling to the World: The Sony Walkman Story. *In* Henry, J. e Walker, D. (ed.), *Managing Innovation.* London: Sage Publications Ltd., 1991, p. 187-191. Também está descrito no Nayak, P.R., Ketteringham, J. M. e Little, A. D., *Breakthroughs! (*2ª edição), Didcot, Oxfordshire, UK.: Mercury Business Books, 1993, p. 94-111.
8. Uma boa explicação sobre *Benchmarking* para novos produtos é apresentada em Zangwill, W. I., *Lightning Strategies for Innovation.* New York: Lexington Books, 1993, p. 60-73. (Em português, ver Camp, R.C., *Benchmarking dos processos de negócios.* Rio de Janeiro: Qualitymark Editora, 1997). N.T.
9. Os dados sobre os preços dos semicondutores foram obtidos no departamento editorial de *Electronics Today International.*
10. Plasteck Ltda. é uma empresa fictícia, mas os produtos, mercado e objetivos do desenvolvimento de produtos foram baseados num caso real, em que o *Design Research Centre* da Universidade de Brunel trabalhou durante 4 anos. Os nomes foram trocados para se manter o sigilo comercial.
11. Proctor, T. Product Innovation: the pitfalls of entrapment. *Creativity and Innovation Management,* 1993, 2: 260-265.
12. Dados do relatório Sitting Safely, da revista de consumidores *Which?.* Agosto 1993, p. 34-38.
13. Griffin, A. e Hauser, J. R.,The Voice of the Customer, *Marketing Science.* 1993, Vol. 12.
14. Diamantopoulos, A. e Mathews, B., *Marketing Pricing Decisions: a Study of Managerial Practice.* London: Chapman & Hall, 1995, p. 7.

Capítulo 7

Projeto conceitual

O projeto conceitual tem o objetivo de produzir princípios de projeto para o novo produto. Ele deve ser suficiente para satisfazer as exigências do consumidor e diferenciar o novo produto de outros produtos existentes no mercado. Especificamente, o projeto conceitual deve mostrar como o novo produto será feito para atingir os benefícios básicos. Portanto, para o projeto conceitual, é necessário que o benefício básico esteja bem definido e se tenha uma boa compreensão das necessidades do consumidor e dos produtos concorrentes. Com base nessas informações, o projeto conceitual fixa uma série de princípios sobre o funcionamento do produto e os princípios de estilo.

O PROCESSO DO PROJETO CONCEITUAL

Existem dois segredos simples para o sucesso do projeto conceitual. Primeiro: faça o possível para gerar o maior número possível de conceitos. Segundo: selecione o melhor deles. O projeto conceitual demanda muita criatividade. É nessa fase que as invenções são feitas. Os projetos verdadeiramente inovadores raramente "caem do céu". Lembre-se do que foi dito no Capítulo 4: criatividade é 99% transpiração e 1% inspiração. Portanto, uma boa preparação é vital para a solução de problemas.

Tabela 7.1 ■ As etapas do projeto conceitual são semelhantes àquelas da metodologia criativa.

Etapas	Metodologia criativa	Projeto conceitual	Resultados	Métodos de projeto
1	Análise e definição do problema	Objetivos do projeto conceitual	Proposição do benefício básico, dentro das metas fixadas na especificação do projeto	Análise do espaço do problema
2	Geração de ideias sobre conceitos	Geração de conceitos possíveis	Geração de muitos conceitos	Análise das tarefas. Análise das funções do produto.
3	Seleção das ideias sobre conceitos	Seleção de conceito, de acordo com a especificação do projeto	Seleção do melhor conceito em comparação com as especificações do projeto	Matriz de seleção dos conceitos

A preparação já ocorreu extensivamente durante o planejamento do produto, mas é necessário algo mais para o projeto conceitual. Atrás de todos os projetos bem-sucedidos podem ser encontrados muitos rascunhos de conceitos recusados, provando que houve muita busca de soluções inovadoras. Essa busca segue o mesmo caminho dos princípios gerais de criatividade. A Tabela 7.1 mostra as etapas da metodologia criativa e, ao lado, as etapas correspondentes do projeto conceitual, os resultados de cada etapa e os métodos de projeto disponíveis.

■ OBJETIVOS DO PROJETO CONCEITUAL

O objetivo do projeto conceitual pode variar bastante, dependendo do tipo de produto. Isso se deve, em grande parte, aos diversos tipos de restrições colocadas às oportunidades de produto. Por exemplo, se for identificada a oportunidade de se produzir rapidamente uma versão de baixo custo de um produto já existente, não adianta ficar formulando conceitos inteiramente novos para o produto. Se, pelo contrário, todos os produtos da empresa não estiverem satisfazendo às necessidades do consumidor, então é necessário repensar a política de *design* adotada pela empresa.

O objetivo do projeto conceitual pode ser procurado definindo-se as fronteiras e o espaço do problema (Figuras 4.5 e 5.5). Se o planejamento do problema for feito com cuidado, todas as informações necessárias para orientar a conceituação do projeto já estarão disponíveis. Falta, então, arrumá-las no espaço do problema. Durante a fase de planejamento, a atenção deve ser concentrada principalmente nas necessidades do consumidor e, em menor grau, na viabilidade de fabricação do produto. Nessa fase, é necessário reexaminar as implicações do planejamento do produto no projeto conceitual e verificar se ele é sensível, significativo e útil. Assim, a análise do espaço do problema serve para verificar se o planejamento do produto foi benfeito.

Lembre-se que o projeto conceitual se propõe a desenvolver as linhas básicas da **forma** e **função** do produto. Visa produzir um conjunto de princípios funcionais e de estilo, derivado da proposta do benefício básico (ver Tabela 6.2), que resultou da especificação de oportunidade. A análise do espaço do problema deve se limitar aos aspectos do *design* e das especificações de oportunidades relevantes para isso. Às vezes, é mais fácil conduzir a análise do espaço do problema pelo caminho inverso ou, em outras palavras, começar com o objetivo e ir retrocedendo, até chegar às restrições existentes, em consequência dos negócios atuais da empresa.

É necessário verificar se o projeto conceitual está de acordo com a proposta do benefício básico. Você sente intuitivamente que ele está adequado aos negócios atuais da empresa e às necessidades do consumidor? Se não, é possível que o benefício básico esteja mal formulado. Naturalmente, o projeto conceitual só deve ser iniciado quando todas as pessoas envolvidas estiverem convencidas de que o benefício básico está bem definido.

A etapa seguinte da análise do espaço do problema deve explorar as fronteiras do problema (estamos supondo o caminho inverso). Quais são as restrições necessárias à geração de conceitos? Essas restrições sobre o benefício básico servem para assegurar o desenvolvimento do novo produto de forma comercialmente viável. Ou seja, devem estabelecer os limites para que o desenvolvimento do produto não se torne superambicioso, distanciando-se da situação real dos negócios da empresa. Uma restrição típica é a que exige o aproveitamento dos fornecedores atuais ou o aproveitamento das máquinas e equipamentos existentes, sem investimentos adicionais em aquisição de novas máquinas. Outra restrição pode ser o uso dos atuais pontos de venda ou, alternativamente, a conquista de novos pontos de venda. Outra poderia ser a incorporação de um novo componente ou tecnologia já disponível. Todos eles devem ser mencionados na especificação de oportunidade.

Você pode, portanto, percorrer a especificação da oportunidade, anotando todos os requisitos que restringem o projeto conceitual. Lembre-se que o projeto conceitual é um processo altamente criativo e deve ir até a proposta dos princípios funcionais e de estilo para o produto como um todo. Nessa fase, não deve haver preocupação com os componentes específicos, que só devem ser escolhidos durante a fase de configuração do produto. Sendo, assim tome cuidado na elaboração das restrições do produto. Para a empresa, é muito fácil e cômodo adotar atitudes conservadoras, não aceitando soluções mais radicais do que aquelas. É importante manter todas as portas abertas para a geração de conceitos, desde que as mesmas sejam formuladas de maneira realista, dentro das possibilidades técnicas e econômicas da empresa.

Entretanto, no primeiro momento, usa-se flexibilizar as restrições sobre as especificações do projeto, para incentivar a criatividade, como se descreve na Figura 7.1. Isso pode ser entendido da seguinte forma: "Eu desejo chegar ao X, entretanto, para facilitar a geração de conceitos, estou disposto a aceitar novas ideias, dentro de limites menos rígidos Y". Ao permitir uma maior liberdade criativa, é possível atingir uma maior abrangência de conceitos, que pode proporcionar melhores alternativas.

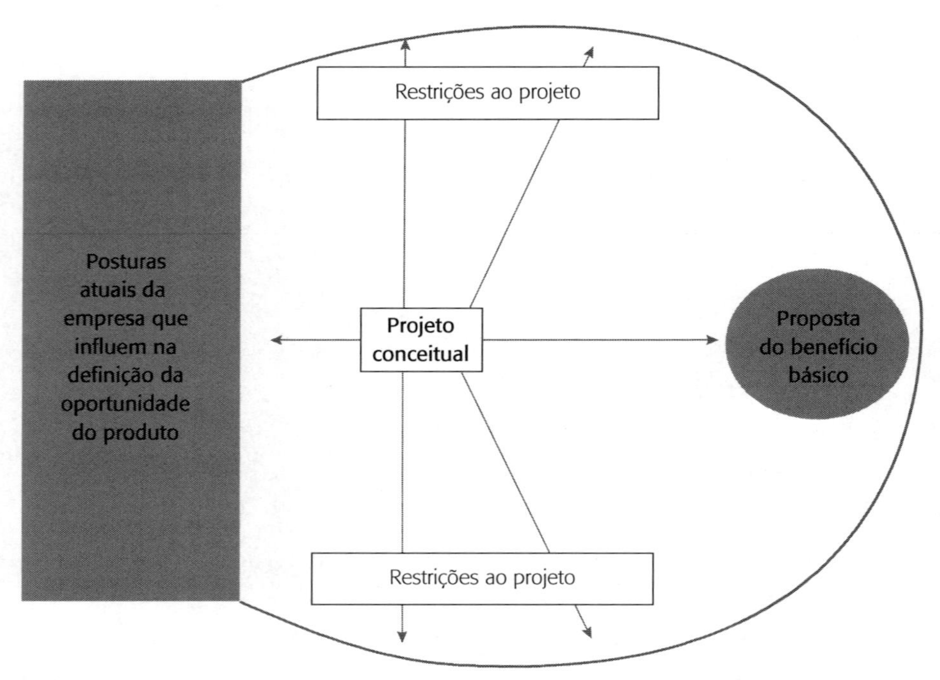

Figura 7.1 ■ Para a formulação do projeto conceitual, procura-se alargar as restrições ao projeto.

Depois que você identificar as principais restrições ao projeto, pense nelas da mesma forma que fez a elaboração da proposta do benefício básico. Essas restrições são consistentes com seus sentimentos intuitivos sobre os objetivos da empresa e necessidades do consumidor? Existe alguma restrição muito forte ou, ao contrário, restrições insuficientes? Talvez você possa imaginar algum conceito que tenha sido excluído, devido a restrições descabidas.

Tendo trabalhado de trás para frente na análise do espaço do problema, a partir do objetivo do problema, passando pelas fronteiras do problema, você pode chegar ao ponto inicial do problema. Naturalmente, o projeto conceitual precisa ser coerente com a missão, objetivos e estratégia da empresa, e também com os objetivos e estratégias do desenvolvimento de produtos. Ao iniciar o projeto conceitual, pode-se conferir se o projeto do produto, realizado pelo planejamento do produto, está coerente com a oportunidade do produto. Os conceitos que você imaginou para o produto são adequados à missão e estratégias da empresa? Você se recorda de algum conceito que seria perfeito para a empresa e que se perdeu durante o processo de planejamento do produto? Alguns conceitos que, embora estejam de acordo com os objetivos e restrições para o projeto conceitual, não colidem com os objetivos da empresa? Se for constatada alguma incoerência, mais uma vez certos aspectos da especificação da oportunidade ou projeto conceitual devem ser reconsiderados.

A análise do espaço do problema pode parecer repetitiva e enfadonha, quando você estiver ansioso para terminar o projeto conceitual. Contudo, até mesmo *designers* experientes já caíram na armadilha de gerar conceitos maravilhosos para um produto, para descobrirem, logo à frente, que estavam indo pelo caminho errado, quando tiveram que recomeçar tudo. A primeira vez que você tiver essa experiência desagradável, você se perguntará porque não gastou mais uma ou duas horas na análise do espaço do problema, para não passar por essa humilhação!

GERAÇÃO DE CONCEITOS

Com o problema bem definido, pode-se começar a gerar o projeto conceitual. Isso exige intuição, imaginação e raciocínio lógico. A maior dificuldade no projeto conceitual é liberar a mente para se chegar a conceitos originais. Como já vimos no Capítulo 4, isso exige a superação dos bloqueios à criatividade, que surgem em consequência dos pensamentos convencionais. Este capítulo descreve três métodos de geração de conceitos: análise de tarefas (veja a seguir), análise das funções (veja a Ferramenta 29), e análise do ciclo de vida (Ferramenta 30). Por meio de técnicas estruturadas, esses métodos ajudam você a:

- Reduzir o problema do projeto conceitual aos seus elementos básicos (abstração do conceito).
- Usar métodos estruturados de pensamento para analisar diferentes aspectos do projeto conceitual e gerar um grande número de alternativas possíveis para a solução do problema.

Usando-se simplesmente a imaginação e intuição, é possível gerar alguns conceitos novos. Contudo, aplicando-se essas técnicas, a quantidade de ideias pode crescer para dezenas ou até centenas de conceitos. As técnicas de geração do projeto conceitual serão exemplificadas com o problema do descascador de batatas da Plasteck.

ANÁLISE DA TAREFA

Todos os produtos são projetados para serem usados, de alguma forma, pelo homem. Examinando-se a interface homem-produto em detalhes, pode-se descobrir que ela geralmente é complexa e pouco compreendida, até mesmo no caso dos produtos mais simples. Consequentemente, esse aspecto do projeto de produto é uma rica fonte de inspiração para o projeto do produto. A análise da tarefa explora as interações entre o produto e seu usuário, através de observações e análises. Os resultados dessas análises são usados para gerar conceitos de novos produtos. Assim se conseguem estímulos para a geração de conceitos visando melhorar a interface usuário-produto, e criando condições para aplicação dos métodos ergonômicos e antropométricos.

A análise da tarefa cobre dois importantes aspectos do desenvolvimento de produtos: ergonomia e antropometria. A palavra **ergonomia** é derivada do grego *ergon,* que significa trabalho, e *nomos,* que significa regras. No princípio, a ergonomia estudava o homem no seu ambiente de trabalho, mas agora ela ampliou os objetivos, e estuda as interações entre as pessoas e os artefatos em geral, e o seu meio ambiente. A ergonomia[1] usa os conhecimentos de anatomia, fisiologia e psicologia, aplicando-os ao projeto de objetos. Para a maior parte dos projetos, é suficiente observar cuidadosamente como as pessoas realizam as tarefas principais e daí extrair os elementos para o projeto.

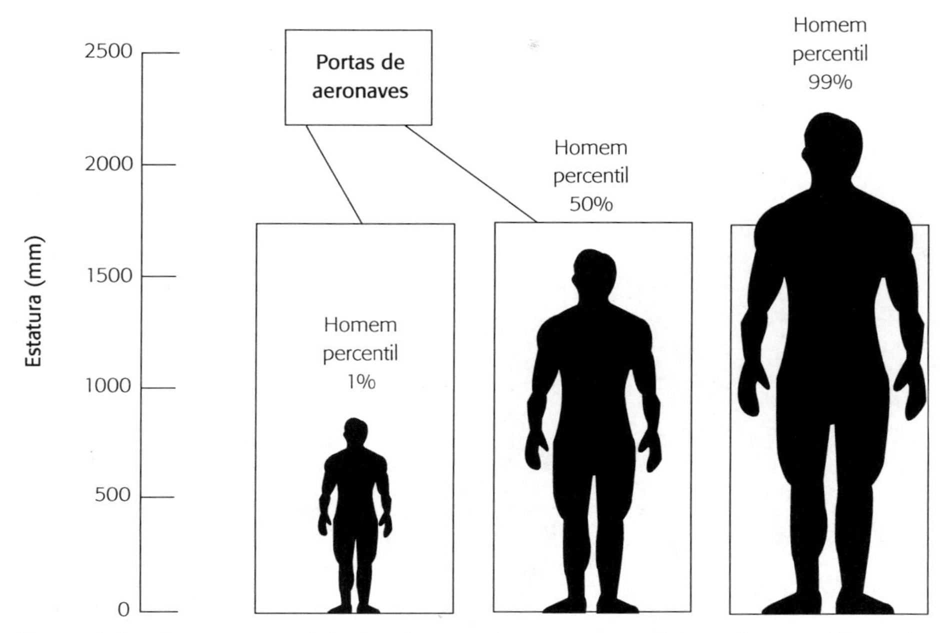

Figura 7.2 ■ Os produtos devem ser projetados de acordo com as medidas antropométricas dos seus usuários.

Antropometria é a medida física das pessoas. Quando se projetam objetos para uso das pessoas, torna-se imprescindível usar as medidas dessas pessoas para dimensionar os produtos (Figura 7.2). Existem muitas publicações que apresentam dados antropométricos de várias partes do corpo e também de diferentes populações. O maior problema da antropometria não é encontrar os dados, mas saber como aplicá-los. Mais detalhes sobre isso podem ser encontrados na bibliografia[1] sugerida no final do capítulo.

A análise da tarefa é simples, quase um senso comum. Deve-se observar como as pessoas usam os produtos e perguntar como elas percebem os produtos para trabalhar. Alguns aspectos que surgem a partir da análise da tarefa podem ser investigados em maior profundidade, pedindo às pessoas que usem versões modificadas dos produtos. Apesar de ser uma abordagem pelo senso comum, muitas vezes os *designers* não se dão ao trabalho de experimentá-la. Como resultado, temos muitos produtos com problemas na interface homem-produto, com frequência muito maior do que deveria acontecer.

As máquinas e equipamentos devem ser projetados de acordo com as medidas antropométricas da população de usuários. Essas medidas diferem de acordo com as etnias, idades, classes sociais e regiões geográficas. Um equipamento industrial projetado para se adaptar a 90% dos homens norte-americanos será adaptado também para 90% dos alemães, 80% dos franceses, 65% dos italianos, 45% dos japoneses, 25% dos tailandeses e apenas 10% dos vietnamitas. P. Ashby[2]

PLASTECK – ANÁLISE DA TAREFA DE DESCASCAR BATATAS

A Plasteck fez a análise de tarefas observando as pessoas descascando batatas com diferentes descascadores. Os movimentos foram registrados fotograficamente, durante o uso de diferentes tipos de descascadores. Observou-se que o mesmo tipo de descascador poderia ser usado de diferentes maneiras, por diferentes pessoas. Uma das diferenças fundamentais era no sentido dos movimentos – algumas pessoas descascavam as batatas com movimentos que se aproximavam do corpo (puxando), enquanto outras usavam movimentos que se afastavam do corpo (empurrando) (Figura 7.3). Essa simples descoberta sugere o uso de lâminas com fios nos dois lados.

Figura 7.3 ■ Algumas pessoas usam o descascador empurrando e outras, puxando, além de segurar o descascador pela lâmina, para remover os "olhos" da batata.

Antes se pensava que as lâminas de dois fios se destinavam a acomodar a pessoas destras e canhotas. Agora se sabe que esses dois fios servem também para as pessoas que usam movimentos opostos na tarefa de descascar batatas. Observando-se como as pessoas usam os descascadores de batata, foi possível constatar uma das maiores falhas no projeto de tais utensílios. Supunha-se que os usuários moveriam os descascadores, mantendo as mãos sobre os cabos, para a operação de retirar os "olhos" das batatas. Perguntadas sobre isso, muitas pessoas disseram que a goiva (ponta) estava muito longe do cabo e isso dificultava o controle dos movimentos. Por isso, costumavam pegar o descascador pelas lâminas para essa operação de retirada dos "olhos" das batatas.

Olhando-se mais detalhadamente para a tarefa de descascar batatas, descobriram-se duas estratégias distintas (Figura 7.4). Algumas pessoas descascam batatas a seco e depois as lavam sob a torneira (descascadores a seco), enquanto outras colocam uma porção de batatas numa tigela cheia d'água e as mergulham diversas vezes, enquanto as descascam (descascadores em tigelas). Depois de descascadas, as batatas são recolocadas na tigela. Os descascadores a seco disseram que é incômodo ficar colocando e tirando a batata debaixo da torneira e que, às vezes, quando a sujeira era removida, restavam pequenas partes da casca, que precisavam ser retiradas e, então, eram lavadas pela segunda vez. Os descascadores com tigela disseram que a água vai se sujando com as cascas das batatas e isso era pouco higiênico. As tigelas precisavam ser esvaziadas na pia e os resíduos sólidos eram despejados no lixo. Outros mencionaram a dificuldade de procurar as batatas a serem descascadas no meio de outras já descascadas. Contudo, ao final das contas, cada grupo estava convencido de que os métodos que usavam eram os melhores.

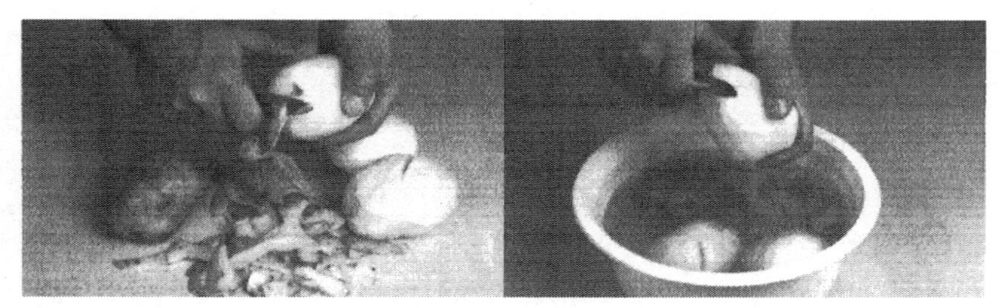

Figura 7.4 ■ Descascadores a seco e com o uso de tigelas.

Dois novos conceitos apareceram com a análise da tarefa. Primeiro: a localização da goiva para retirar os olhos da batata estava errada. Isso não permitia um controle adequado dos movimentos. Segundo: concebeu-se um descascador conectado a uma mangueira, que pudesse lançar jatos d'água sobre as lâminas. Isso poderia eliminar os problemas mencionados tanto pelos descascadores a seco como aqueles em tigelas. Os esquemas conceituais para essas duas ideias são mostrados na Figura 7.5.

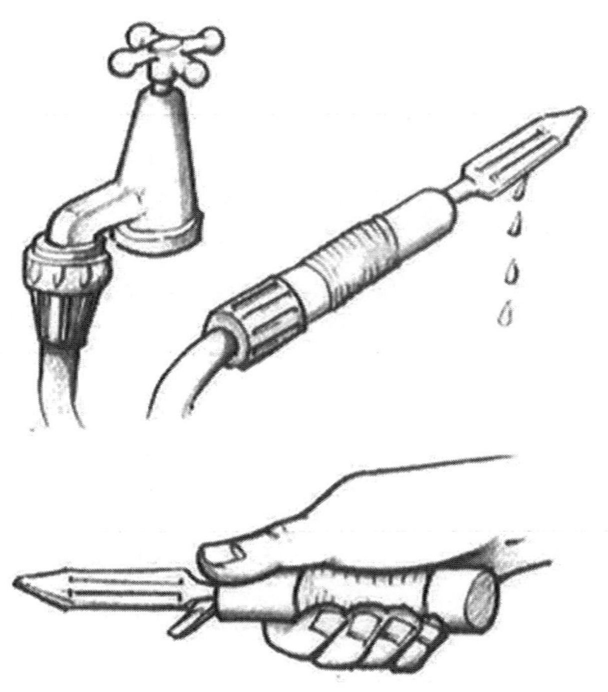

Figura 7.5 ■ Conceitos de novos descascadores, derivados da análise de tarefas.

■ ANÁLISE DAS FUNÇÕES DO PRODUTO

A análise da tarefa é uma técnica descritiva e, como tal, é útil na primeira fase do projeto conceitual. Além de mostrar ao *designer* como os consumidores usam o produto, pode provocar a aparecimento de novos conceitos interessantes. Contudo, agora apresentaremos uma técnica mais analítica, que mostra mais detalhadamente como os produtos devem ser projetados.

A análise das funções do produto é uma técnica poderosa, que pode ser usada no projeto conceitual, mas também em outros dois métodos de projeto, na análise de valores (ver adiante, neste capítulo) e na análise de falhas (Ferramenta 34).

Como se descreve na Ferramenta 29, a análise das funções do produto é uma técnica orientada para o consumidor. As funções do produto são apresentadas como são percebidas e avaliadas pelo consumidor. Para produtos de maior complexidade ou aqueles cujas funções não são entendidas pelo consumidor, deve-se realizar pesquisas formais de mercado. Para produtos simples como um descascador de batatas, os conhecimentos que a equipe de projeto consegue obter através da análise de tarefas é suficiente. A função principal do descascador de batatas é "preparar batatas para serem cozidas". Isso significa remover a casca e os "olhos" da batata, com cortes de profundidades controladas e retirando-se os "olhos" com a goiva. Essas funções são exercidas segurando-se o descascador pelo cabo e cortando a superfície da batata e depois enfiando e girando a goiva para retirar os "olhos".

A Figura 7.6 apresenta a função do produto em forma de diagrama ou árvore funcional. Essa árvore é lida de cima para baixo. Ao passar para um nível inferior, pergunta-se: como?

Como as batatas são preparadas para serem cozidas? Removendo-se a casca e os "olhos" da batata. **Como** a casca é removida? Cortando-se a casca numa profundidade limitada, seguindo-se o contorno da superfície da batata. **Como** isso é feito? Segurando-se o descascador pelo cabo e fazendo-se movimentos de translação com a lâmina. Alternativamente, a árvore funcional pode ser lida de baixo para cima, perguntando-se: **por quê**? **Por que** você enfia e gira a ponta do descascador? Para fazer um furo na batata. **Por que** você fura a batata? Para remover os "olhos" da batata. **Por que** você remove os "olhos" da batata? Para prepará-la para serem cozidas.

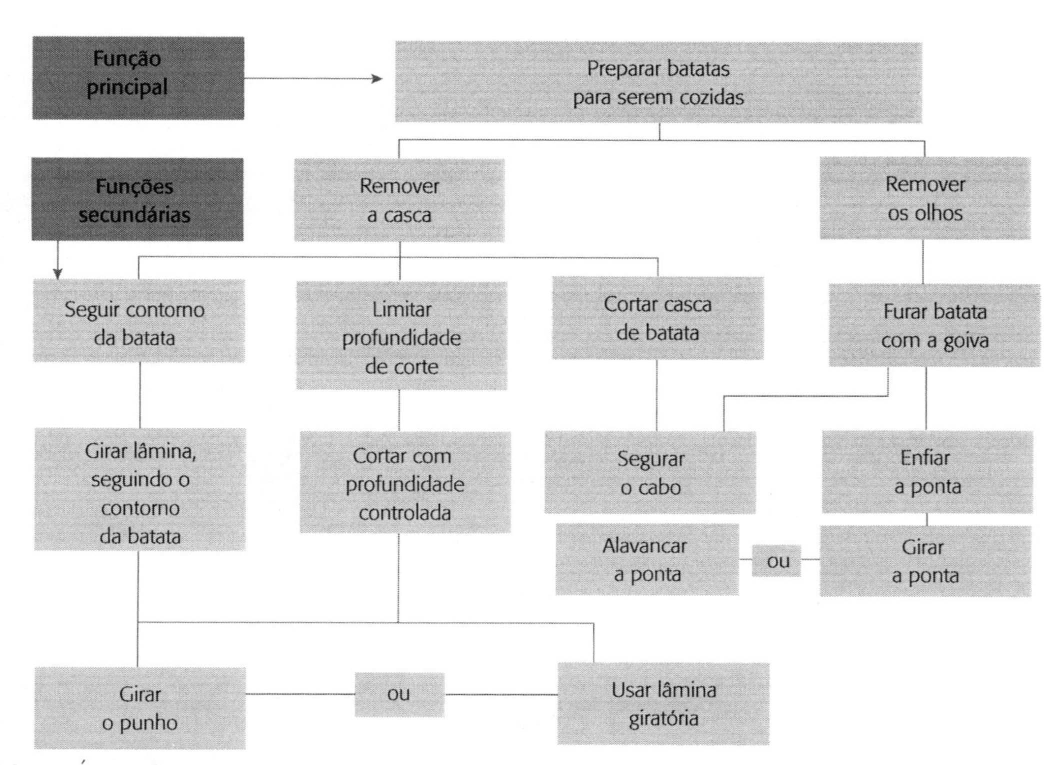

Figura 7.6 ■ Árvore funcional de um descascador de batatas.

Quando a análise das funções do produto estiver completa, novos conceitos podem ser gerados, pensando-se em **como** cada função pode ser realizada, diferentemente do descascador convencional. Em geral, quanto mais alternativas você procurar para as funções de ordem maior (aquelas que se situam na parte superior da árvore), maiores serão as profundidades dos conceitos básicos que modificam o desenho atual do descascador. Por exemplo, procurando-se alternativas para **preparar as batatas para serem cozidas**, equivale a questionar a necessidade do descascador de batatas. Você poderia simplesmente lavar as batatas e cozinhá-las com as cascas. Por outro lado, as alternativas de menor ordem (as que se situam na parte inferior da árvore) provocarão menores modificações no descascador. Por exemplo, a goiva situada na ponta pode ser deslocada para perto do cabo, melhorando o controle dos movimentos de retirada dos "olhos".

A análise das funções do produto pode, portanto, provocar inovações radicais, quando se focalizam as funções de ordem superior, ou pequenas mudanças incrementais, quando a atenção se concentra nas funções de ordem inferior. Essa é a principal vantagem da geração de conceitos usando-se a análise de funções. Para o caso de projetos com poucas restrições, você poderia começar por cima, pensando em inovações radicais e depois ir se movendo para baixo, à procura de inovações incrementais. As analogias (ver Ferramenta 12) são particularmente úteis na geração de funções alternativas. A Figura 7.7 apresenta uma lista de analogias para diversas funções do descascador e 7 novos conceitos gerados a partir delas.

Função do descascador	Analogias funcionais	Princípios de operação	Novos conceitos de descascador
Preparar para cozinhar	Rolo de pintura	Espalhar sobre uma superfície	Rolo para para descascar
Remover casca	Lixar superfície	Abrasão	Lixador de batata
Limitar a profundidade do corte	Fresa metálica	Lâminas afiadas girando	Descascador rotativo com motor
	Guilhotina de papel	Cisalhamento de uma pilha de papéis	Aplicar uma força de cizalhamento para retirar a casca
	Plaina de madeira	Lâmina saliente sobre uma superfície	Aparelho de despelar batata
	Arado (agrícola)	Roda para limitar profundidade	Lâmina de corte com rolo superficial
	Ralador de queijo	Várias lâminas pequenas	Ralador de batata
Lâmina móvel	Maçaneta de porta	Cabos móveis	Lâmina fixa, cabo móvel

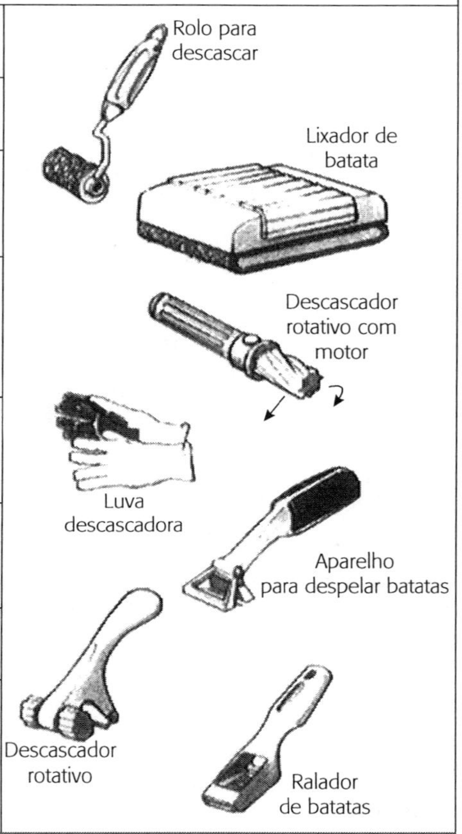

Figura 7.7 ■ Uso de analogias na geração de conceitos.

ANÁLISE DO CICLO DE VIDA

Outra técnica analítica que pode ser usada na geração de novos conceitos é a análise do ciclo de vida (ver Ferramenta 30). Essa técnica é muito usada pelos *designers* que pretendem diminuir a agressividade ambiental dos novos produtos, mas pode ser aplicada também em outros casos. Pode-se construir o fluxo do ciclo de vida, desde a entrada da matéria-prima na fábrica, passando pela produção, distribuição e uso, até o descarte final do produto. O *designer* deve pensar como o produto se comportaria melhor em cada uma dessas etapas, ao longo de toda a sua vida.

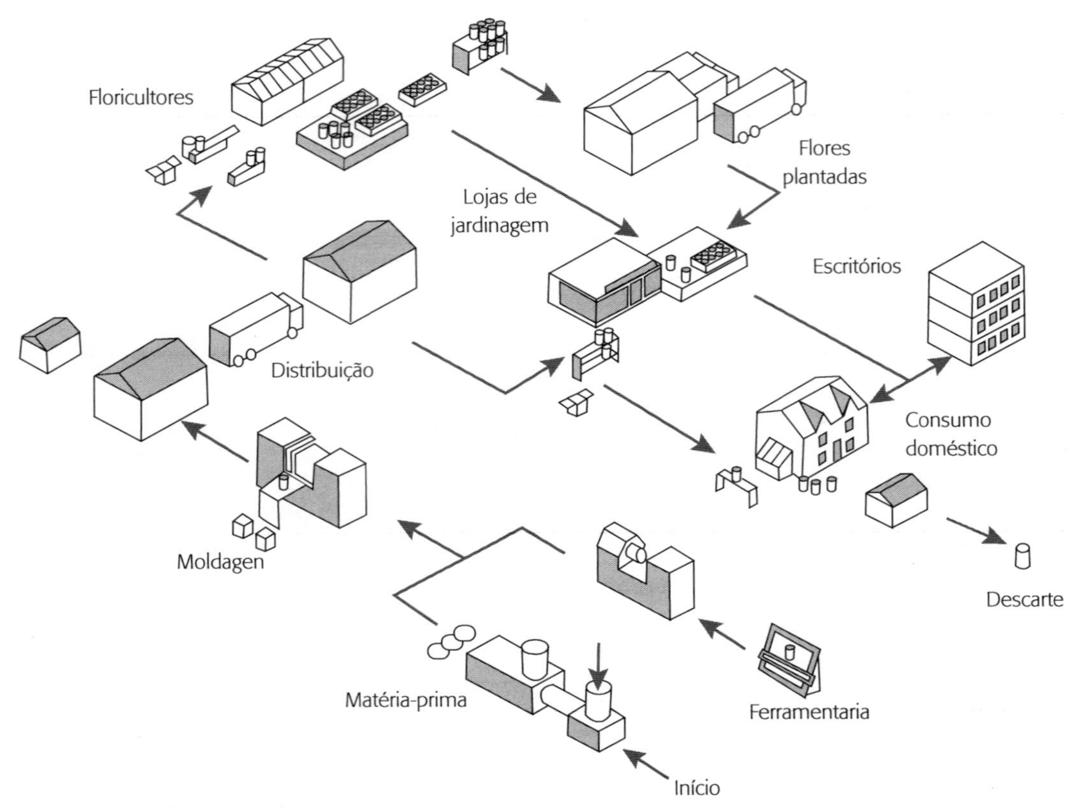

Figura 7.8 ■ Análise do ciclo de vida de vasos de plástico para plantas.

A Figura 7.8 mostra o ciclo de vida de vasos plásticos para plantas.[3] A matéria-prima chega da indústria petroquímica e é desembarcada na fábrica. Aí passa pela moldagem, embalagem e distribuição. Essa distribuição pode ser feita para lojas de jardinagem, onde são vendidas vazias ou para floricultores, que plantam flores e as vendem no mercado. Daí chegam aos consumidores domésticos ou para escritórios. Quando as plantas morrem, os vasos podem ser reutilizados ou descartados. Analisando-se esse ciclo de vida dos vasos, surgem diversas oportunidades de inovação (Figura 7.9), incluindo a densidade de empilhamento, para reduzir o custo do transporte. Pode-se mudar a forma para juntar maior número de vasos numa determinada área, substituindo-se formas cilíndricas por hexagonais.

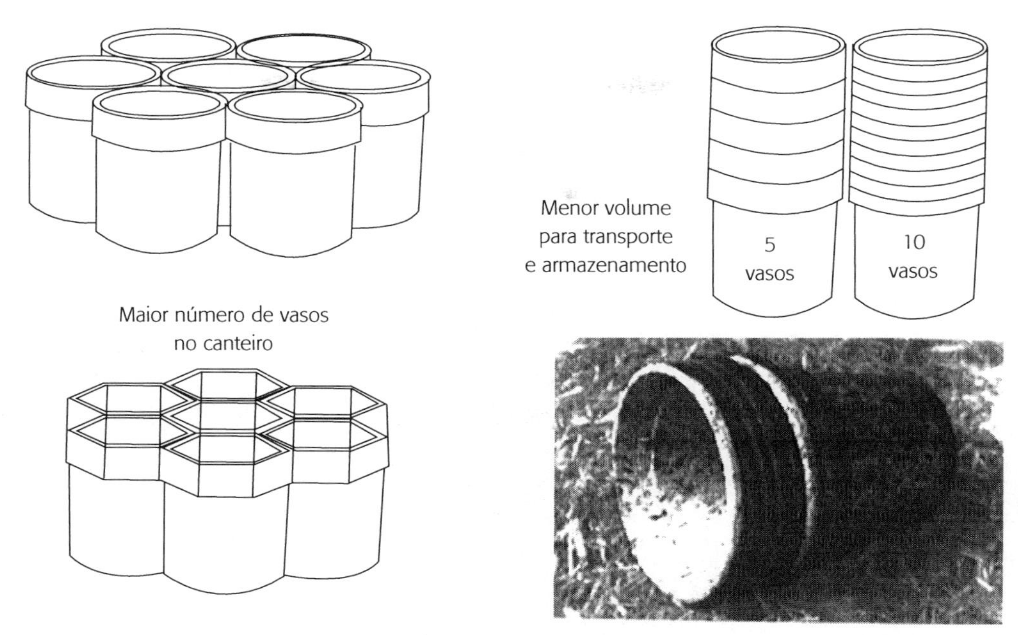

Figura 7.9 ■ Conceitos gerados a partir da análise do ciclo de vida de vasos para plantas.

ANÁLISE DE VALORES

A abordagem tradicional da análise de custos examina os custos de material, custos de mão de obra e custos indiretos para cada componente. Essa abordagem tem um caráter puramente monetário, não se preocupando com a função de cada componente. Como resultado, o componente de maior custo torna-se alvo predileto das tentativas de redução dos custos, mesmo que tenha uma contribuição fundamental para a função do produto. Nesse caso, a redução desse custo pode comprometer a função ou qualidade do produto.

A análise de valores(4) procura aumentar o valor relativo (em relação ao custo) das peças e componentes e do produto como um todo, sem comprometer as suas funções e nem a qualidade, baseando-se nas seguintes etapas:

- identificar as funções de um produto;
- estabelecer valores para essas funções;
- procurar realizar essas funções ao mínimo custo, sem perda de qualidade.

Considera-se como função o objetivo de uma ação, e não a própria ação. Em geral, ela não se relaciona com os meios (componentes físicos) com que é realizada, mas apenas com o seu objetivo (ver Ferramenta 29). A função geralmente é definida por um verbo (atuando sobre algo) e um substantivo (objeto sobre o qual atua). Por exemplo, a função de fixação de uma plaqueta de identificação de um equipamento pode ser definida por "prender a plaqueta e não "parafusar a plaqueta". Essa função poderia ser realizada sem o parafuso se pensarmos que ela pode ser rebitada ou colada. Pode-se usar também um grau de abstração maior, definindo a função como "identificar o equipamento". Nesse caso, até a plaqueta poderia ser substituída por outros tipos de materiais e processos, como plásticos adesivos, pintura ou gravação da identificação no próprio equipamento.

As funções de um produto podem ser classificadas, quanto a hierarquia em:

- principal;
- básicas;
- secundárias.

Quanto à finalidade, classificam-se em:

- uso;
- estima.

Função **principal** explica a própria existência do produto, sob o ponto de vista do consumidor. Por exemplo, a função principal do apontador de lápis é "apontar o lápis".

Função **básica** é aquela que faz funcionar o produto. Sem ela, o produto ou serviço perderá o seu valor e, em alguns casos, até a identidade. Um apontador de lápis tem a função básica de "cortar madeira", que é exercida pela lâmina (Tabela 7.2). Um apontador sem lâmina deixa de ter valor. As funções **secundárias** são aquelas que suportam, ajudam, possibilitam ou melhoram a função básica. No caso do apontador, a função secundária de "posicionar a lâmina" é exercida pelo corpo plástico e pelo parafuso que fixa a lâmina. Um relógio de pulso tem a função básica de "indicar a hora". As demais funções como "indicar data" (calendário), "contar segundos" (cronômetro) e "fixar no pulso" (pulseira) são todas secundárias. Pode-se construir uma árvore funcional relacionando-se essas funções entre si (ver Ferramenta 29).

Tabela 7.2 ■ Classificação das funções de um apontador de lápis.

Componente	Função	Classificação das funções			
		Básica	Secundária	Uso	Estima
Lâmina	Cortar madeira	●		●	
Parafuso	Fixar lâmina		●	●	
Corpo	Direcionar lápis		●	●	
	Permitir a pega		●	●	
	Criar beleza		●		●

As funções de **uso** possibilitam o funcionamento do produto e podem ser tanto básicas como secundárias, enquanto as de **estima** são aquelas características que tornam o produto atrativo e excitam o consumidor, aumentando o desejo de possuí-lo. As funções de estima geralmente estão ligadas aos efeitos sociais, culturais e comerciais do produto (ver Capítulo 3). As funções de uso são mensuráveis, enquanto as de estima são de natureza subjetiva (beleza, forma, aparência), não mensuráveis, podendo ser avaliadas por comparações. No exemplo do relógio, o mecanismo que movimenta os ponteiros tem valor de uso, enquanto a caixa de acabamento dourado ou pulseira de couro representa valor de estima.

O **valor** de um produto é determinado pelo consumidor. Ele representa a quantidade de dinheiro que o consumidor está disposto a pagar pelas funções que contém. Produtos que apresentem maior número de características desejadas pelos consumidores são considerados de maior valor. O valor é sempre um conceito relativo. Existem duas formas de se chegar a uma avaliação quantitativa do valor. Uma delas é pela comparação de diversos produtos semelhantes entre si, segundo alguns critérios considerados importantes para o consumidor, como foi feito no caso dos assentos de segurança para bebês (ver Figura 6.13). Outra forma, geralmente adotada no caso de componentes ou produtos mais simples, é pela comparação dos custos de produtos que exercem a mesma função. Nesse caso, o menor custo é adotado como sendo o **valor da função**. Por exemplo, a função de "acender cigarros" pode ser feita com fósforos, isqueiro a fluido e isqueiro a gás. Supondo que os custos para acender cada cigarro sejam de 6,4 e 2 milésimos de real, o custo da função, nesse caso, é de 2 milésimos de real. Entretanto, é possível que os fósforos continuem a ser vendidos, porque têm outras funções valorizadas pelo consumidor — para acender fogões, o fósforo é mais seguro que o isqueiro.

Deve-se considerar ainda que o valor, sendo uma entidade relativa, depende das condições locais e temporais. Uma geladeira vale mais nos trópicos do que no Polo Norte. Já um casaco de peles vale mais nos países de clima frio. Uma fantasia de carnaval vale mais em fevereiro que em agosto. Um guarda-chuvas vale mais nos dias chuvosos.

A análise de valores[4] procura aumentar o valor do componente, aumentando-se o valor de sua função ou reduzindo os seus custos. Assim ela procura aumentar a seguinte fração:

$$\text{Valor do componente} = \frac{\text{Valor da função}}{\text{Custo do componente}}$$

Sendo o valor de um produto o quociente entre o valor da função e o seu custo, existem duas maneiras de aumentá-lo. Uma delas é pela redução do seu custo, pela utilização de materiais mais baratos, técnicas mais eficientes de fabricação e pela redução dos custos indiretos de fabricação. Naturalmente isso deve ser feito sem prejudicar a função ou a qualidade do produto. Por exemplo, uma peça usinada em metal pode ter como única função "manter o eixo na posição". Se essa peça for substituída por uma outra de plástico com menor custo, que exerça a mesma função sem afetar a qualidade, haverá um aumento do valor. Outra maneira é pelo aumento do valor da função, acrescentando-se características consideradas desejáveis pelos consumidores. Por exemplo, em um carro, a colocação de vidros elétricos, ar-condicionado e direção hidráulica pode aumentar o seu valor. Para aumentar o valor, eventualmente pode haver até um aumento do custo do produto. Isso se justifica desde que haja um aumento proporcionalmente maior no valor sua função, aumentando o quociente valor/custo.

Tabela 7.3 ■ Valores relativos dos componentes do apontador de lápis.

Componente	Função	Valor da função		Custo	Valor relativo
		Função	Soma (a)	(b)	(a)/(b)
Lâmina	Cortar madeira	0,15	0,15	0,15	1,00
Parafuso	Fixar lâmina	0,02	0,02	0,10	0,20
Corpo	Direcionar lápis	0,10	1,00	0,75	1,33
	Permitir pega	0,40			
	Criar beleza	0,50			

No caso em que o valor é definido pelo componente de menor custo, para a mesma função, os números acima de 1,0 indicam que a função tem valor superior ao seu custo. Se for inferior a 1,0, significa que o custo supera a seu valor. A atenção do projetista deve concentrar-se nesse segundo caso, pois indica um potencial de redução de custos, para que se aproximem dos respectivos valores das funções. No exemplo da Tabela 7.3, a lâmina tem valor 1,00, indicando que o valor do componente é igual ao seu preço. Já a função de fixar a lâmina tem valor relativo de 0,20, indicando que os esforços para redução de custos devem concentrar-se nesse item. A soma das funções do corpo tem valor relativo de 1,33, indicando que os consumidores valorizam mais essas funções. Esse caso indica que os consumidores estão dispostos a pagar mais para ter um corpo de pega melhor ou maior beleza.

CONCEPÇÃO DO ESTILO

Tendo-se definido as características funcionais do novo produto, deve-se pensar no estilo do produto, antes de retornar à seleção do melhor conceito. Nosso objetivo, na definição do projeto conceitual, é desenvolver princípios de estilo para o novo produto. Isso significa uma definição da forma global do produto, embora não seja necessário preocupar-se com o projeto de cada componente, nesse estágio. Isso será feito mais tarde, durante o projeto da configuração. No Capítulo 6, vimos como os objetivos do estilo podem ser estabelecidos e como isso pode ser derivado de outros produtos da empresa, identificando-se com a marca da empresa e os aspectos semânticos e simbólicos do produto. Desses aspectos, a semelhança com outros produtos da empresa e a identidade com a marca são evidentes. Vamos, então, explorar mais os aspectos semânticos e simbólicos do produto.

SEMÂNTICA DO PRODUTO

Cada tipo de produto deve ter uma aparência visual adequada à sua função. Assim, produtos feitos para moverem-se rapidamente devem ter aspecto liso e aerodinâmico. Os produtos duráveis e para trabalho pesado devem ter aspecto robusto e forte. Os produtos engraçados devem parecer leves e alegres, enquanto produtos usados para trabalhos sérios devem parecer sóbrios e eficientes. Essa é a essência da semântica do produto.

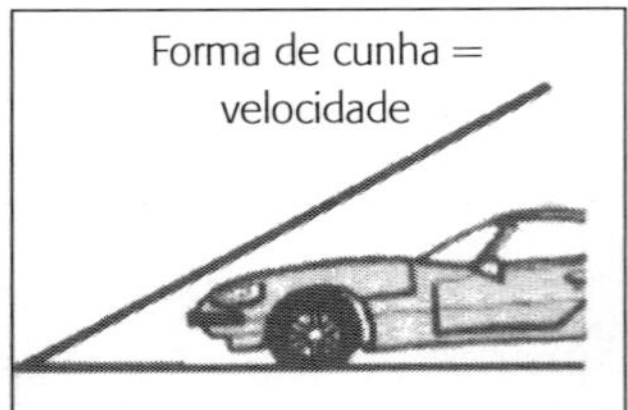

Figura 7.10 ■ Expressões semânticas no estilo esportivo do Aston Martin DB7 e rústico do Range Rover.[5]

Durante o projeto conceitual, é importante criar uma forma visual do produto, que reflita o objetivo pretendido. A Figura 7.10 ilustra alguns exercícios semânticos feitos para o novo carro esportivo Aston Martin DB7. Por contraste, o jipe Range Rover é um carro para uso diferenciado e, então, deve ter uma expressão semântica diferente. Em matéria de carros, é interessante notar que todas as logomarcas de carros alemães têm um anel de aço, como forma característica (Figura 7.11). O anel de aço representa integridade, força e qualidade, refletindo as qualidades funcionais da indústria automobilística alemã.

  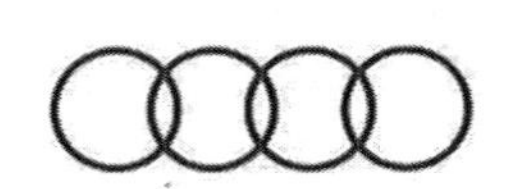 

Figura 7.11 ■ Todos os carros alemães apresentam um anel de aço em suas logomarcas, como uma forte expressão semântica.[6]

Em um outro setor, como o de produtos para higiene pessoal, há mensagens semânticas incutidas tanto nos produtos como nas embalagens (Figura 7.12). Aqui, o estilo deve passar a mensagem de suavidade, simplicidade e pureza de alguns produtos e qualidade técnica na formulação de outros. Em um mercado tão competitivo e lucrativo, em que todos os produtos cumprem a sua função básica (lavar o cabelo), o estilo dos produtos assume grande importância na diferenciação dos mesmos e na segmentação do mercado.

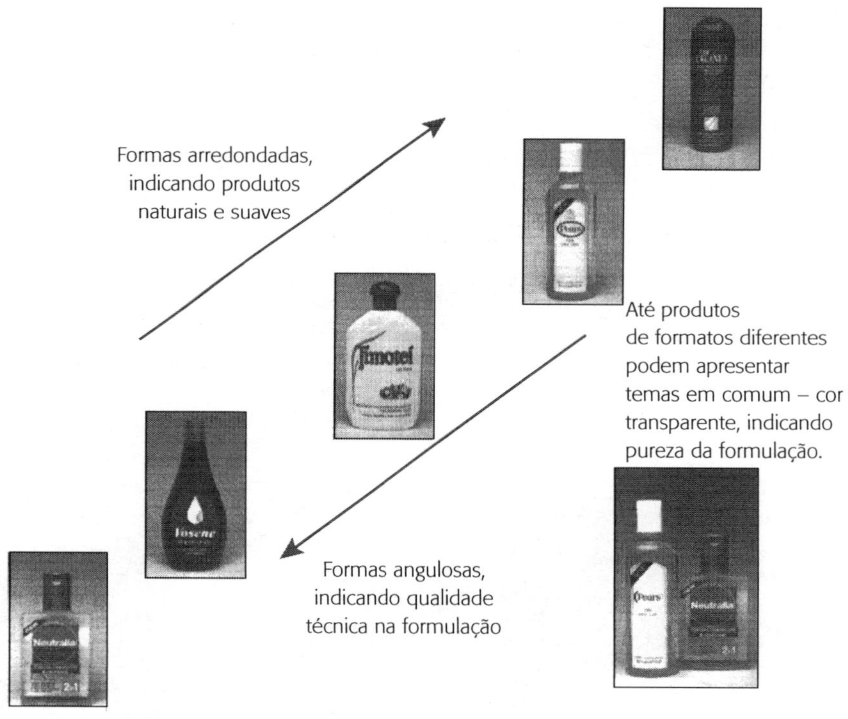

Figura 7.12 ■ Expressões semânticas de produtos para lavagem dos cabelos.

■ SIMBOLISMO DO PRODUTO

Todos nós temos uma autoimagem, baseada nos valores pessoais e sociais que possuímos. Faz parte da natureza humana, procurarmos nos cercar de objetos que reflitam a nossa autoimagem. A casa em que vivemos, o carro que possuímos, os lugares que frequentamos e até o nosso cachorro – todos eles fazem parte de um mosaico que, juntos, constituem a nossa imagem visual que projetamos aos outros. Não há dúvida de que compramos a maioria dos produtos baseado em seus valores funcionais, e não apenas devido aos seus valores simbólicos. Quando existem dois produtos que se equivalem no valor funcional, a decisão de compra pode recair no valor simbólico. O julgamento sobre aquilo que parece melhor é determinado, em grande parte, de como o produto consegue preencher as expectativas do consumidor. Na escolha de um sistema de som, o pai preferirá aquele montado em uma caixa retangular de madeira nobre, enquanto o filho valorizará mais aquele outro de formas arrojadas, cores brilhantes e alto-falantes de 100 W.

Na indústria automobilística, o simbolismo mais evidente é a riqueza dos seus donos. Quando se passa de um carro simples para um luxuoso, o aumento de preço é acompanhado de crescente símbolo de *status*. Parte do simbolismo é devido somente ao preço. Dirigir um carro luxuoso é uma demonstração explícita de que você tem riqueza suficiente para ter tal carro. Mas o estilo dos carros simboliza outros valores. A Figura 7.13 apresenta o interior do MG, que usa aquilo que existe de melhor em matéria de couro e mogno. Isso simboliza os valores aristocráticos de seu dono. Na indústria de cosméticos, os valores simbólicos dos produtos variam desde um conceito utilitário e ecológico dos produtos Body Shop até o mistério decadente e exótico de Monsoon (Figura 7.14).

Figura 7.13 ■ O interior sofisticado do carro MG RV8.

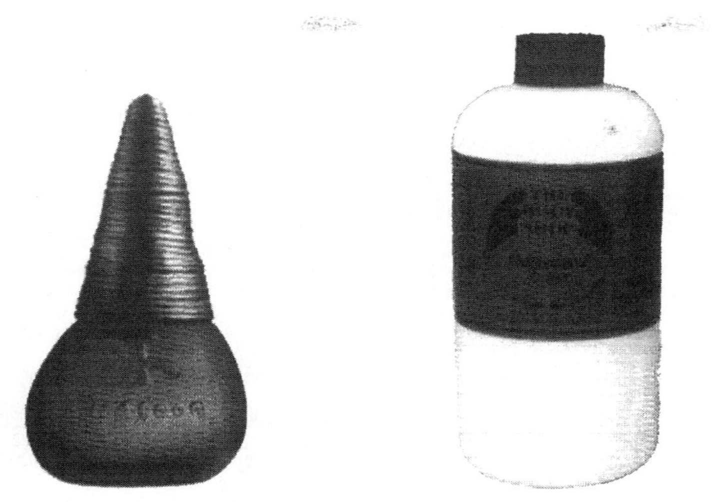

Figura 7.14 ■ A forma utilitária simples e ecológica do Body Shop (à direita) e o mistério decadente e exótico de Monsoon.[7]

■ A EMOÇÃO PROVOCADA PELO PRODUTO

Os produtos devem ser projetados para transmitir certos sentimentos e emoções. Mas, como consegui-lo? Isso pode ser conseguido construindo-se diversos painéis de imagens visuais. Como no caso do desenvolvimento de produtos, precisamos partir de objetivos amplos, para ir estreitando à medida que avançamos no projeto, para formas específicas e que possam ser produzidas pelas máquinas disponíveis. Essa abordagem é semelhante ao do funil de decisão (ver Figura 2.2). Em princípio esse procedimento abrange três etapas.

1. **Painel do estilo de vida.** Procura-se traçar uma imagem do estilo de vida dos futuros consumidores do produto. Essas imagens devem refletir os valores pessoais e sociais, além de representar o tipo de vida desses consumidores. Esse painel procura retratar também os outros tipos de produtos usados pelo consumidor e que devem se compor com o produto a ser projetado. Por exemplo, no projeto de uma geladeira, procuram-se retratar os pisos, azulejos, armários, móveis e demais utensílios existentes na cozinha e que se situem nos arredores de onde será colocada a geladeira. Em geral, as imagens apresentam pessoas sorridentes, com alegria de viver. A monotonia, preocupação e estresse que caracterizam suas vidas reais não são apresentadas, porque as pessoas não gostam de ver esses aspectos negativos refletidos no estilo de um novo produto. Um erro comum neste estágio de elaboração do

estilo é supor que o novo produto terá apenas um tipo de consumidor. Poucos produtos massificados podem sobreviver com uma visão tão estreita de mercado. Portanto, o simbolismo do produto deve explorar faixas de consumidores e procurar os valores pessoais e sociais comuns a cada grupo específico de consumidores.

2. **Painel da expressão do produto.** A partir do painel do estilo de vida, procura-se identificar uma expressão para o produto. Essa expressão deve ser uma síntese do estilo de vida dos consumidores. Ela representa a emoção que o produto transmite, ao primeiro olhar. Pode parecer jovial e suave (imagem: fogo queimando lentamente na lareira) ou forte e enérgico (imagem: atletas olímpicos na prova dos 100 m). Pode parecer uma coisa trivial e relaxada (imagem: passeio no jardim) ou intenso e decisivo (imagem: tribunal). Pode ser macio e confortável (imagem: urso coala) ou rude e durável (imagem: locomotiva a vapor). O sentimento do produto captura essas imagens, sem se referir a características específicas do produto, pois isso poderia limitar as opções de estilo. As imagens de produtos que tenham forma ou função semelhantes ao do produto proposto devem ser evitadas. O painel da expressão do produto tem o objetivo de fazer com que todos os membros da equipe de projeto busquem o mesmo tipo de estilo. Esse é o estilo que deve ser comunicado pela equipe de projeto aos administradores da empresa e aos clientes ou consumidores. Se for muito abstrato, a ponto de ser não identificável, poderá falhar nessa comunicação.

3. **Painel do tema visual.** A partir do painel da expressão do produto, organiza-se o painel do tema visual, juntando-se imagens de produtos que estejam de acordo com o espírito pretendido para o novo produto. Esses produtos podem ser dos mais variados tipos de funções e setores do mercado (móveis, eletrodomésticos, carros e outros). O painel do tema visual permite que a equipe de projeto explore os estilos de produtos que foram bem-sucedidos no passado. Esses estilos representam uma rica fonte de formas visuais e servem de inspiração para o novo produto. Eles podem ser adaptados, combinados ou refinados para o desenvolvimento do estilo do novo produto.

Vamos ver como se aplica esse processo de desenvolvimento do estilo, usando o telefone celular como exemplo. No início, os telefones celulares foram usados de forma restrita por homens de negócios, para fins profissionais. Refletindo esses usuários, os telefones celulares tinham um estilo sóbrio e prático. Com a recente expansão desse meio de comunicação, uma ampla camada da população está aderindo ao seu uso. Talvez esteja na hora de procurar um novo estilo para o telefone celular, refletindo as expectativas semânticas e simbólicas dessa faixa maior da população. A Figura 7.15 mostra o painel do estilo de vida de uma faixa ampliada de consumidores. Por contraste, a Figura 7.16 apresenta um painel do estilo de vida na concepção antiga do produto.

Figura 7.15 ■ Estilo de vida do novo usuário do telefone celular.

Figura 7.16 ■ Estilo de vida dos antigos usuários do telefone celular.

Duas expressões do produto podem ser derivadas desses painéis. A primeira, chamada de **aventura** (Figura 7.17), mostra imagens exteriores, fora de casa, ativa e esportiva. A segunda, chamada de **diversão**

(Figura 7.18), mostra situações alegres e descontraídas. A partir dessas expressões, foram desenvolvidos dois painéis de temas visuais, mostrando produtos que se associavam à aventura (Figura 7.19) e à diversão (Figura 7.20). O tema visual pode ser melhor representado por uma coleção de vários tipos de produtos, do que simplesmente por produtos do mesmo tipo que se quer desenvolver. Com isso, o novo produto procurará incorporar as características comuns de um determinado estilo de vida. Esse método tem um inconveniente — reunir produtos diversificados pode ser mais difícil e oneroso do que juntar simplesmente os outros modelos de telefones celulares.

Figura 7.17 ■ Expressão da aventura.

Figura 7.18 ■ Expressão da diversão.

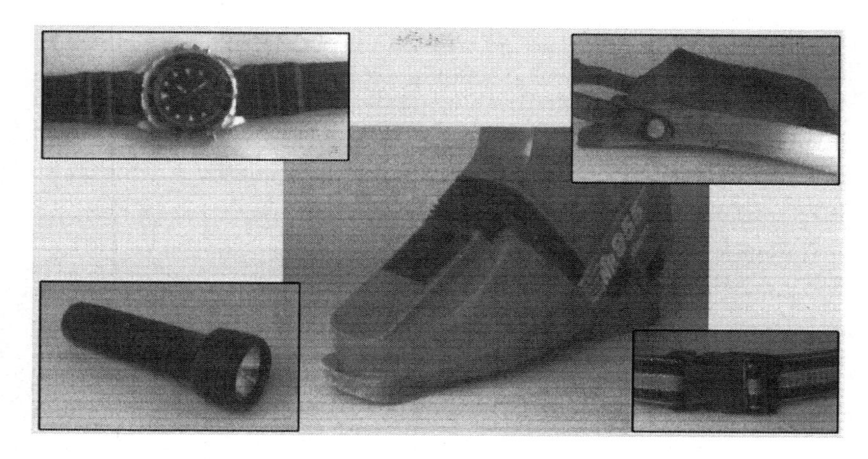

Figura 7.19 ▪ Temas visuais para a expressão de aventura.

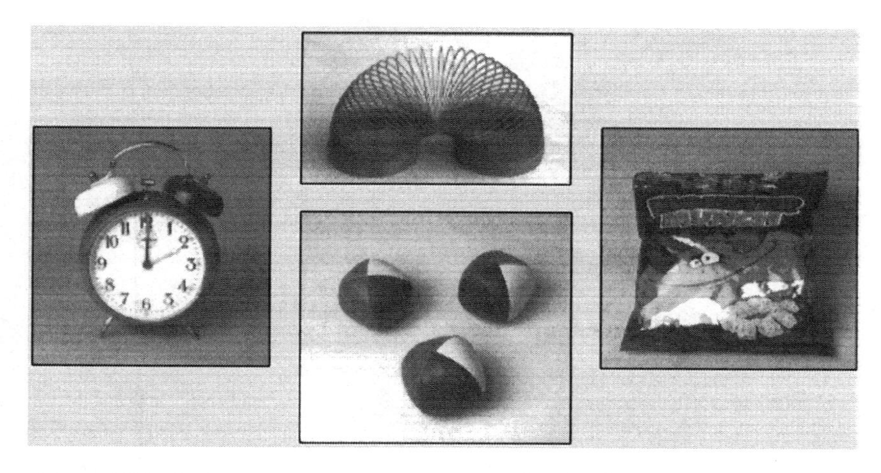

Figura 7.20 ▪ Temas visuais para a expressão da diversão.

Após a construção dos três tipos de painéis, deve-se concentrar no estilo do novo produto. Nesse processo, o foco de atenção vai se estreitando, a partir das imagens dos usuários até o estilo de produtos que seriam valorizados pelos mesmos. Agora pode-se começar a gerar conceitos de estilo para o novo produto. Como acontece no caso da escolha da função do produto, pode-se gerar muitos conceitos de estilo para se escolher o melhor. Em particular, é importante explorar muitos temas de estilo para o novo produto, desde que estejam de acordo com a expressão adotada para o novo produto.

A geração de conceitos de estilo começa pela identificação das principais linhas da expressão visual. Isso não é um simples plágio — o estilo pode ser muito criativo, a partir de uma base de raciocínio. Na expressão de **aventura**, por exemplo, a rudeza é transformada em características arrojadas e encorpadas, tais como superfícies rugosas para o novo produto.

A expressão da **diversão** pode ser transformada numa mistura de cores brilhantes (contrastando com a imagem preta dos telefones celulares tradicionais). A Figura 7.21 mostra os esboços conceituais, desenvolvidos para a expressões de aventura, e a Figura 7.22, a expressão da diversão.

Figura 7.21 ■ Conceitos de estilo derivados da expressão de aventura.

Figura 7.22 ■ Conceitos visuais derivados da expressão de diversão.

Este exercício serviu para mostrar que o produto pode adquirir diferentes tipos de estilo, seguindo um método estruturado, que passa pela análise do estilo de vida dos consumidores, expressão e tema visual do produto. Esses estilos são cuidadosamente escolhidos a partir do conhecimento das necessidades do mercado e são focalizados em suposições sobre os valores dos consumidores. Todos esses aspectos podem ser testados pela pesquisa de mercado, antes de se finalizar o desenvolvimento do produto. Os conceitos preferidos pelos consumidores podem ser selecionados por meio das técnicas para seleção dos conceitos. Isso garante que eles estejam de acordo com as necessidades funcionais, bem como com os objetivos estratégicos da empresa para o desenvolvimento de produtos. É o que veremos a seguir.

SELEÇÃO DO CONCEITO

O estágio final do projeto conceitual é a seleção do conceito, que ocorre após a geração dos conceitos. Os modernos métodos de seleção do conceito foram baseados no trabalho pioneiro de Stuart Pugh, da Universidade de Strathclyde, Escócia Pugh desenvolveu o processo da convergência controlada, pelo qual um conjunto de conceitos gerados vai convergindo sistematicamente, em um único conceito selecionado. Segundo essa técnica, a seleção do conceito não é uma simples escolha do melhor conceito gerado. Ela envolve o uso da criatividade, combinando diferentes conceitos, mesclando os aspectos positivos de vários conceitos, podendo até gerar novos conceitos durante o processo de seleção. Portanto, pode-se adicionar muitos valores aos conceitos inicialmente gerados. As etapas da convergência controlada são apresentadas na Figura 7.23.

Na primeira rodada da seleção de conceitos, os conceitos gerados são ordenados de acordo com os critérios de seleção definidos na especificação de oportunidade. Isso é feito com o auxílio da matriz de avaliação (ver Tabela 6.3), em que os conceitos são colocados em um dos eixos e os critérios de seleção, no outro eixo. Para simplificar o processo, cada conceito é comparado com o **conceito referencial**. Aqueles julgados "melhor que" são avaliados em (+1), o "pior que", em (−1), e o "igual a", em (0). O conceito referencial pode ser o melhor concorrente atual do novo produto proposto. O resultado do ordenamento será único número total que expressa o mérito relativo de cada conceito. Um número total positivo indica que o conceito avaliado é melhor que o conceito referencial, enquanto o total negativo indica o contrário. Fazendo-se isso com todos os conceitos, aquele que apresentar maior resultado positivo será considerado o melhor conceito.

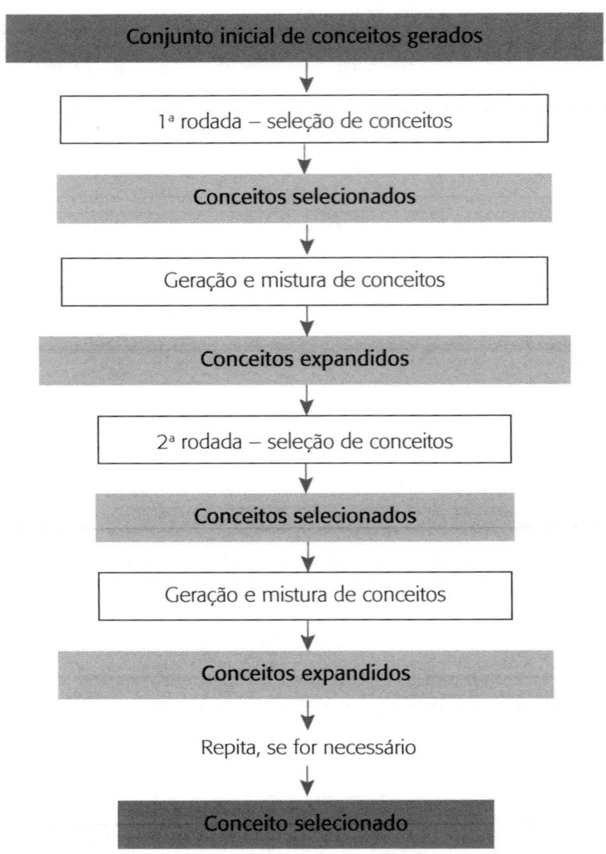

Figura 7.23 ■ Etapas do processo da convergência controlada para a seleção do conceito.

A segunda etapa corresponde à geração e mistura dos conceitos. Destacam-se todos os aspectos positivos dos diferentes conceitos, para incluí-los em um único produto. Ao mesmo tempo, os aspectos negativos são eliminados. Consideremos, por exemplo, um determinado conceito que foi considerado forte no geral, mas obteve uma nota (−1) em apenas um dos critérios. Existe algum outro conceito que tenha obtido (+1) nesse critério? Se for possível incorporar esse aspecto positivo ao conceito forte, este ficará ainda mais forte. Em seguida, examine as notas (0) do conceito forte. Elas poderiam ser convertidas em (+1), pela **transferência** das características de outros conceitos? Depois que você fizer todas as transferências possíveis, gaste algum tempo com o pensamento lateral. Surgiu algum conceito novo durante o processo de seleção dos conceitos? Aplique as ferramentas de criatividade, apresentadas no Capítulo 4, para gerar novos conceitos. Surgindo um conceito novo, este deve ser adicionado à matriz de avaliação para ser avaliado.

Se, ao final, nenhum dos conceitos conseguir uma avaliação maior que zero, significa que não existe nada melhor que o produto de referência, do concorrente. Nesse caso, os conceitos devem ser melhorados para que se tenha um novo produto competitivo. Os esforços de projeto devem retornar à fase de desenvolvimento, para gerar novos conceitos ou, alternativamente, os esforços de desenvolvimento devem ser abandonados por serem não viáveis, ou seja, não se pode produzir um produto melhor que o do concorrente. Esse caso ocorre quando a soma dos conceitos for zero ou negativa.

Se ao menos um dos conceitos obtiver uma avaliação superior a zero, o processo de seleção do conceito pode ser repetido. Desta vez escolha apenas os conceitos melhores, em número reduzido. Escolha, como conceito referencial, aquele que obteve a maior nota na matriz anterior. Com essa mudança do conceito referencial, surgirão pequenas diferenças nos pontos fracos e fortes dos conceitos. Mais uma vez, repita o procedimento de transferência dos aspectos positivos dos diferentes conceitos para aquele conceito considerado mais forte. Novamente, reserve um tempo para pensar em novos conceitos. No final desta etapa, você terá duas situações possíveis.

Em primeiro lugar, conseguem-se resultados que suplantam o conceito referencial. Aquele conceito que alcançar a maior avaliação global positiva deverá ser adotado como novo conceito referencial, e todo o procedimento deve ser repetido. Esse processo deverá ser repetido até que nenhum conceito consiga avaliação positiva e nenhuma outra ideia surja para substituí-lo. Se a equipe de projeto for bastante criativa, esse processo pode levar a muitas repetições, até se estabilizar. Geralmente, os benefícios costumam suplantar o custo do tempo e do esforço gastos nesse exercício. A seleção de conceitos é um processo rápido. Em questão de algumas horas, os conceitos inicialmente gerados podem ser refinados, elaborados e desenvolvidos. Se os critérios de seleção forem bem elaborados, a seleção de conceitos contribuirá para agregar mais valor ao produto, do que qualquer outra atividade, com poucas horas de trabalho.

No segundo caso, não se obtém nenhuma avaliação positiva, indicando que todos os conceitos examinados foram mais fracos que o conceito referencial. Nesse caso, o conceito referencial pode ser adotado como sendo o melhor conceito. A seleção do conceito pode ser encerrada, passando-se à etapa da configuração do projeto.

ESTUDO DE CASO DO PSION SÉRIE 3

Quando apresentamos o caso Psion,[9] no Capítulo 5, chegamos ao ponto em que a decisão sobre o Psion 3 deveria ser tomada o mais rápido possível. Para que o novo modelo Psion fosse lançado no prazo de 11 meses, algumas decisões-chaves deveriam ser tomadas rapidamente.

Enquanto a Psion estava planejando a Série 3, algumas decisões foram fáceis. Deveria ser um produto dirigido para uso individual e institucional. Deveria ser de bolso e apresentar uma forte diferenciação em relação aos produtos concorrentes como Sharp e Hewlett Packard. Aí acabaram-se as decisões fáceis. A primeira decisão mais difícil foi escolher a imagem que se pretendia passar ao consumidor. Seria ele uma agenda eletrônica ou algo mais, um computador de bolso? Qual deveria ser o seu formato básico? Ele deveria ter um formato "portátil" como a Agenda 2 e, assim, ser composto de duas partes articuladas? Ou deveria buscar uma nova forma? O teclado seria organizado em ordem alfabética, ou seria ordenado na forma convencional do teclado QWERTY?

Como num jogo de armar, uma peça foi colocada (em junho de 1990) e as coisas começaram a ficar mais claras. Essa peça foi representada pela conclusão de que as atitudes dos consumidores havia mudado, desde o lançamento da Agenda em 1984. Naquele tempo, os computadores eram vistos apenas como equipamentos profissionais ou brinquedos de crianças. A maioria dos consumidores não pensava em usar computadores no seu dia a dia. Em consequência, a Psion, intencionalmente, havia produzido um teclado diferente do teclado tradicional de computadores. Eles optaram simplesmente por um teclado mais lógico, organizado em ordem alfabética. Em 1990, poucos consumidores estavam familiarizados com o teclado do computador. Contudo, a Psion acreditava que, com a difusão dos computadores, o teclado QWERTY acabaria prevalecendo no futuro. O Psion 3 deveria ter um teclado QWERTY e ser um computador de bolso. Tomada essa decisão, o planejamento da Série 3 pôde começar, realmente.

Para ser considerado realmente como computador, os consumidores deveriam esperar um certo conjunto de funções: um processador de texto, uma planilha, uma base de dados, uma linguagem de programação e capacidade de comunicação. Seria possível colocar tantas funções dentro de uma pequena caixa? O menor concorrente, naquela época, tinha o dobro do comprimento, o dobro da largura e o dobro da altura.

Em outras palavras, era 8 vezes maior que o volume proposto para a Série 3. A partir da experiência adquirida no desenvolvimento da Agenda e, mais recentemente, com o computador *laptop* MC400, eles concluíram que isso seria possível.

A decisão para prosseguir no desenvolvimento da Série 3 foi baseada na informação contida na especificação da oportunidade (veja o quadro a seguir). O produto teria uma clara e importante vantagem sobre os concorrentes do mercado, como foi descrito na sua proposta de benefício básico. As perspectivas de mercado eram boas. Para o produto alcançar realmente os benefícios previstos, deveria vender 5.000 unidades por mês e ter uma vida bem superior a 16 meses. A Agenda teve uma saída de 20.000 por mês e uma vida de seis anos.

A especificação do projeto (veja quadro seguinte) era difícil de ser definida neste estágio inicial. O que ajudou bastante foi o uso da mesma plataforma tecnológica do MC400. Muitos problemas semelhantes já tinham sido resolvidos e eles podiam ser aproveitados diretamente na Série 3. Tanto o processador central como o *software windows* usavam tecnologias semelhantes.

Especificação da oportunidade – Psion Série 3	
Proposição do benefício básico:	
Um computador de bolso, contendo todos os *softwares* básicos.	
Análise financeira:	
Custos de desenvolvimento:	*Software* — 25 homens-ano @ $ 42.000 por homem-ano
	Eletrônica — 2 homens-ano @ $ 42.000 por homem-ano
	Projeto e engenharia — 2 homens-ano @ 42.000 por homem-ano
	Custos de capital e ferramentaria — $ 420.000
	TOTAL aproximado de $ 1.638.000
Retorno do investimento:	Vendas previstas – 5.000/mês
	Preço unitário – $ 420
	Margem de lucro da Psion – $ 21,00 por unidade
	Retorno do custo de desenvolvimento – 16 meses

Especificação do projeto – Psion Série 3		
Especificação do desempenho	**Especificação do projeto**	**Disponibilidade**
1. ***Software*** Todos os aplicativos esperados de um PC	Sistema operacional multitarefa Processador de texto Base de dados Agenda Planilha	Existe* Necessário Necessário Necessário Desejável
2. ***Hardware*** Suficiente para suportar o *software*	16 bit, 3,84 Mhz 348 kbyte ROM 256 kbyte RAM 512 kbyte RAM Encaixes para 2 discos rígidos (comprados separadamente)	Existe* Existe* Necessário Desejável Necessário
3. Teclado Tipo QWERTY	Teclado QWERTY Tamanho – 62 teclas Teclas adicionais de função	Necessário Desejável Necessário
4. Tela Leitura confortável para processador de texto	Largura para 40 caracteres	Necessário
5. Dimensões Confortável para modelo de bolso	165x90x25mm	Necessário
* Esses itens já foram desenvolvidos para o modelo MC400		

A equipe começou a fazer o projeto conceitual. Foi decidido que o Psion 3 teria um teclado QWERTY, o que significa que o desenho do teclado deveria ser comprido (desenho A). Isso implica em fazer uma tela também comprida, acompanhando o formato do teclado (desenho B). Pensando-se em juntar essas duas partes, descobriu-se que havia uma única solução prática – uma articulação unindo a tela com o teclado (desenho C). Dessa forma, metade do Psion 3 era a tela, a outra metade era o teclado mais o circuito principal. Faltava definir o lugar da pilha (desenho D). Os engenheiros eletricistas da Psion trabalharam muito para reduzir a necessidade de energia a duas pilhas do tipo AA (pilhas pequenas). Isso reduziu a necessidade de espaço para a colocação das pilhas, mas mesmo assim, pareciam grandes demais. Seria ideal se essas pilhas pudessem ser embutidas dentro das caixas (desenho E). Contudo, isso não era possível. Outra alternativa seria uma saliência na parte superior para a colocação das pilhas (desenho F). Isso também foi considerado inaceitável, pois essa saliência dificultaria a sua portabilidade, além de estar sujeito a choques mecânicos. Também não seria possível colocar as pilhas nas laterais do teclado (desenho G), pois por aí seriam inseridos os discos rígidos. A colocação das pilhas nas laterais da tela reduziria o tamanho da mesma (desenho H).

Após muitas frustrações, surgiu finalmente uma solução original — as pilhas poderiam ser colocadas na articulação entre o teclado e a tela (desenho I). Esse conceito acabou sendo uma das características mais diferenciadoras do produto, e surgiu de um problema banal: onde colocar as pilhas num produto tão pequeno, com tantas restrições para a colocação delas?

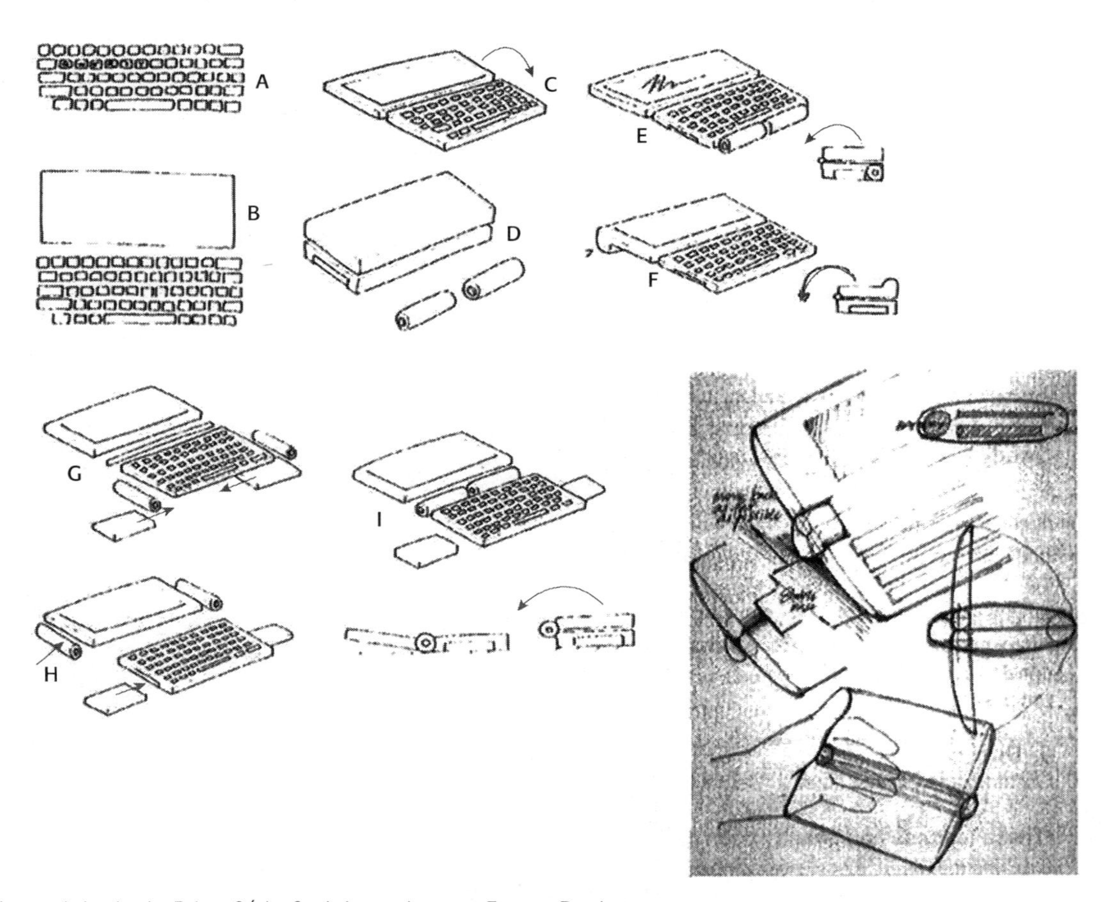

Desenhos originais da Psion Série 3 elaborados por *Frazer Designers*.

Ferramenta 28:

Conceitos-chaves do projeto conceitual

1. Estabeleça os objetivos do projeto conceitual

Cada projeto terá objetivos e restrições próprias, determinando se o conceito deve apresentar apenas inovações incrementais ou mudanças radicais. Isso deve ser claramente estabelecido, a partir da especificação da oportunidade.

2. Gere muitos conceitos

O projeto conceitual é considerado a parte criativa do processo de desenvolvimento de produtos. Assim, as técnicas para geração de ideias são largamente utilizadas nesse estágio. Existem muitas técnicas para a geração de conceitos do novo produto. Essas técnicas permitem gerar muitos conceitos, alcançando dezenas ou até centenas de novos conceitos.

3. Selecione o melhor

A escolha do melhor conceito é feita com o uso de técnicas que aplicam critérios derivados da especificação da oportunidade. O aspecto mais importante dessa técnica é a transferência e expansão das características dos conceitos gerados inicialmente. A seleção de conceitos é, portanto, um processo muito criativo e de inestimável valor para a elaboração do projeto conceitual.

Ferramenta 29:

Análise das funções do produto

A análise das funções do produto é um método de análise sistemática das funções exercidas por um produto e como elas são percebidas pelos usuários. Aplica uma técnica de análise sistemática da função, que é, provavelmente, a mais importante técnica analítica no desenvolvimento de novos produtos. Para se fazer a análise das funções do produto, é necessário conhecer o funcionamento do produto. Você precisa conhecer ou ter a capacidade de prever as percepções dos usuários sobre as funções do produto, e qual é a importância relativa que os usuários atribuem a essas funções. A técnica pode ser aplicada tanto para produtos existentes como para aqueles em projeto. Ela aumenta os conhecimentos sobre o produto, do ponto de vista funcional e do usuário, de forma lógica e sistemática. Seus resultados podem ser usados para estimular a geração de conceitos e podem fornecer elementos para outras análises posteriores, inclusive análise de valores (neste capítulo) análise das falhas (ver Ferramenta 34).

Procedimentos da análise das funções do produto

A primeira etapa da análise das funções do produto é gerar uma lista de funções do produto, sob o ponto de vista do consumidor, usando-se a técnica do *brainstorming*. A melhor maneira é escrever cada função em uma folha de papel (o melhor é o papel de recados *post-it*). Para isso, deve-se perguntar o que o produto "faz" e não apenas o que o produto *"***é***"* (geralmente, os engenheiros só pensam no que o produto **é**). Deve-se, assim, listar todas as funções consideradas valiosas pelos consumidores. Descreva as funções de forma concisa, usando duas ou três palavras, combinando verbo com substantivo. Exemplos: interromper circuito, eliminar umidade, indicar término, armazenar líquido. Prossiga com o *brainstorming* até esgotar todas as funções do produto. Muitos produtos tem 50 a 60 funções, e mesmo aqueles mais simples têm pelo menos 20.

Em seguida, ordene essas funções em uma "**árvore funcional**". Comece a construir essa árvore selecionando a **função principal** do produto, ou seja, a razão para a existência do produto, do ponto de vista do consumidor. A principal função de um aspirador de pó, por exemplo, é "remover poeira" e não "sugar o ar". Tendo- se selecionado a função principal, as demais funções são agrupadas sob ela, de forma lógica e hierárquica. No nível abaixo da função principal aparecem as **funções básicas**. As funções básicas relacionam-se com a função principal de duas formas: 1) são essenciais para a função principal; e 2) são causas diretas da ocorrência da função principal. Assim, "sugar o ar" é uma função básica do aspirador, essencial para a função principal de "remover a poeira". A função de "sugar o ar" também é uma causa direta de "remover a poeira". Os outros níveis da árvore funcional são construídos com as **funções secundárias** perguntando-se: como essa função é realizada? Por exemplo: como o ar é sugado? Surge aí a função: "girar a ventoinha", e assim por diante.

Em cada nível, as funções são causa direta, essenciais para a função de nível superior.

Na base da árvore funcional surge uma lista de funções que não podem ser subdivididas em outras, de forma lógica. Geralmente, essas funções se referem a características mais simples ou componentes unitários do produto. Por exemplo, a função "fornecer energia" é uma função de nível inferior e se relaciona com o cabo elétrico.

Quando a análise funcional do produto for realizada num produto existente, é possível conferir a sua árvore funcional. Pode-se comparar as funções de mais baixo nível com as características ou componentes unitários do produto. Se houver características ou componentes do produto que não aparecem na árvore funcional, pode ser que exerçam uma função irrelevante para o consumidor (por exemplo, característica para facilitar a montagem do produto) ou pode ser que você tenha perdido um ramo completo da árvore funcional.

Pode-se fazer uma conferência mais rigorosa da árvore funcional de duas maneiras. Primeira: usa-se o método "**Como**? – **Por quê**?". Começando com a função principal, mova para baixo na árvore funcional, perguntando "Como?" em cada nível. O funcionamento de uma função deve ser explicado pelas funções de nível abaixo dela.

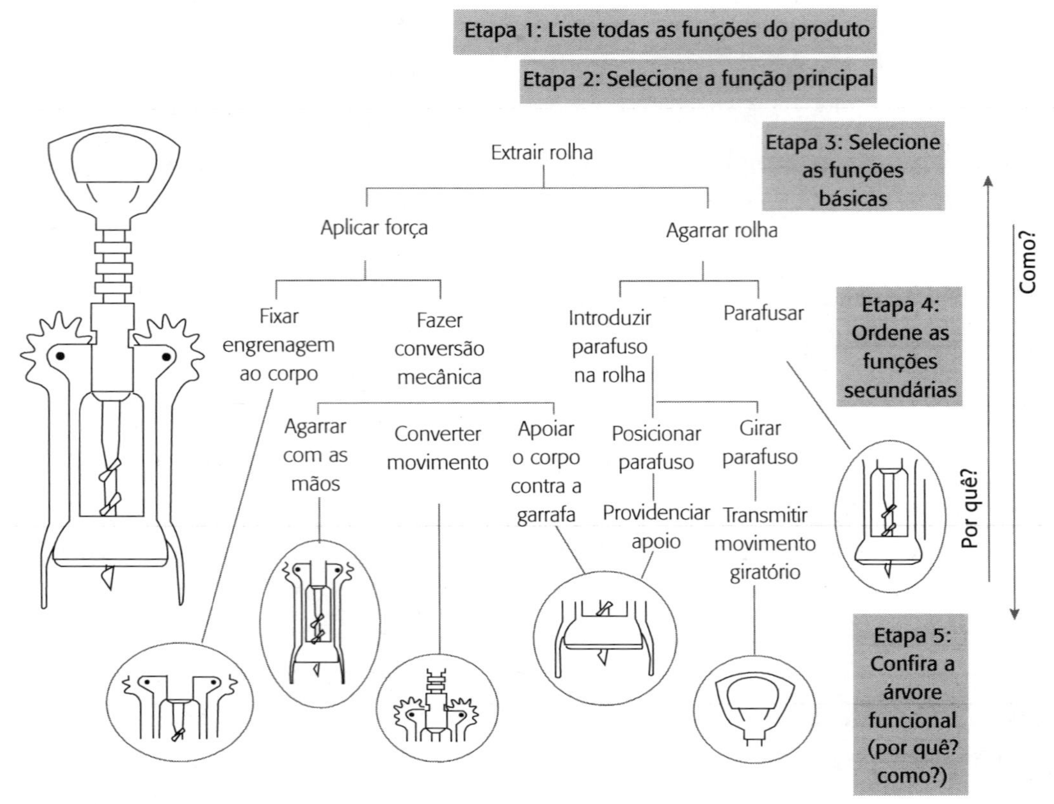

Figura 7.24 ▪ Árvore funcional de um saca-rolhas.

Como o aspirador remove a poeira? Sugando o ar. **Como** ele suga o ar? Girando a ventoinha. **Como** ele gira a ventoinha? E assim por diante. As funções de nível abaixo devem ser **necessárias** e **suficientes** para explicar **como** a função de nível superior é executada. Se as funções de nível inferior não forem **suficientes** para explicar aquela de nível superior, então você perdeu um ramo da árvore. Se não forem **necessárias**, as funções foram colocadas nos ramos errados da árvore ou em um nível muito elevado.

Chegando-se à base da árvore, com as perguntas "como?", pode-se fazer uma nova conferência, agora de baixo para cima, perguntando-se "por quê?" **Por que** se suga o ar? Para remover a poeira. Uma árvore funcional, que é conferida de cima para baixo (como?) e de baixo para cima (por quê?) é uma representação confiável das funções do produto.

A segunda conferência é feita simplesmente pedindo-se opiniões de colegas que conheçam o produto, mas que não participaram da elaboração de sua árvore funcional. Eles podem questionar o encadeamento das funções e podem descobrir funções que ficaram perdidas pelo caminho. É importante lembrar que não existe apenas uma árvore funcional para cada tipo de produto. Podem-se adotar diferentes encadeamentos de funções e que sejam corretos nas conferências de "como?" e "por quê?". O importante é ter as funções descritas exaustivamente e ordenadas de forma sistemática.

Ferramenta 30:

Análise do ciclo de vida do produto

A análise do ciclo de vida do produto tem sido largamente usada pelos *designers* interessados em avaliar o impacto ambiental dos produtos. Ela se preocupa com o custo ambiental em cada estágio do ciclo de vida do produto e faz uma avaliação relativa da fabricação, transporte, uso e descarte dos produtos. O esforço de desenvolvimento do produto é focalizado, então, naquela etapa do ciclo de vida que apresente maior **custo ambiental**. Esse tipo de análise tem sido útil em várias aplicações. Contudo, tem havido uma tendência de subestimar as dificuldades na ponderação dos diferentes fatores que provocam impacto ambiental. Outra dificuldade relaciona-se com a avaliação precisa dos custos ambientais. Essas dificuldades impedem o uso generalizado da técnica, como se verá mais à frente.

A análise do ciclo de vida pode ser considerada como uma técnica analítica mais abrangente para explorar oportunidades de refinar e aperfeiçoar o projeto de produtos. Nessa aplicação ampla, chamada também "do berço ao túmulo", desde o seu nascimento até o descarte final, a atenção não é concentrada apenas nos aspectos ambientais. Todas as oportunidades para a melhoria do produto, incluindo custos, valores para o consumidor, eficiência produtiva e facilidade de transporte, também devem ser consideradas.

Princípios gerais da análise do ciclo de vida. A análise do ciclo de vida se faz em três etapas principais.

1. Em primeiro lugar, descreve-se o ciclo de vida do produto. Isso pode identificar os materiais e energia que entram e saem do produto em cada etapa de sua vida, bem como as transformações que ocorrem. Por exemplo, durante a sua fabricação, pode-se descrever as matérias-primas e componentes, o tipo de energia usada na transformação, bem como os resíduos e a sucata que resultam no final do processo de fabricação. Da mesma forma, pode-se descrever o que ocorre nas fases de armazenagem, distribuição e vendas. Muitos produtos seguem por diversos canais de distribuição, que podem ser mapeados e descritos. Então se identificam os padrões típicos de uso do produto, os insumos necessários para fazê-lo funcionar e a poluição resultante. Finalmente se descrevem os meios usados para se descartar o produto, quando a sua vida chegar ao fim (veja exemplo na Figura 7.8).

2. Em seguida, cada etapa do processo é analisada, procurando-se identificar os objetivos de cada etapa do ciclo de vida e atribuindo-se custos e valores aos mesmos.

3. Por fim, são identificadas oportunidades para melhoria, tanto do ponto de vista ambiental, como no seu projeto em geral. O exemplo apresentado na Figura 7.9 mostra como se pode identificar oportunidades para a melhoria de um vaso de plástico para plantas.

Dificuldades no estudo sobre o impacto ambiental de produtos. A técnica de análise do ciclo de vida dos produtos deveria ajudar a gerência a tomar decisões sobre oportunidades de melhoria dos produtos. Entretanto, quando se trata de avaliar o impacto ambiental dos produtos, surgem dois tipos de dificuldades: uma é de comparação e outra é de quantificação.

Dificuldade de comparação. É difícil comparar diferentes tipos de impactos ambientais. Considere, por exemplo, duas oportunidades incompatíveis entre si para a melhoria do produto. Uma delas reduz a quantidade de energia necessária para fabricar o produto. A outra reduz a poluição local da água, que é despejada no rio. Infelizmente, essas duas alternativas não podem ser comparadas entre si. Elas são de naturezas diferentes (global *versus* local, energia *versus* poluição) e são muito dinâmicas. Se o rio já estiver bastante poluído com outras fábricas que se situam à montante, a redução local da poluição poderia ser um aspecto crítico, para não se agravar o problema. Contudo, se não houver outras fábricas a montante, a oportunidade de economia de energia poderia ser mais crítica.

Dificuldade de quantificação. É difícil quantificar o impacto ambiental. Considere o impacto ambiental provocado por dois tipos de matérias-primas para plásticos. Podem-se incluir os custos (energia e poluição) de extração dos hidrocarbonetos (petróleo ou carvão), o custo para refinar os hidrocarbonetos e o custo de transformação em polímeros. A quantificação desses custos é uma tarefa muito difícil. Existem dados sobre diferentes tipos de plásticos, mas são estimativas médias, que podem variar bastante em cada caso específico. Por exemplo, o petróleo extraído de plataformas submarinas gasta muita energia, comparado com aquela gasta na extração do carvão a céu aberto. Se o plástico for fabricado na Noruega, usará energia hidrelétrica, que é uma fonte renovável, com baixo índice de poluição. Se o mesmo plástico for produzido no centro industrial da Alemanha, a energia virá de usinas termoelétricas, que usam fontes não renováveis de combustíveis, provocando maiores índices de poluição. Portanto, trata-se de situações de difícil comparação.

Essas dificuldades não invalidam o uso da análise do ciclo de vida para melhorar o impacto ambiental dos produtos. Comparando-se custos semelhantes de impacto ambiental e usando-se informações confiáveis, pode-se ter uma ajuda valiosa na melhoria do projeto de produtos.

NOTAS DO CAPÍTULO 7

1. Para informações gerais sobre Ergonomia, consulte Bridger, R. S. *Introduction to Ergonomics.* New York: McGraw-Hill Inc., 1995, que oferece uma boa abordagem atualizada sobre o assunto. Um texto mais clássico é o Pheasant, S., *Ergonomics: Standards and Guidelines for Designers,* Milton Keynes, UK: British Standards Institute, 1987. Existe também o Galer, I., *Applied Ergonomics Habdbook* (2ª ed.), London: Butterworths, 1987. Informações mais específicas sobre antropometria se encontram no Marras, W. S. e Kim, J. Y., Anthropometry of Industrial Populations. *Ergonomics,* 1992, 36: 371-378, e Abeysekera, J. D. A. e Shahnavaz, H., Body Size Variability Between People in Developed and Developing Countries and its Impact on the Use of Imported Goods. *International Journal of Industrial Ergonomics,* 1989, 4: 139-149. *N.T* Em português, consulte Dul, J. e Weerdmeester, *B., Ergonomia Prática.* São Paulo: Blucher, 1995; Grandjean, E., *Manual de Ergonomia: Adaptando o Trabalho*

ao Homem. Porto Alegre: Artes Médicas, 1998; lida, I., *Ergonomia: Projeto e Produção.* São Paulo: Blucher, 2005.

2. Ashby, P., *Ergonomics Handbook 1: Body Size and Strength* Pretória: SA Design Institute, 1979. *N.* T. Veja também Panero, J. e Zelnik, M., *Las Dimensiones Humanas en los Espacios Interiores.* Barcelona: Ed. Gustavo Gili, 1996.
3. Esta análise do ciclo de vida foi realizada por Tom Inns, do Design Research Centre, como parte do projeto de pesquisa sobre o uso de palha na composição de plásticos.
4. Ver Miles, L. D., *Techniques of Value Analysis and Engineering.* New York: McGraw-Hill Book, 1961. *N.T.* Veja também Csllag, J. M., *Análise do Valor.* São Paulo: Atlas, 1986.
5. Fotografias cedidas por Rover, Aston Martin, Honda e Yamaha. Reproduzidas com permissão.
6. Logomarcas reproduzidas com permissão da Audi, BMW, Mercedes e Volkswagen.
7. Fotografia do frasco de Monsoon fornecida por Beauty International e reproduzida com permissão.
8. Pugh, S., *Total Design: Integrated Methods for Successful Product* Engineering. Workingham, UK: Addison-Wesley Publishing Co., 1991, p. 74-88.
9. A Psion Série 3 foi projetada por Frazer Designers. As fotos do Psion 3A e da Agenda Psion foram fornecidas pela Frazer Designers e reproduzidas com permissão.

Capítulo 8

Planejamento do produto

Já vimos que a especificação do projeto fixa objetivos específicos para o novo produto. Os aspectos incluídos na especificação do projeto são aqueles que serão incorporados ao produto e oferecidos ao consumidor. Por outro lado, aqueles aspectos omitidos ou desprezados provavelmente não serão incluídos no produto. Portanto, é muito importante que a especificação do projeto seja benfeita, para que o novo produto possa ser desenvolvido corretamente. Mas quando se pode considerar que um produto esteja correto?

A empresa geralmente parte de sua missão para estabelecer os objetivos do desenvolvimento de produtos. Mas, como já vimos no Capítulo 2, conseguir os produtos certos para a empresa só aumenta as chances comerciais desses produtos por um fator de 2,5. Mudando-se o enfoque e fazendo-se produtos orientados para o mercado, o fator de sucesso comercial aumenta para 5. Orientar o produto para o mercado significa analisar os produtos concorrentes e fazer uma pesquisa preliminar de mercado para identificar a melhor oportunidade de produto. Agora vamos focalizar melhor a orientação de mercado, a fim de determinar as qualidades específicas a serem incorporadas ao produto.

QUALIDADE DO PRODUTO

A qualidade do produto tem muitos significados diferentes para diferentes pessoas. Para um engenheiro, qualidade significa adequação aos objetivos e resistência para suportar a faixa de operações especificada.

Para um gerente de produção, qualidade significa facilidade de fabricação e montagem com refugos abaixo dos níveis especificados. Para um engenheiro de manutenção, qualidade é o tempo de funcionamento sem defeitos e facilidade de consertar quando se quebra. Todos esses aspectos são importantes para que o produto tenha sucesso e, como veremos, devem ser considerados durante a especificação dos padrões de qualidade do novo produto.

Contudo, deve-se adotar uma postura mais abrangente para se definir a qualidade do produto. Deve-se considerar, em primeiro lugar, a percepção do consumidor sobre a qualidade do produto. O modelo mais simples para isso é apresentado no gráfico A da Figura 8.1. Quanto mais o produto incorpore as características desejadas, mais satisfeito deverá ficar o consumidor. Seguindo o mesmo raciocínio, pode-se construir o gráfico B, no qual a ausência de certas características provocaria uma insatisfação proporcional ao consumidor. Infelizmente, a satisfação do consumidor não é tão simples e linear como sugerem esses gráficos. Nem sempre a presença ou ausência de certas características no novo produto aumentam ou reduzem a satisfação do consumidor, como fazem supor os gráficos A e B. Os consumidores têm uma certa expectativa sobre as características **básicas** de um produto, que, às vezes, nem são percebidas. A ausência dessas características básicas provoca uma grande decepção, enquanto a sua presença é considerada como uma coisa normal e não contribui para aumentar o sentimento de satisfação. Ao comprar um novo carro, por exemplo, todos os consumidores esperam que eles tenham quatro rodas. A presença das rodas não provoca satisfação, mas a ausência delas seria causa de uma grande decepção. As expectativas básicas da qualidade são representadas no gráfico C. No outro extremo, há qualidades do produto, chamadas de **fatores de excitação**, que provocam grande satisfação quando estão presentes, mas cuja ausência não causa insatisfação (gráfico D). Isso acontece porque os fatores de excitação são requisitos adicionais, que excedem aqueles da expectativa básica. Muitas vezes, esses fatores de excitação são desconhecidos pelos consumidores e, então, eles não os exigem, mas sentem grande satisfação ao encontrá-los.

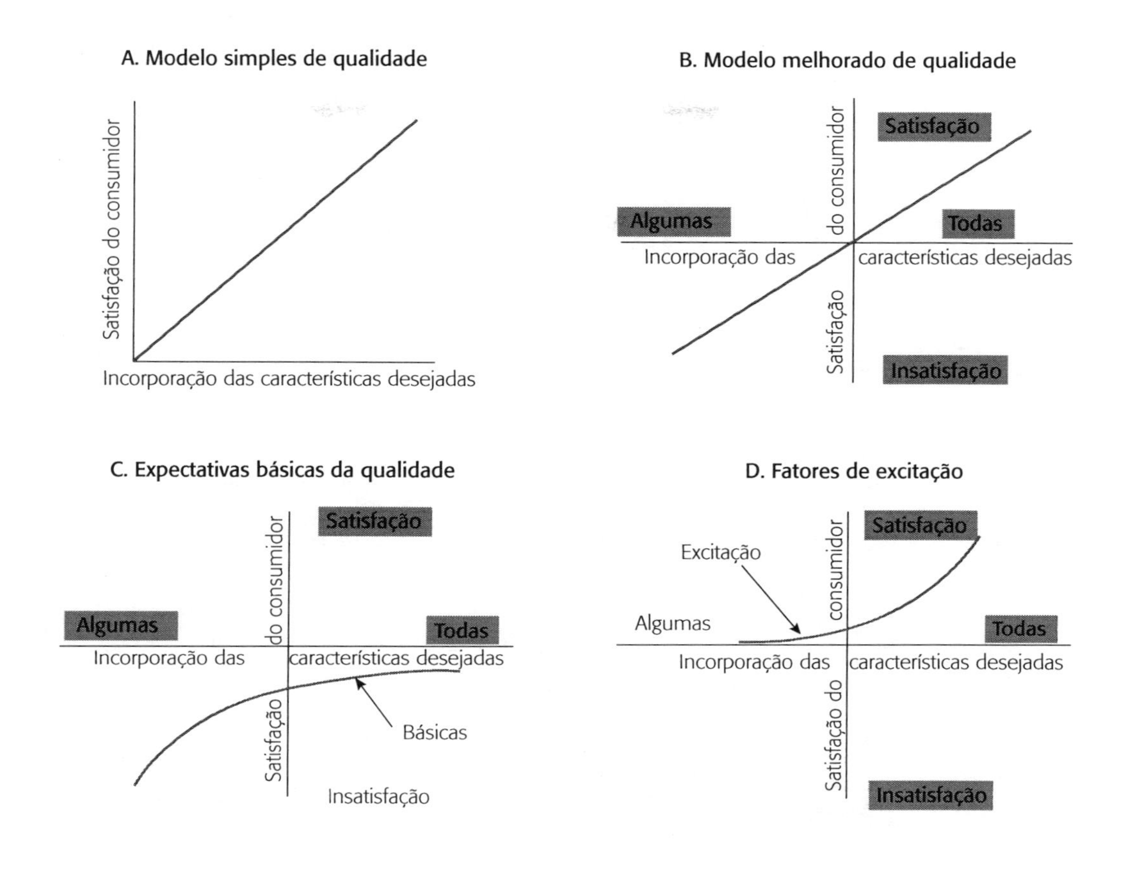

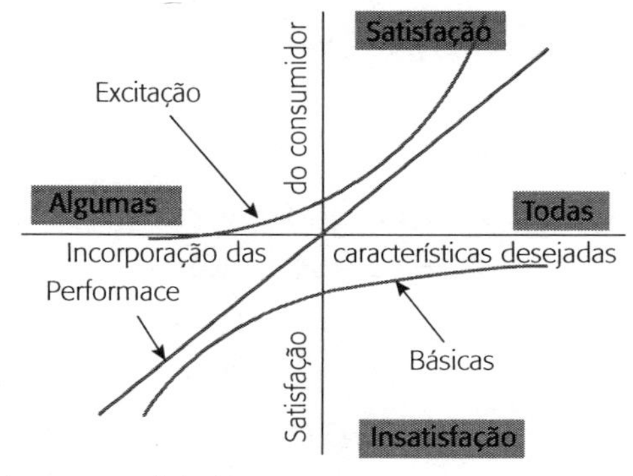

Figura 8.1 ■ Os fatores de qualidade e o modelo Kano.

■ MODELO KANO

O primeiro *walkman* da Sony continha alguns fatores de excitação. Conseguir uma excelente qualidade de som de um gravador que podia ser carregado no bolso era muito agradável aos consumidores. Antes do aparecimento do *walkman,* os consumidores não manifestavam insatisfação com os gravadores que não cabiam no bolso. Os fatores de excitação são capazes de satisfazer a necessidades "latentes" dos consumidores. O gráfico E mostra as expectativas básicas e os fatores de excitação juntas, no modelo Kano de qualidade, proposto pelo Dr. Noriaki Kano.[1]

Kano sugere que há um outro fator de satisfação do consumidor, situado entre as expectativas básicas e os fatores de excitação, chamado de **performance**. Os fatores de performance incluem as características que os consumidores declararam esperar dos produtos. A percepção do consumidor sobre a qualidade varia na proporção direta do grau em que a performance ideal ou máxima do produto seja alcançada. Um carro ideal, por exemplo, deve ter um bom estilo, aceleração rápida, direção hidráulica, manobra fácil, baixo gasto de combustível, poucos ruídos, mínima manutenção, *air bags* duplos, trava central, vidros elétricos, CD *player* e ar-condicionado. Um carro que tenha todas essas características provocará satisfação do consumidor. Um carro que não tenha nenhuma delas causará decepção.

Existem quatro aspectos no modelo de Kano para qualidade do produto, que devem ser incorporados ao processo de planejamento do produto (Figura 8.2).

1. **Desejos não declarados pelos consumidores**. Existem alguns desejos que os consumidores não declaram e que são muito difíceis de serem identificados pela pesquisa de mercado. Esses desejos recaem nas categorias básica (são considerados evidentes) e de excitação (são desconhecidos pelos consumidores). Os consumidores não perguntarão se o carro tem rodas (básica), ou se o *walkman* seria portátil (excitação), antes de ser inventado. A melhor maneira de identificar as expectativas básicas de qualidade é pela análise dos produtos concorrentes. Os fatores de excitação podem ser extrapolados a partir da pesquisa de mercado, identificando-se os desejos não atendidos e as frustrações e incômodos dos consumidores com os produtos existentes.

2. **Atendimento das necessidades básicas**. O atendimento às necessidades básicas é um pré-requisito necessário para o sucesso do novo produto. Entretanto, desde que essas necessidades estejam satisfeitas, não compensa investir muito na melhoria das mesmas. A curva das necessidades básicas oferece um retorno decrescente, em termos de satisfação do consumidor, para graus crescentes de atendimento. Ou seja, a curva tende para uma saturação. Isso significa que, a partir de um certo nível de atendimento, o consumidor não valorizará proporcional-

mente esse fator. A partir desse nível, qualquer investimento adicional não contribuirá para aumentar significativamente o valor do produto.

Excitação

- Necessidade e desejos não declarados pelos consumidores e aspectos ainda inexistentes em produtos concorrentes.
- Satisfazem às necessidades reais, não são apenas paliativos.
- Podem ser extrapolados a partir da pesquisa de mercado, para satisfazer a frustrações não resolvidas pelos produtos existentes.
- A ausência dos fatores de excitação não provoca insatisfações do consumidor.

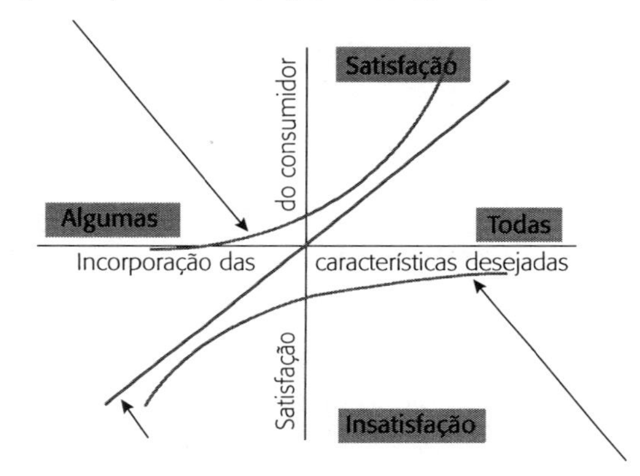

Performance

- Necessidade e desejos declarados, para as características presentes em produtos concorrentes.
- Facilmente acessíveis à pesquisa de mercado.
- A presença aumenta a satisfação do consumidor.
- O baixo nível de atendimento aos fatores de performance provoca insatisfação do consumidor.

Básicas

- Necessidades e desejos não declarados, incluindo aspectos típicos ou normais nos produtos concorrentes.
- Dificuldade de descobrir com pesquisa de mercado.
- Podem ser descobertos pela análise dos produtos concorrentes.
- A ausência de qualquer característica básica no produto causará insatisfação do consumidor.

Figura 8.2 ■ Necessidades básicas, de excitação e de performance.

3. **Atendimento aos fatores de excitação**. A satisfação dos consumidores tende a crescer cada vez mais, proporcionalmente, quando se incluem os fatores de excitação. Assim, quanto mais fatores de excitação forem incluídos no produto, mais prazer será proporcionado aos consumidores. Quanto mais fatores de excitação tiver um produto, mais ele se destacará em relação aos seus concorrentes. Portanto, o esforço de projeto para desenvolver essas características é altamente compensador.

4. **Atendimento aos fatores de performance**. Os fatores de performance aumentam a satisfação dos consumidores, mas não tanto

quanto os fatores de excitação. O modelo de Kano indica que, se for alcançado um certo nível dos fatores de performance (ou seja, ao ponto de se evitar a insatisfação dos consumidores), todo esforço extra dirigido aos fatores de excitação terá maior retorno.

A classificação dessas necessidades não é estática no tempo. Fatores que foram considerados de excitação, no início, podem passar depois de algum tempo à categoria de performance e até se tornar uma necessidade básica. Na década de 1950, a TV a cores era evidentemente excitante. Na metade da década de 1960 já tinha se tornado um fator de performance – era uma entre diversas características da TV, que influía na decisão de compra do consumidor. Na década de 1990, tornou-se uma necessidade básica, pois praticamente não existem mais aparelhos de TV branco e preto no mercado. Os fatores de excitação funcionam apenas uma única vez, pois logo são incorporadas aos muitos fatores de performance do produto. Isso significa que os fabricantes devem procurar, continuamente, introduzir novos fatores de excitação. Nas TVs, por exemplo, foram adicionados o controle remoto, a tela plana, o som estéreo e assim por diante.

A qualidade de um produto depende, portanto, de um balanceamento adequado entre o atendimento das expectativas do consumidor e um pouco de excesso. O valor que o consumidor atribui ao novo produto acontece em dois estágios. Primeiro, o produto tem um nível básico e qualquer produto que não chegue nesse nível provocará decepção do consumidor. Esse nível básico depende de algumas características não declaradas pelos consumidores (os carros precisam ter rodas) e uma certa expectativa em relação ao produto. Adicionar valores acima desse nível significa atingir níveis de performance superiores aos dos produtos concorrentes. Em segundo lugar, pode-se "excitar" o consumidor introduzindo-se características inéditas acima de suas expectativas. Um bom planejamento do produto incorpora todos os fatores básicos e de performance. Além disso, procura acrescentar alguns fatores de excitação, para que o consumidor tenha prazer em consumir o novo produto. Evidentemente, essa busca dos fatores de excitação não tem fim, pois aquilo que é excitante hoje passa a ser familiar ao consumidor logo adiante, perdendo o seu poder de excitar. Portanto, torna-se necessário substituí-lo por outros, numa busca incessante.

ESPECIFICAÇÃO DA QUALIDADE DO PRODUTO

A descrição de uma oportunidade de produto deve ser feita de modo que um consumidor possa entendê-la. O novo produto deve ser barato, ter mais funções que outros produtos semelhantes e um aspecto atrativo. Esse tipo de descrição apresenta diversas vantagens. Torna-se fácil de entender e é fortemente orientado para o mercado. Como já vimos no Capítulo 6, ele garante os requisitos comerciais do produto, sem limitar a criatividade da equipe de projeto para introduzir inovações técnicas. Também permite uniformizar a linguagem dessa equipe de projeto. Seria desaconselhável substituir a descrição da oportunidade de projeto, orientada para o mercado, por uma descrição mais técnica, pois isso provocaria uma tendência de fracionamento dessa descrição. Alguns aspectos seriam mais importantes para o engenheiro de produção, outros aspectos seriam relevantes para o transporte e distribuição e outros, ainda, para o *marketing*. Tudo isso pode ser considerado como características "internas" à empresa, e o que interessa mesmo são as configurações globais para que as necessidades do consumidor sejam atendidas.

Contudo, a descrição técnica também torna-se necessária. A especificação de fabricação, com detalhamento dos processos de manufatura deve ser feita em termos técnicos, sendo diferente da linguagem do consumidor. Devem ser feitos desenhos técnicos, com cortes, projeções e tolerâncias de fabricação, que dificilmente os consumidores entenderiam, mas são essenciais para a produção industrial. Uma questão importante é saber em que ponto as descrições, orientadas para o consumidor, são convertidas em descrições técnicas para uso interno da fábrica.

Na verdade, essa conversão das necessidades do consumidor em detalhes técnicos deve ocorrer até mesmo antes de se começar o projeto. A elaboração das especificações técnicas, a partir da descrição da oportunidade, é essencial para o controle de qualidade durante o desenvolvimento do projeto. O acompanhamento do projeto do novo produto só pode ser realizado, satisfatoriamente, se houver especificações do projeto. Isso é importante também para se constatar eventuais desvios, de modo que os produtos considerados insatisfatórios sejam rapidamente eliminados, antes que acabem comprometendo mais recursos, inutilmente, como já vimos no funil de decisões, no Capítulo 2.

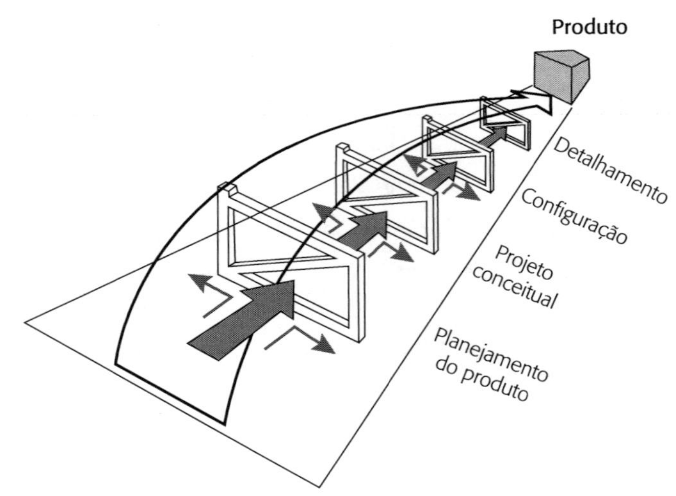

Figura 8.3 ■ O controle de qualidade do desenvolvimento de novos produtos tem a dupla função de direcionar e de filtrar.

O controle de qualidade do desenvolvimento do novo produto tem, portanto, duas funções (ver Figura 8.3):

- Serve para **orientar** o processo de desenvolvimento do novo produto, de modo que este se aproxime, cada vez mais, das necessidades do consumidor.
- Serve para **controlar** o desenvolvimento, deixando prosseguir apenas aquelas alternativas que se aproximem da meta estabelecida e descartem as demais.

CONVERSÃO DAS NECESSIDADES DO CONSUMIDOR EM OBJETIVOS TÉCNICOS

Ao converter as necessidades do consumidor em objetivos técnicos, surge a dificuldade de se conseguir um equilíbrio adequado entre utilidade, precisão e fidelidade. Na preparação da especificação do projeto, conseguir **utilidade** significa produzir especificações úteis para controlar a qualidade durante o processo de desenvolvimento do produto. Portanto, a especificação do projeto deve ser feita com **precisão** suficiente para permitir a tomada de decisões técnicas. Essa precisão não deve prejudicar a correta interpretação das necessidades e desejos do consumidor. E a especificação do projeto, de uma forma geral, deve conter uma descrição completa e compreensível das percepções e valores do consumidor. Assim, a especificação do projeto deve manter fidelidade às necessidades do consumidor.

Essa tarefa é demorada e não trivial. Os projetistas de produtos devem possuir muitas habilidades, incluindo criatividade, raciocínio espacial, competência técnica e atenção para os detalhes. A humildade nem sempre é o ponto forte da maioria dos *designers,* mas ela é necessária aqui. Considero as páginas seguintes como as mais importantes deste livro. Entretanto, antes de prosseguir, quero tecer algumas considerações sobre a humildade. Como já vimos no Capítulo 2, é importante fazer o planejamento e a especificação nas etapas iniciais do projeto. Só isso aumenta as chances de sucesso do novo produto em três vezes. Já enfatizei bastante, em vários capítulos, a importância da especificação de projeto para o controle de qualidade durante o desenvolvimento. A preparação dessa especificação de projeto não é fácil, mas é importante. Se elas estiverem erradas, você pode terminar com um produto cujo desenvolvimento foi bem controlado, mas numa direção errada. É como dirigir um carro: você pode estar dirigindo bem, sem cometer nenhum acidente no percurso, mas numa rota errada, que o leva a um falso destino.

Portanto, é difícil chegar a especificações do projeto que reflitam as necessidades do consumidor de forma precisa, fiel e utilizável. É um problema complexo (envolve diversos estágios), nebuloso (as fronteiras do problema não são bem definidas), multifatorial (há muitas variáveis a considerar), e com muitos eventos simultâneos (e não apenas sequenciais). Infelizmente, a mente humana não consegue trabalhar bem com esse grau de complexidade. Os diagnósticos médicos exigem esquemas semelhantes de solução e se mostrou que, para alguns tipos de doenças, os computadores fazem diagnósticos mais precisos que a maioria dos médicos. Aqueles são melhores que as pessoas para lidar com problemas complexos, nebulosos e multifatoriais, que exigem diversos tratamentos simultâneos. Assim, retornando à discussão da necessidade de humildade na profissão de *designer,* você precisa de ajuda para a elaboração da especificação de projeto. Essa ajuda pode ser obtida aplicando-se a técnica do Desdobramento da Função Qualidade (*quality function deployment* ou *QFD*).

DESDOBRAMENTO DA FUNÇÃO QUALIDADE

O desdobramento da função qualidade(2) parte das necessidades do consumidor, para convertê-las em parâmetros técnicos. Por exemplo, se o consumidor exige que os biscoitos sejam bem tostados, isso é traduzido em temperatura do forno e tempo de cozimento. A Figura 8.4 apresenta o diagrama do desdobramento da função qualidade, conhecido também como a "casa da qualidade". Nas aplicações ao planejamento do produto, podem-se considerar quatro etapas:

1. Desenvolve-se uma matriz para converter as características desejadas pelos consumidores em atributos técnicos do produto.
2. Os produtos concorrentes são analisados e ordenados quanto à satisfação dos consumidores e desempenho técnico.
3. Fixam-se metas quantitativas para cada atributo técnico do produto.
4. Essas metas são priorizadas, visando orientar os esforços de projeto.

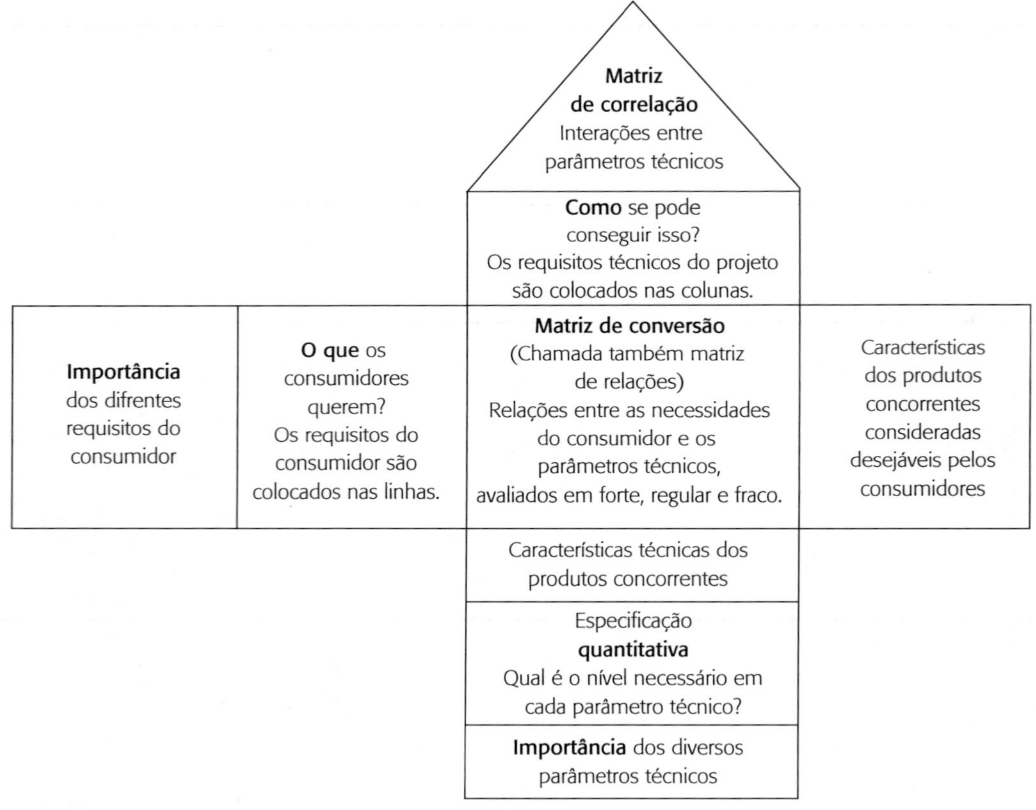

Figura 8.4 ■ Diagrama do desdobramento da função qualidade, também chamado de "casa da qualidade", devido ao seu formato.

ETAPA 1 – A CONVERSÃO DAS NECESSIDADES DO CONSUMIDOR

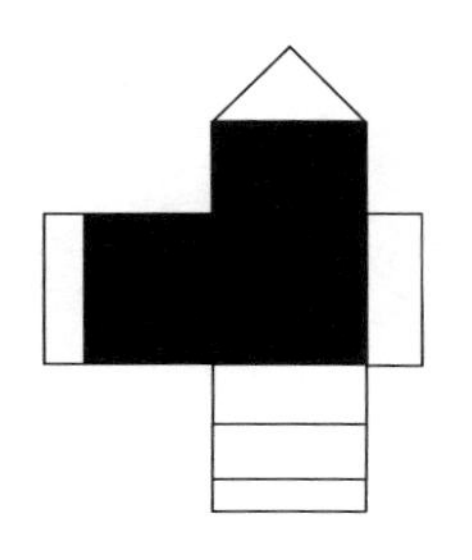

A matriz de conversão ou de relações é o núcleo do desdobramento da função qualidade. Essa matriz faz a conversão das necessidades do consumidor em requisitos técnicos do produto, aplicando-se um processo sistemático.

O processo se inicia listando todas as necessidades do consumidor e colocando-as nas linhas, à esquerda da matriz. Então, os requisitos técnicos do produto, imprescindíveis para satisfazer a essas necessidades do consumidor, são colocadas nas colunas, acima da matriz de conversão (ver Figura 8.5). Nos cruzamentos das linhas e colunas, avaliam-se como os diversos parâmetros técnicos se relacionam com as necessidades do consumidor. Pode-se usar um código para avaliar essas relações, que podem ser tanto positivas (contribuem para satisfazer as necessidades do consumidor) como negativas (prejudicam as necessidades do consumidor). Pode-se adotar, por exemplo, bolas grandes para relacionamentos fortes e bolas pequenas para relacionamentos fracos. Essas bolas ainda podem ser coloridas: verde ou azul para relacionamentos positivos e vermelho (na figura, aparece em preto) para relacionamentos negativos.

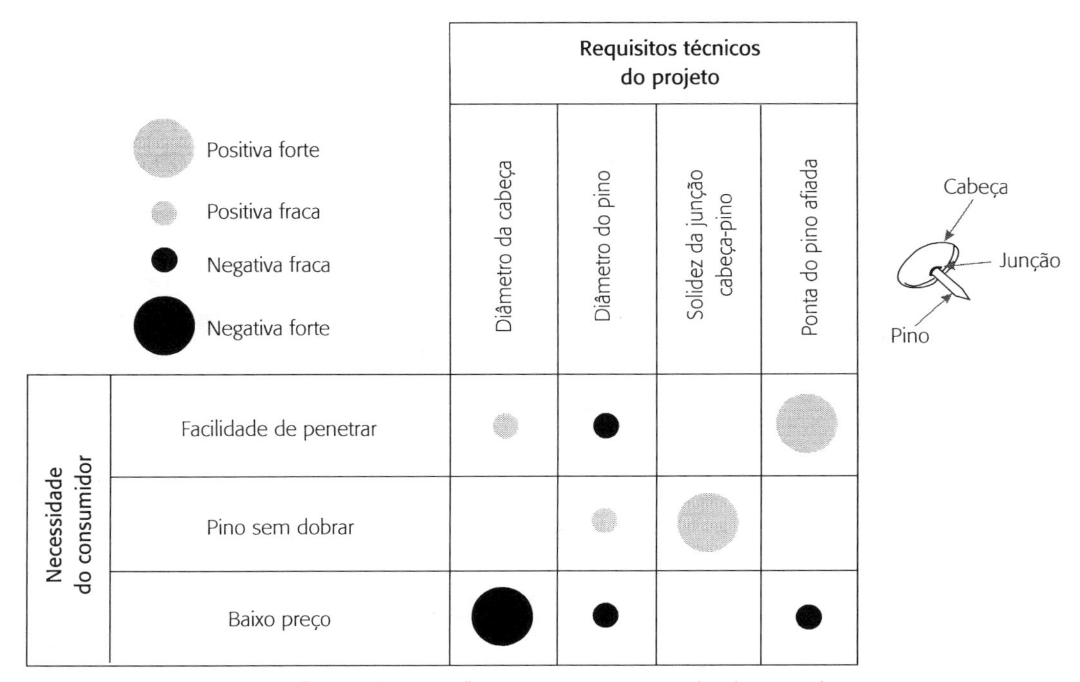

Figura 8.5 ■ A matriz de conversão ou de relações para um percevejo de papel.

Uma empresa quer desenvolver um novo tipo de percevejo para fixar papel. A pesquisa de mercado indicou três necessidades do consumidor: 1) o percevejo deveria ser de fácil penetração; 2) o pino não deveria se dobrar; e 3) deveriam ser baratos. Essas necessidades do consumidor foram colocados nas linhas da matriz (Figura 8.5). A seguir, deve-se pensar nos requisitos técnicos do produto que contribuem para satisfazer a essas necessidades. Eles são colocados nas colunas, acima da matriz. No caso, foram identificados os seguintes requisitos: diâmetro da cabeça; diâmetro do pino, solidez da junção cabeça-pino; e a ponta do pino afiada. A seguir, são preenchidas as células da matriz, usando-se os códigos anteriormente referidos. Fazendo-se leitura no sentido vertical, pode-se perceber que o diâmetro da cabeça tem uma relação positiva fraca com a facilidade de penetrar (maior superfície de apoio), não influi no dobramento do pino e tem uma forte influência negativa no preço baixo (exige mais gasto de material). E assim, sucessivamente, podem-se preencher as demais células da matriz. O diâmetro do pino relaciona-se negativamente com a facilidade de penetração e com o preço baixo, e positivamente com o fato de não dobrar (a relação é fraca, pois o que determina se o pino vai se dobrar é, principalmente, a junção cabeça-pino). Verifica-se que as duas relações positivas fortes ocorrem entre a solidez da junção e o fato de o pino não se dobrar, e entre a ponta do pino afiada e a facilidade de penetração. Contudo, deve-se observar que a ponta afiada exige uma operação extra de fabricação, aumentando os seus custos.

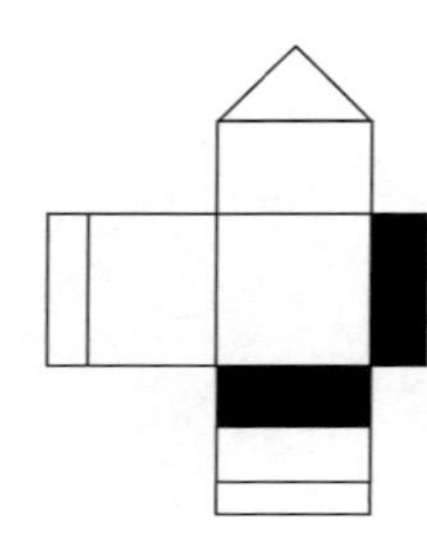

ETAPA 2 – ANÁLISE DOS PRODUTOS CONCORRENTES

A análise dos produtos concorrentes é realizada de duas maneiras, no desdobramento da função qualidade. Em primeiro lugar, os consumidores devem fazer uma avaliação dos produtos concorrentes, usando as necessidades do consumidor. Em segundo lugar, a equipe de projeto avalia os produtos concorrentes de acordo com os requisitos técnicos do projeto. Foram avaliados dois produtos concorrentes, de números 1 e 2, assim como o produto da própria empresa, em preto, na Figura 8.6. As avaliações foram feitas em uma escala de 1 (pior) a 5 (melhor). Já começamos a obter informações muito úteis para o projeto do novo percevejo. Na matriz de conversão, esperava-se que, aumentando o diâmetro do pino, seria conseguido uma pequena melhoria no fato de o pino não se dobrar. Entretanto, nesse quesito, os consumidores consideraram que os produtos concorrentes eram melhores que o da empresa, embora a equipe de projeto tenha constatado diâmetros menores dos concorrentes. Constatou-se, assim, que o aumento do diâmetro não contribuiria para melhorar a resistência ao dobramento. Essa resistência dependeria apenas da solidez da junção cabeça-pino.

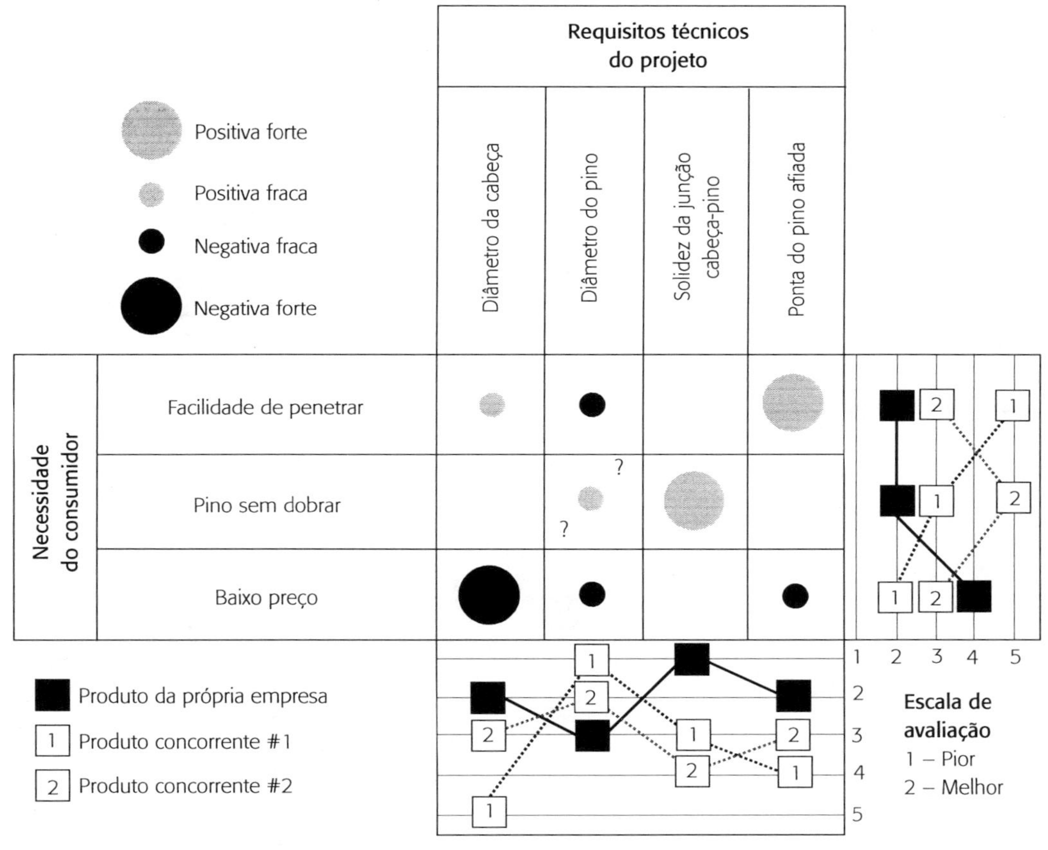

Figura 8.6 ▪ Comparações com produtos concorrentes.

ETAPA 3 – FIXAÇÃO DAS METAS QUANTITATIVAS

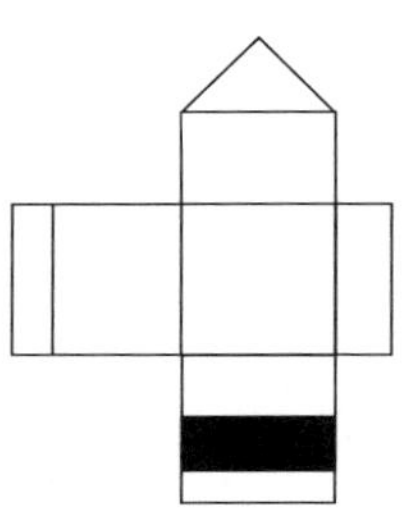

Já vimos como os produtos se comparam entre si, tanto do ponto de vista dos consumidores como do ponto de vista técnico. A Tabela 8.1 apresenta comparações entre os três produtos, quanto aos requisitos técnicos. Quanto maior for o diâmetro da cabeça, maior será a facilidade do consumidor em fixá-lo no quadro. A cabeça do atual produto fabricado pela empresa tem 7 mm. Decidiu-se, então, colocar como meta do produto uma cabeça maior que 10 mm.

Tabela 8.1 ■ Fixação das metas a partir das comparações com os concorrentes.

	Produto da empresa	Concorrente n. 1	Concorrente n.2	Meta fixada
Diâmetro da cabeça	7 mm	10,5 mm	8,5 mm	> 10 mm
Diâmetro do pino	1,1 mm	0,8 mm	0,9 mm	0,8 mm
Junção cabeça-pino	55 N	70 N	75 N	> 75 N
Ponta do pino	0,2 mm	0,1 mm	0,15 mm	< 0,1 mm

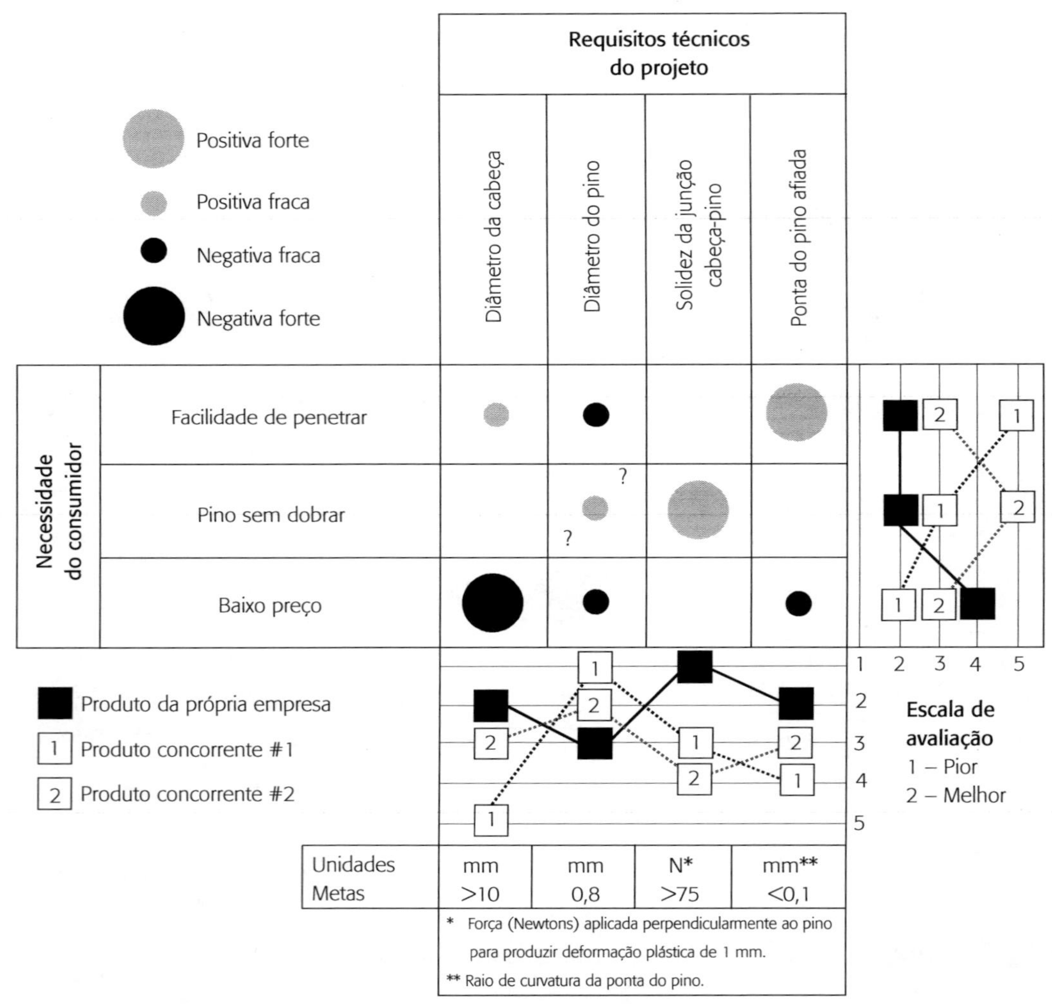

Figura 8.7 ■ Inclusão das metas na casa da qualidade.

O aumento do diâmetro do pino traz pouco benefício, pois aumenta o custo e dificulta a penetração. Decidiu-se, então reduzir o diâmetro atual de 1,1 mm para 0,8 mm. Para testar a resistência da junção cabeça-pino, foi construído um aparelho especial de teste. Descobriu-se que o produto fica inconveniente quando o pino se desloca mais de 1 mm em relação à linha central. Testaram-se, então, as forças necessárias para produzir uma deformação permanente (não elástica) de 1 mm no pino. Fixou-se a meta de uma resistência superior a 75 N para superar os dois concorrentes. Analogamente, para facilitar a penetração, o raio de curvatura da ponta foi fixado em menos de 0,1 mm, superando o melhor concorrente. Essas metas foram colocadas na casa da qualidade, como se vê na Figura 8.7.

ETAPA 4 – PRIORIZAÇÃO DAS METAS

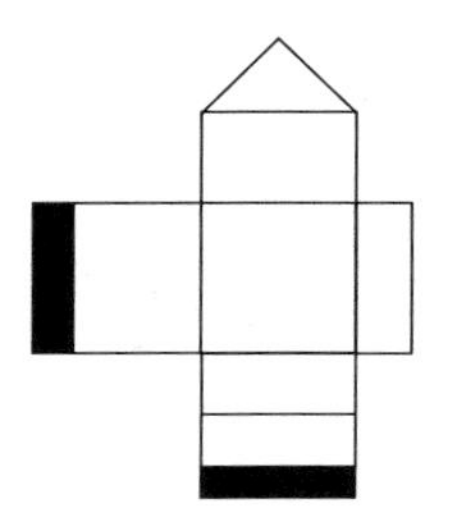

Após a fixação das metas a serem alcançadas, devem-se estabelecer as prioridades, para que os esforços de projeto sejam direcionados para os pontos importantes. Também pode acontecer que certas metas sejam sacrificadas, se surgirem conflitos entre elas. Nesses casos, é necessário adotar uma solução de compromisso, avaliando-se o que é prioritário ou mais importante. Por exemplo, aumentar o diâmetro da cabeça e reduzir os custos, simultaneamente, parece que são metas incompatíveis entre si. Para que as decisões não sejam tomadas aleatoriamente, é necessário estabelecer as prioridades. Essas prioridades devem revisar o atendimento aos requisitos do consumidor.

Durante a pesquisa para avaliar os produtos concorrentes, os consumidores podem ser solicitados também a atribuir notas, de 0 a 10, para indicar a importância de cada requisito. Vamos supor que os consumidores tenham atribuído a seguinte ponderação: facilidade de penetrar = 6; pino sem dobrar = 3; baixo preço = 8. As relações fortes (positivas ou negativas) valem 9 e as fracas, 3. Então, usando-se esse sistema de ponderação para avaliar as relações na matriz, pode-se chegar a uma pontuação para cada requisito do projeto (Tabela 8.2).

Tabela 8.2 ■ Cálculo dos pontos para cada requisito técnico.

		Requisitos técnicos							
Necessidade do consumidor		Diâmetro da cabeça		Diâmetro do pino		Solidez junção		Ponta afiada	
	Peso	Valor	Pontos	Valor	Pontos	Valor	Pontos	Valor	Pontos
Facilidade de penetrar	6	3	18	−3	−18			9	54
Pino sem dobrar	3			3	9	9	27		
Baixo preço	8	−9	−72	−3	−24			−3	−24
Soma dos pontos			−54		−33		27		30

Os resultados das avaliações apresentadas na Tabela 8.2 indicam que os esforços prioritários de projeto devem ser concentrados na ponta afiada do pino e no fortalecimento da junção cabeça-pino, cujas avaliações aparecem em primeiro e segundo lugares.

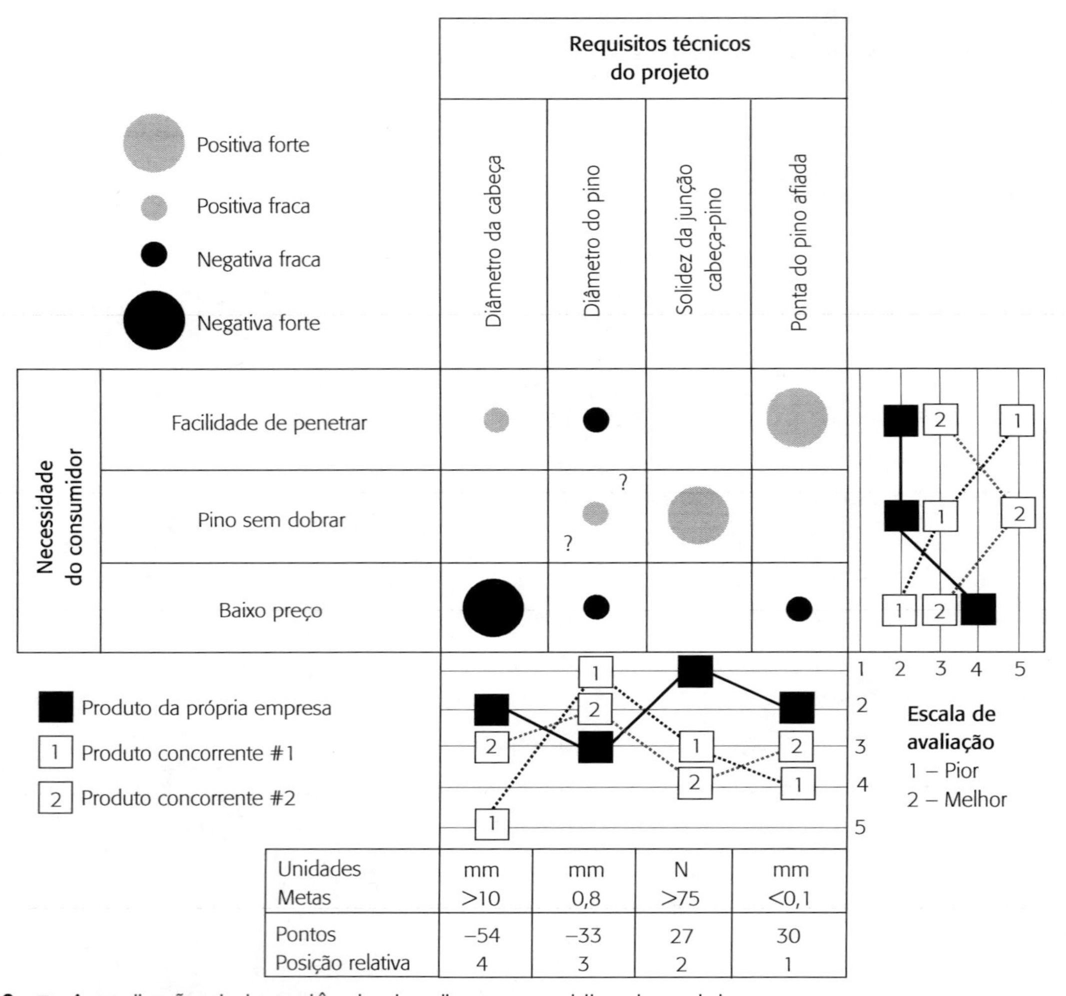

Figura 8.8 ■ A avaliação da importância dos diversos requisitos do projeto.

O sistema de pontuação adotado no cálculo da importância é arbitrário. No caso, adotou- se uma escala de 1 a 10, mas pode ser também de 1 a 5. O mais importante é que haja uma diferenciação entre fatores importantes e aquelas menos importantes (Figura 8.8). Esse sistema deve produzir um resultado que pareça ser correto, intuitivamente. Se o resultado não parecer correto, faça pequenos ajustes nas avaliações das relações, para ver se é possível chegar a resultados que pareçam mais corretos intuitivamente. As avaliações dos consumidores não devem ser alteradas arbitrariamente, porque são obtidas de pesquisas de mercado. Se, por um motivo qualquer, algo parecer estranho, a pesquisa de mercado deverá ser refeita.

OUTROS USOS DO DESDOBRAMENTO DA FUNÇÃO QUALIDADE

No exemplo apresentado, o desdobramento da função qualidade foi aplicado apenas para o planejamento do projeto. Contudo, essa técnica pode ser aplicada para controlar a qualidade de todo o processo de desenvolvimento do produto.

A técnica de desdobramento da função qualidade pode ser usada em todo o processo de projeto do produto, e não apenas na etapa do planejamento do produto. A casa de qualidade pode ser usada sucessivamente, de modo que os resultados de uma aplicação sejam convertidos em entrada para a aplicação seguinte. Dessa forma, a qualidade pode ser monitorada, desde a etapa de planejamento do produto até a sua fabricação e montagem.

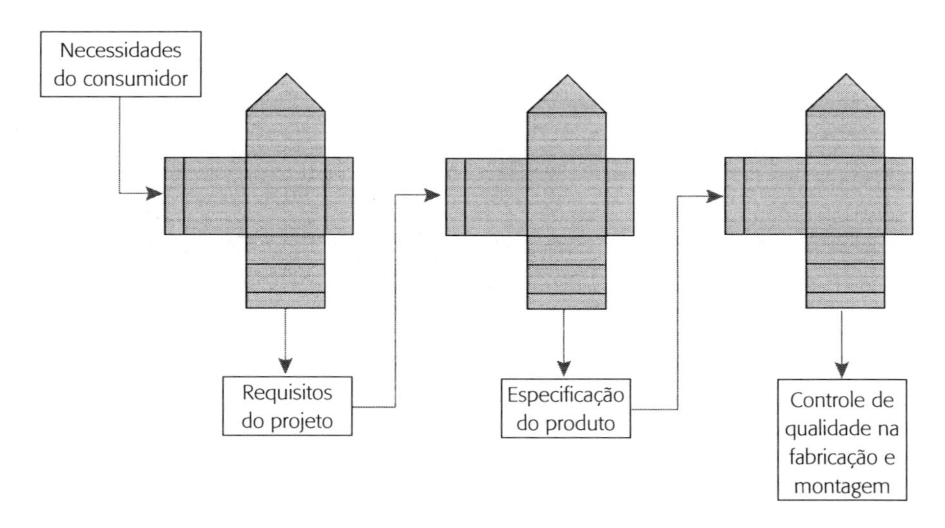

No desdobramento da função qualidade, as necessidades do consumidor são as entradas, que são convertidas em requisitos do projeto, como saída do sistema. No caso do projeto do percevejo, vimos que os requisitos do projeto devem incluir o diâmetro da cabeça, diâmetro do pino, resistência da junção e a ponta do pino afiada.

Vamos imaginar agora a construção de uma nova casa de qualidade. Os requisitos obtidos são colocados no lugar em que estavam as necessidades do consumidor. Isso produzirá outra matriz, relacionando esses requisitos com as especificações do produto. No caso, a nova saída são essas especificações do produto: como a engenharia deve proceder para atender às especificações do projeto. Por exemplo, a resistência da junção cabeça-pino dependerá do tipo de material empregado, diâmetro e também de como o pino será fixado na cabeça.

Depois disso, podemos passar à construção da terceira casa de qualidade. Ela serve para converter as especificações do produto em procedimentos para controlar a qualidade da fabricação e montagem dos produtos. Assim, a especificação da junção cabeça-pino pode ser convertida em controle do processo de fabricação, como a temperatura necessária para a solda, e assim por diante.

Figura 8.9 ▪ Aplicações sucessivas do desdobramento da função qualidade.

Os resultados de uma casa de qualidade podem ser transferidos para outra casa de qualidade, acompanhando as decisões de projeto, quando estas são focalizadas cada vez mais nos detalhes de fabricação do produto. Assim, a saída de uma casa de qualidade converte-se na entrada da casa seguinte. Essa extensão do desdobramento da função qualidade é resumida na Figura 8.9 e pode ser vista com maiores detalhes nas leituras indicadas nas notas ao final deste capítulo.

A ESPECIFICAÇÃO DO PROJETO[3]

Com a aplicação da técnica de desdobramento da função qualidade, as necessidades do consumidor podem ser transformadas em metas específicas de projeto. Contudo, a especificação do projeto deve incluir ainda outros aspectos. Há muitos aspectos importantes no projeto do produto, que passam despercebidos ao consumidor. O consumidor não percebe requisitos relacionados com os processos de fabricação, distribuição e manutenção. Esse é o outro lado do produto que fica oculto ao consumidor, mas é tão importante quanto a satisfação do consumidor.

A especificação do projeto procura antecipar tudo que poderia causar o fracasso comercial do produto. Essas causas são removidas durante a elaboração dos requisitos do projeto.

Vamos pensar agora em ampliar a especificação das necessidades do consumidor, incluindo os demais requisitos do novo produto. A especificação do projeto procura antecipar tudo que poderia causar fracasso comercial do produto. Essas causas são removidas durante a elaboração dos requisitos do projeto. A Tabela 8.3 apresenta uma lista de tópicos de uma especificação típica de projeto. Ela cobre as quatro causas mais importantes do sucesso de um produto: 1) ele será aceito pelos consumidores?; 2) ele funcionará?; 3) ele poderá ser fabricado?; 4) está de acordo com as normas e a legislação? Evidentemente, as causas do fracasso do produto dependerão do tipo de produto e do mercado. Devido a isso, é importante que cada empresa desenvolva o seu próprio modelo de especificação do projeto. Uma vez elaborado, esse modelo poderá ser aplicado a outros produtos que a empresa pretenda desenvolver.

Tabela 8.3 ■ Lista de tópicos típicos para uma especificação de projeto.

1. Requisitos do mercado		**3. Requisitos de produção**
Verifique: são suficientes para garantir que o produto seja aceito pelos consumidores?		**Verifique: são suficientes para assegurar a fabricação do produto?**
Preço estimado	Especificação da oportunidade	Meta de custos para fabricação
Desempenho do produto		Quantidade de produção
Aparência/imagem/estilo		Tamanho e peso do produto
Requisitos para comercialização		Terceirização de componentes
Rótulo		Problemas de fabricação
Embalagem		Materiais
Outros materiais (ex. folhetos, estandes)		Processo de fabricação
Informações comerciais (ex. código de barras)		Montagem
Requisitos específicos do ponto de venda		Mão de obra
Requisitos de transporte e armazenagem		Qualificação
		Disponibilidade
2. Requisitos de funcionamento		**4. Requisitos normativos e legais**
Verifique: há garantia de que o produto funcionará:		**Verifique: o produto está de acordo com as exigências normativas e legais?**
Vida útil em funcionamento		Legislação da área
Especificação do ambiente operacional		Padrões industriais
Instalação/requisitos de uso		Padrões da empresa
Informação sobre o produto (ex. instruções de uso, manuais)		Compatibilidade/outros produtos/acessórios
Metas de durabilidade/confiabilidade		Segurança/requisitos de confiabilidade
Requisitos de manutenção		Requisitos de testes
Facilidade de manutenção		Propriedade industrial
Reposição de componentes		Patentes
Requisitos de descarte/reciclagem		Marcas
		Registro do projeto
		Normas ambientais

O procedimento para preparar e descrever uma especificação de projeto é apresentado na Ferramenta 32, abrangendo quatro etapas:

1. **Levantamento de informações.** As informações relevantes são levantadas, tanto interna como externamente à empresa. Elas servem para estabelecer as metas específicas para cada tópico da especificação de projeto e determinam se elas são essenciais (demandas) ou desejáveis (desejos). Pode-se também determinar os requisitos básicos do consumidor, fatores de performance e de excitação, usando-se o modelo de Kano (ver Figura 8.2).

2. **Especificação preliminar**. Prepara-se a primeira versão da especificação resumida do projeto, baseando-se nas informações levantadas (ver Tabela 8.6).

3. **Revisão da especificação**. A especificação resumida do projeto é submetida à revisão das pessoas-chaves que forneceram as informações para a sua elaboração. Ela preenche todos os requisitos? Um produto que atenda ao mínimo dessas especificações terá sucesso comercial? Se não, a especificação é inadequada e deve ser melhorada.

4. **Versão final da especificação**. A especificação do projeto é colocada no seu formato final para ser aprovada pela administração da empresa e divulgada para todos aqueles envolvidos no desenvolvimento do produto.

DESENVOLVIMENTO DO PRODUTO – PLANEJAMENTO DO PROJETO

O estágio final do planejamento do produto é a elaboração do próprio plano de desenvolvimento do projeto. Deve-se fazer uma divisão do processo de desenvolvimento do produto em etapas, para fins de controle de qualidade. Essas etapas são usadas como pontos de conferência, para verificar se o desenvolvimento do novo produto realiza-se conforme as especificações de projeto. Se for constatado algum tipo de desvio que impeça o produto de alcançar os seus objetivos, o projeto deve ser paralisado, antes que consuma mais recursos inutilmente. Isso só pode ser constatado com revisões periódicas do desenvolvimento, comparando-o com as metas especificadas.

Os *designers* têm opiniões divergentes sobre essa divisão do projeto em etapas. Alguns chegam a afirmar que o projeto não pode ser dividido. Na prática, a definição de onde termina uma etapa e começa a outra é um pouco arbitrária. O que importa é que haja definição de alguns pontos intermediários para a conferência dos trabalhos em andamento. Do contrário, pode-se ter a desagradável surpresa de se chegar ao fim do projeto e este ser inteiramente rejeitado, com desperdício de tempo e de preciosos recursos humanos e materiais.

Vamos, então, rever as principais etapas do desenvolvimento do produto, na busca de algum marco importante. Imagine que uma empresa esteja pensando em desenvolver um novo tipo de porta-fitas adesivas. No projeto conceitual, foram descritas três alternativas: 1) um porta-fitas portátil, simples e econômico; 2) um porta-fitas mais robusto para mesa; 3) um modelo mais elaborado, com um cabo (Figura 8.10). Aplicando-se a técnica de seleção de conceitos (será explicado no próximo capítulo), a empresa concluiu que o modelo de mesa era o mais adequado para a oportunidade previamente identificada. A seguir, os princípios do produto foram estabelecidos. O produto deveria ter uma base, um lugar para encaixar o rolo da fita e uma lâmina de corte. Com este projeto conceitual, passou-se à configuração do projeto.

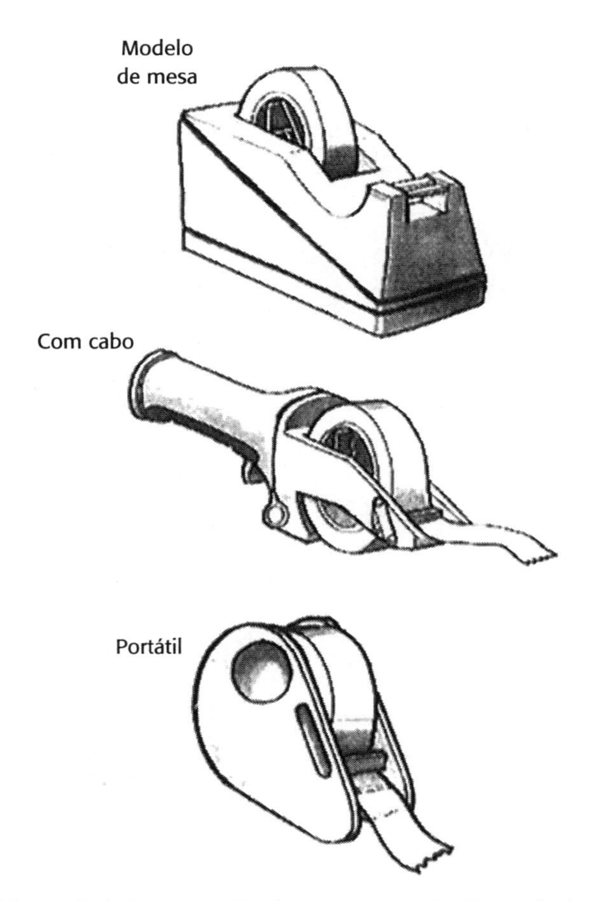

Figura 8.10 ▪ Projetos conceituais para um porta-fitas adesivas.

Pensou-se inicialmente no eixo para o rolo de fita. Em princípio, ele pode ser desenhado de diversas formas, como se vê na Figura 8.11. Mas espere um minuto! O projeto conceitual deveria ter decidido sobre a forma básica do porta-fitas. A escolha entre um projeto redondo ou triangular deveria ter sido uma questão de princípio do projeto. A configuração do projeto não seria apenas para dar uma solução para uma forma básica já definida? Na prática, há certa mistura entre projeto conceitual, configuração e projeto detalhado. Muitas vezes, quando se está trabalhando em uma determinada etapa do projeto, ocorrem ideias sobre as etapas anteriores ou posteriores do projeto. De uma forma geral, entretanto, há alguns temas dominantes em cada etapa, como se vê na Tabela 8.4. Assim, o projeto conceitual trata dos princípios do projeto, mas é inevitável pensar também em alguns aspectos da configuração e seus componentes. Isso é essencial para se provar que o conceito selecionado é viável.

Figura 8.11 ■ Conceitos para o eixo do rolo de fitas adesivas.

O projeto da configuração começa com a divisão dos componentes para a fabricação. Isso é conhecido como **arquitetura do produto**, e é estudado no nível conceitual, usando as mesmas técnicas do projeto conceitual — explorando-se uma variedade de formas e funções para cada componente e fazendo-se a seleção sistemática daquela melhor. A seguir, pensa- se como cada componente poderá ser fabricado. Ao fazer isso, o projeto de configuração examina as ideias preliminares do projeto detalhado. Isso inclui o material e processos de fabricação para a produção dos componentes.

Finalmente, o projeto detalhado examina os princípios para o detalhamento de cada componente. Isso considera, no nível conceitual, por exemplo, como a resistência de um elemento pode ser aumentada, engrossando-se a chapa ou providenciando-se uma nervura. São preparados os desenhos técnicos e as especificações completas de materiais e processos de fabricação. Dessa maneira, em cada etapa do processo de projeto pensa-se na forma e nos detalhes do projeto, que podem ser modificados, à medida em que os aspectos mais específicos do projeto forem melhor definidos.

Tabela 8.4 ■ Etapas do processo de projeto.

Etapa do desenvolvimento	Elementos do projeto	Exemplos
Projeto conceitual	Princípios de projeto para o produto como um todo	Porta-fitas de mesa ou com cabo?
	Ideias preliminares sobre a configuração do produto como um todo	Corpo do porta-fitas injetado em plástico ou fundido em metal?
Configuração do projeto	Princípios de projeto para os componentes	Alternativas de formas e funções para o porta-fitas
	Projetos de configuração dos componentes	Formas, funções, materiais e processos de fabricação dos componentes
	Ideias preliminares sobre projetos detalhados dos componentes	Matrizes para injeção das peças?
Projeto detalhado	Princípios de projeto para detalhamento dos componentes	Engrossar a chapa ou providenciar nervura?
	Projeto detalhado de todos os componentes	Desenhos técnicos e especificações de fabricação

O projeto conceitual só pode ser considerado terminado quando se chega a um conjunto de princípios funcionais e de estilo para o produto como um todo, de modo que satisfaçam as especificações de oportunidade. Em outras palavras, os conceitos devem mostrar como os produtos atenderão às necessidades dos consumidores e se diferenciarão dos concorrentes. Esses aspectos podem ser conferidos pelo controle de qualidade, para se decidir sobre a continuação ou interrupção do projeto. O projeto conceitual não chega à arquitetura do produto — em quantas partes será dividido e como elas se juntarão — e nem ao projeto de qualquer um de seus componentes. Isso deve ser feito na fase posterior de configuração do projeto.

A configuração do projeto trabalha em cima do conceito selecionado e determina como será feito. Ela decide não apenas a arquitetura do produto e o projeto de seus componentes, mas também as linhas gerais dos materiais e processos de fabricação. A configuração do projeto chega até o protótipo do produto. O controle de qualidade ao final da etapa de configuração deve verificar se o produto concebido se enquadra no seu objetivo e se é possível fabricá-lo, embora não seja necessário especificar precisamente como será feito. Assim, dirá que uma peça será injetada, sem se preocupar com a composição do plástico ou com os ângulos de saída para remover a peça da matriz. Isso será feito no projeto detalhado.

O projeto detalhado produz um conjunto de desenhos técnicos e especificações de fabricação, suficientes para a produção industrial do produto. O controle de qualidade dessa etapa dá o "sinal verde", aprovando o produto para a fabricação. As principais diferenças entre concepção, configuração e projeto detalhado são apresentadas na Tabela 8.5.

Tabela 8.5 ■ Os resultados a serem alcançados em cada etapa do projeto.

Etapas do projeto	Resultados de cada etapa	Nível de apresentação
Projeto conceitual	Princípios do projeto	Suficiente para definir a oportunidade de projeto
Configuração do projeto	Construção do protótipo	Suficiente para verificar a adequação aos objetivos e possibilidades de fabricação
Projeto detalhado	Especificação completa do produto	Suficiente para a fabricação

O controle de qualidade deve ser feito periodicamente, durante o desenvolvimento do produto. A programação das ocasiões de controle vai depender de cada caso. O princípio de funcionamento de um produto pode depender, por exemplo, de um determinado componente crítico. Nesse caso, o controle de qualidade pode ser adiado até que esse componente esteia bem definido.

Como regra geral, devem-se descobrir alguns marcos importantes no processo de projeto, para se definir as ocasiões em que serão feitos os controles. De preferência, devem coincidir com as principais decisões a serem tomadas no funil de decisões (ver Figura 2.6).

Tendo o processo de projeto dividido em etapas, a próxima tarefa será fazer uma programação delas, atribuindo prazos ou determinando-se as datas de término de cada etapa. Naturalmente será mais fácil programar as etapas iniciais, mas as dificuldades aumentarão nas etapas intermediárias e finais, pois as incertezas se tornam maiores. As experiências anteriores no desenvolvimento de projetos de produtos podem ser úteis para a estimativa desses tempos.

Os projetos de desenvolvimento de produtos geralmente enfrentam restrições de **tempo** ou de recursos. As restrições de tempo são determinadas pelo prazo de lançamento de novos produtos e pelo avanço dos concorrentes. Para ganhar tempo, os esforços de *marketing* e de vendas devem ser sincronizados com o desenvolvimento de produtos. Em um projeto com tempo restrito, é importante ter flexibilidade no uso de recursos, para que eles possam ser remanejados ou acrescidos, a fim de acelerar algumas tarefas. Por outro lado, em um projeto com restrições de **recursos**, é necessário ter flexibilidade nos prazos, para que determinados tipos de recursos possam ser usados durante o maior tempo possível. Muitas vezes, essas duas restrições aparecem simultaneamente. Entretanto, isso deve ser feito dentro de limites razoáveis, pois as dificuldades do projeto podem ser identificadas antes do seu início. Do contrário, o projeto tenderá a ultrapassar o limite do seu orçamento ou do prazo (ver Figura 5.2). Em outros casos, o projeto é concluído dentro do prazo e no limite do orçamento, mas poderá ter a qualidade comprometida.

Os projetistas têm parte da responsabilidade. Muitas vezes são exageradamente otimistas quanto ao prazo e custo para colocar o produto no mercado. As dificuldades que surgem durante o desenvolvimento nem sempre são previsíveis desde o início. Em outros casos, os projetistas fazem essas previsões otimistas, deliberadamente, para assegurar a aprovação do projeto pela diretoria. Para evitar esses problemas, é bom fazer duas estimativas, otimista e pessimista, tanto para custo como para o prazo. Se tudo correr bem durante o desenvolvimento, será possível alcançar a meta otimista. Ao contrário, se quase tudo der errado, se chegará à meta pessimista. Entretanto, na maioria das vezes, o desempenho real deve ficar a meio termo entre esses dois extremos.

Pode-se usar um gráfico de barras, também chamado gráfico de Gantt para fazer a programação das tarefas (Figura 8.12). Ele mostra, no eixo horizontal, a duração de cada tarefa e também os pontos para o controle de qualidade. Para projetos complexos, existem técnicas mais adequadas de programação. Uma delas é o grafo PERT (*Programme Evaluation and Review Technique*), que identifica as ligações de precedência entre todas as atividades e mostra quais são as atividades que devem ser completadas antes que uma outra possa ser iniciada. Assim, a sequência de eventos fica suficientemente clara para que o processo de desenvolvimento possa ser avaliado, revisado e refinado, como parte do planejamento do processo. Além disso, o PERT permite determinar o **caminho crítico**. Se houver um atraso em qualquer atividade desse caminho crítico, a duração total do projeto também será afetada. Portanto, deve-se concentrar-os controles nessas atividades que estão no caminho crítico. A Figura 8.13 apresenta um conjunto de eventos que foi colocado inicialmente numa sequência linear. Nesse caso, a duração total do projeto será igual à soma dos tempos de todos os eventos. Entretanto, nem todos os eventos dependem de outros para serem iniciados, pois alguns deles podem ser executados simultaneamente, como mostra a grafo PERT da Figura 8.14. Naturalmente, a duração total do projeto, nesse caso, poderá ser menor, em relação às atividades sequenciais.

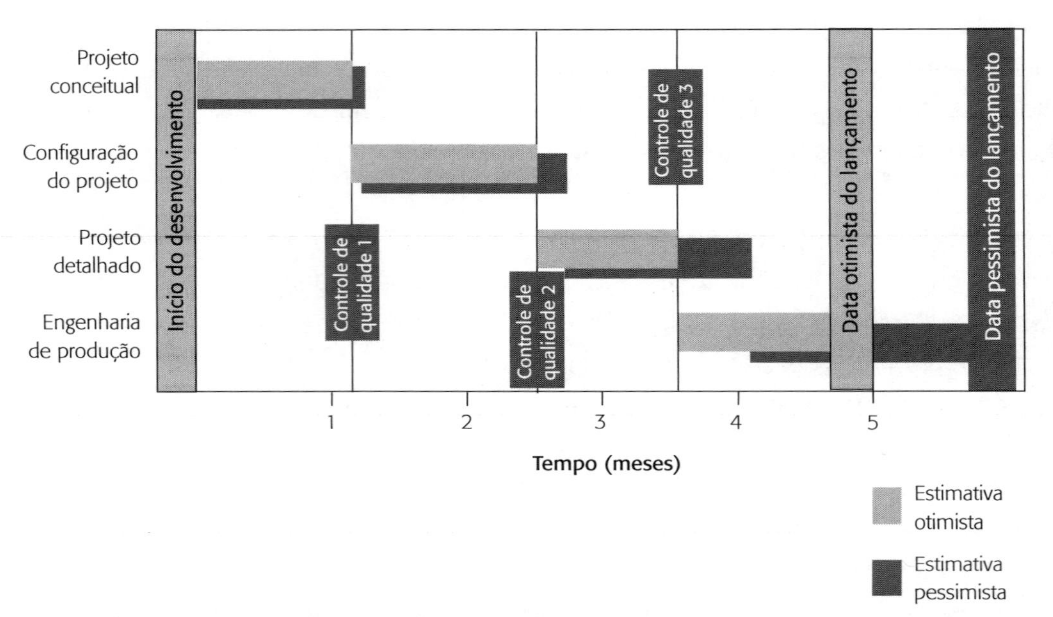

Figura 8.12 ■ Gráfico de Gantt para a programação do desenvolvimento de um produto, no qual o comprimento das barras horizontais são proporcionais ao tempo de duração de cada evento.

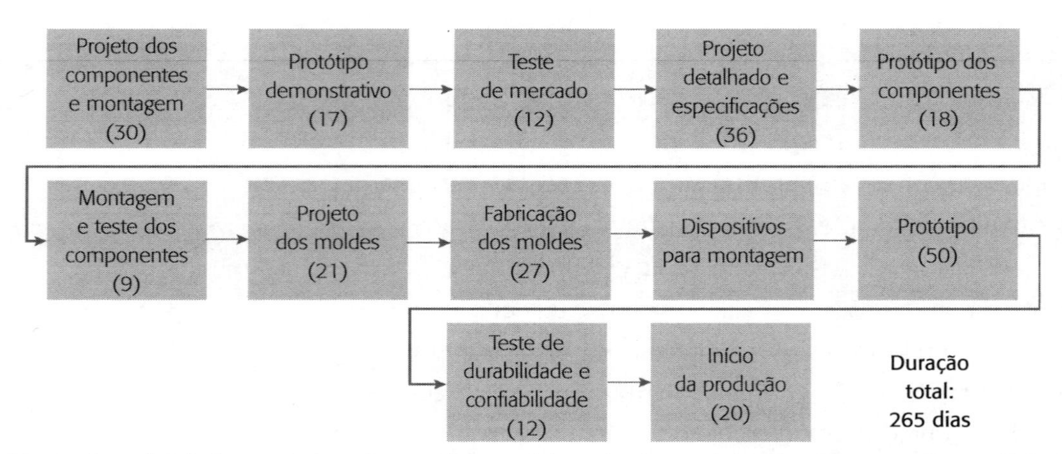

Figura 8.13 ■ Sequência linear de eventos no desenvolvimento de produto. Os números entre parêntesis indicam as durações das tarefas, em dias. A duração total é de 265 dias.

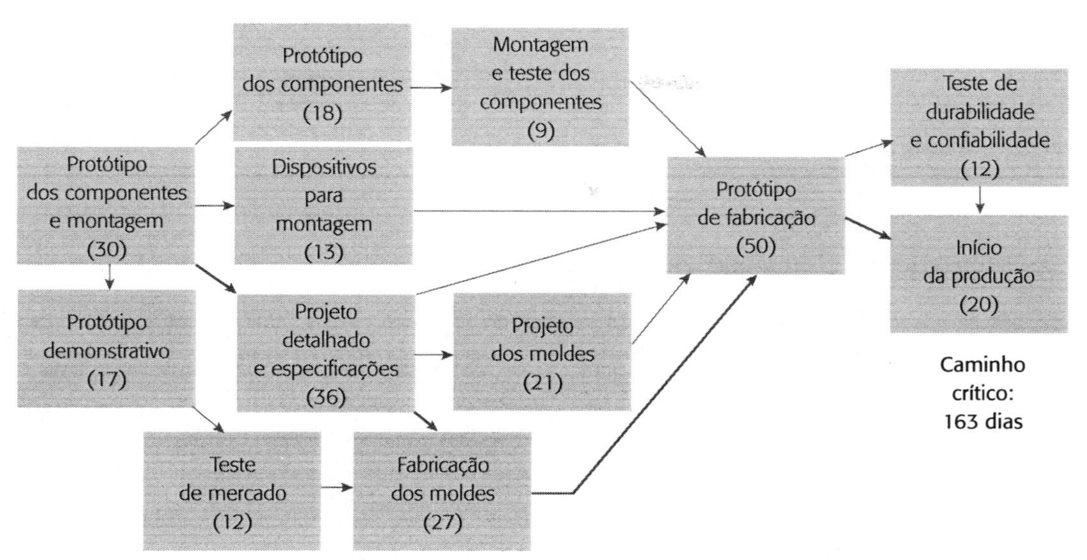

Figura 8.14 ■ Os mesmos eventos planejados com grafo PERT, mostrando a possibilidade de realizar diversos eventos em paralelo. As setas mais grossas indica o caminho crítico. O tempo total foi reduzido para 163 dias.

Cada etapa ou tarefa deverá ser atribuída a uma pessoa ou equipe, que se responsabilizará pela sua execução. Neste caso, é importante que essa pessoa ou equipe tenha todas as condições necessárias para executá-la dentro do prazo previsto. Isso inclui a qualificação do pessoal para executar a tarefa e o domínio sobre a equipe técnica, equipamentos, materiais e todos os demais recursos necessários. Nos pontos de controle de qualidade, essas pessoas deveriam ser convocadas para fazer um relato sobre o andamento de suas respectivas tarefas. Constatando-se algum tipo de desvio ou atraso, as providências de ajuste devem ser tomadas imediatamente, antes que produzam outros efeitos nocivos.

Ferramenta 31:

Conceitos-chaves do planejamento do produto

1. Valor para o consumidor

A chave do sucesso comercial de um produto é o seu valor para o consumidor. Para isso, é necessário chegar às especificações do produto, de modo a adicionar esse valor para o consumidor.

2. Modelo Kano de qualidade

A satisfação do consumidor com o novo produto pode ser decomposta em três fatores, de acordo com o modelo Kano de qualidade: básico, performance e de excitação. Em cada produto deve haver um balanceamento adequado entre esses três fatores.

3. Desdobramento da função qualidade – *QFD*

O desdobramento da função qualidade permite transformar as necessidades do consumidor em requisitos de projeto, usando a matriz de conversão ou "casa da qualidade". Esses requisitos podem ser quantificados e priorizados pela análise dos produtos concorrentes e com o uso de um sistema de ponderação das importâncias relativas.

4. Especificação do projeto

Na elaboração da especificação do projeto é necessário ter um completo conhecimento das necessidades do consumidor, mas isso não é suficiente. Há muitos outros requisitos que não são transparentes ao consumidor. Eles incluem os requisitos de fabricação, distribuição, vendas, manutenção e aqueles impostos pelas normas e leis.

5. Programação do projeto

A etapa final do planejamento do projeto é a preparação de um cronograma, estabelecendo prazos para a execução das diversas tarefas. Para isso, estabelecem-se determinadas etapas no desenvolvimento do produto, a fim de estimar o tempo de cada etapa e determinar os pontos para realizar controles de qualidade durante o desenvolvimento do produto.

6. Atribuição de responsabilidades

Cada etapa ou tarefa deve ser atribuída a uma pessoa, que terá responsabilidade pela sua execução, fazendo relatos periódicos de seu desempenho aos seus superiores ou à equipe de coordenação.

7. Responsabilidade da administração superior

A administração superior da empresa deve ser informada sobre o andamento geral do projeto, principalmente nos casos de eventuais desvios que exijam decisões corretivas.

Ferramenta 32:

Especificação do projeto

A especificação do projeto é o documento que serve de referência para o controle de qualidade do desenvolvimento do projeto. Ela determina as principais características de forma e função do produto e estabelece os critérios para que um produto insatisfatório possa ser descartado, durante a fase de desenvolvimento, pelo sistema de controle de qualidade. Serve também como um guia para a equipe de projeto, para que nada seja esquecido durante o seu desenvolvimento.

Existem quatro etapas na preparação da especificação do projeto:

1. Levantamento de informações

Rever e finalizar os objetivos comerciais do produto, a partir da especificação de oportunidade e levantamento de informações internas e externas à empresa.

2. Especificação preliminar

Elaborar uma versão preliminar da especificação do projeto.

3. Revisão da especificação

Submeter a versão preliminar a pessoas-chaves que forneceram as informações iniciais.

4. Versão final da especificação

Elaborar a versão final da especificação do projeto.

As informações internas à empresa devem ser coletadas junto ao pessoal de produção, *marketing*, armazenagem, distribuição e vendas. Com isso, procura-se adequar as especificações à política e às capacidades da empresa. Em cada caso, devem-se discutir os temas contidos na especificação do projeto, perguntando-se sobre aspectos relevantes do novo produto. Sempre que um novo requisito for apresentado, deve ficar claro se o mesmo é uma demanda ou desejo. Em outras palavras, se é um requisito essencial para o sucesso comercial do produto. Em caso positivo, será uma **demanda** e os produtos que não apresentarem esse requisito devem ser eliminados durante a fase de desenvolvimento. Em caso contrário, será um **desejo** e não será tão determinante como no caso anterior. Os requisitos relacionados às necessidades do consumidor devem ser classificados em fatores básicos, de performance e de excitação (ver Figura 8.2).

Para o levantamento de informações, pode-se usar um pequeno formulário (ver Tabela 8.6). Os nomes das pessoas que propuseram os novos requisitos devem ser anotados. Isso permitirá que você volte a consultar essas pessoas para obter mais detalhes ou esclarecer alguma dúvida, posteriormente, se necessário.

A especificação do projeto pode ser considerada como uma hierarquia de necessidades, que vai dos requisitos de performance (o que se exige do produto) aos requisitos de projeto (como o produto deve ser), chegando aos requisitos do projeto (critérios quantitativos).

Para os requisitos do mercado, essa hierarquia é obtida com a técnica do desdobramento da função qualidade. A Tabela 8.7 apresenta um exemplo do caminho lógico e sistemático para se chegar à especificação do projeto.

Tabela 8.6 ▪ Formulário resumido para coletar informações sobre os requisitos do projeto.

Requisitos do projeto			
Produto: Descascador de batatas	**De: Pedro (*Marketing*)**	***Designer*: João** **Data: 18.1.1995**	
Requisito do produto	**Demanda ou desejo**	**Tipo de requisito**	**Fator de projeto**
Deve parecer higiênico	Demanda	Mercado	Básico
Deve transmitir conforto na pega	Demanda	Mercado	Performance
Deve ser bem afiado	Desejo	Mercado	Excitação

Tabela 8.7 ▪ Formulário resumido para a especificação do projeto.

Especificação do projeto		
Produto proposto: Descascador de batatas		***Designer*: João** **Data: 19.1.1995**
Requisito de performance	**Requisito de projeto**	**Especificação do projeto**
Deve remover os olhos das batatas.	Deve ter uma goiva (ponta) projetada de modo que possa ser usada sem alterar a posição da pega.	A goiva deve ficar próxima do cabo.

▪ NOTAS DO CAPÍTULO 8

1. O modelo Kano de qualidade é apresentado no American Supplier Institute Inc., *Quality Function Deployment: Practitioner Manual.* Dearbourn, Michigan: American Supplier Institute, 1992, p. 5-6.
2. Existe muito material sobre o desdobramento da função qualidade, publicado em revistas de engenharia e qualidade. Os dois artigos mais concisos são: Sullivan, L. R., Quality Function Deployment. *Quality Progress,* junho de 1986, p. 39-50; Hauser, J.R. e Clausing, D.,The House of Quality, *Harvard Business Review,* 1988, n. 66, p. 63-73. Uma abordagem mais detalhada sobre o assunto é apresentada na obra da American Supplier Institute Inc., 1992 (ver nota 1 acima). N.T. Em português existe a obra de Cheng, Lin Chih et al., *QFD: Planejamento da Qualidade.* Belo Horizonte: Escola de Enge-

nharia/Fundação Christiano Ottoni, 1995. QFD: Desdobramento da Função Qualidade na Gestão de Desenvolvimento de Produtos. São Paulo: Blucher, 2007.

3. O pioneiro na formulação da especificação do projeto é Pahl, G. e Beitz, W., *Engineering Design:A Systematic Approach.* London: Design Council, 1988. Uma pesquisa interessante sobre o uso das especificações de projeto na indústria é apresentada por Walsh, V., Roy, R. Bruce, M. e Potter, S., *Winning by Design: Technology, Product Design and International Competitiveness.* Oxford, UK: Blackwell Business, 1992, p. 198-206. Pahl, G. e Beitz, W., *Projeto na Engenharia: Fundamentos do Desenvolvimento Eficaz de Produtos – Métodos e Aplicações.* São Paulo: Blucher, 2005.

Capítulo 9

Configuração e projeto detalhado

A configuração do projeto começa com o conceito escolhido e termina com o protótipo completamente desenvolvido e testado. Ela compreende quatro fases:

- Geração de ideias, explorando-se todas as formas possíveis de fabricar o produto.
- Seleção das ideias, escolhendo-se a melhor ideia, em comparação com as especificações de projeto.
- Análise das possibilidades de falha e seus efeitos, para levantar os possíveis pontos de falha do produto.
- Construção e teste do protótipo, para aprovar ou rejeitar o projeto.

Como acontece com as outras atividades de projeto, essas fases não ocorrem ordenadas dessa maneira. Elas podem aparecer entrelaçadas entre si e, em outros casos, é necessário retroceder para melhorar um aspecto que já foi examinado anteriormente ou avançar, para conferir certos aspectos do desenvolvimento. A análise de falhas pode ser antecipada para ajudar na seleção das ideias. É necessário, também, imaginar algum protótipo durante a geração de ideias. O importante é que, nessas interações, o projeto se torne cada vez mais satisfatório.

A configuração do projeto diferencia-se do projeto conceitual pela introdução de diversos instrumentos de teste e avaliação do produto.[1]

De fato, teremos, pela primeira vez, algo testável do produto. Antes da construção do protótipo, existem apenas alguns testes restritos, que podem ser realizados com os princípios de funcionamento do produto. A Figura 9.1 mostra as entradas e os principais resultados do processo de configuração do produto. As entradas são representadas pelos resultados obtidos nas fases anteriores do projeto conceitual e da especificação do projeto.

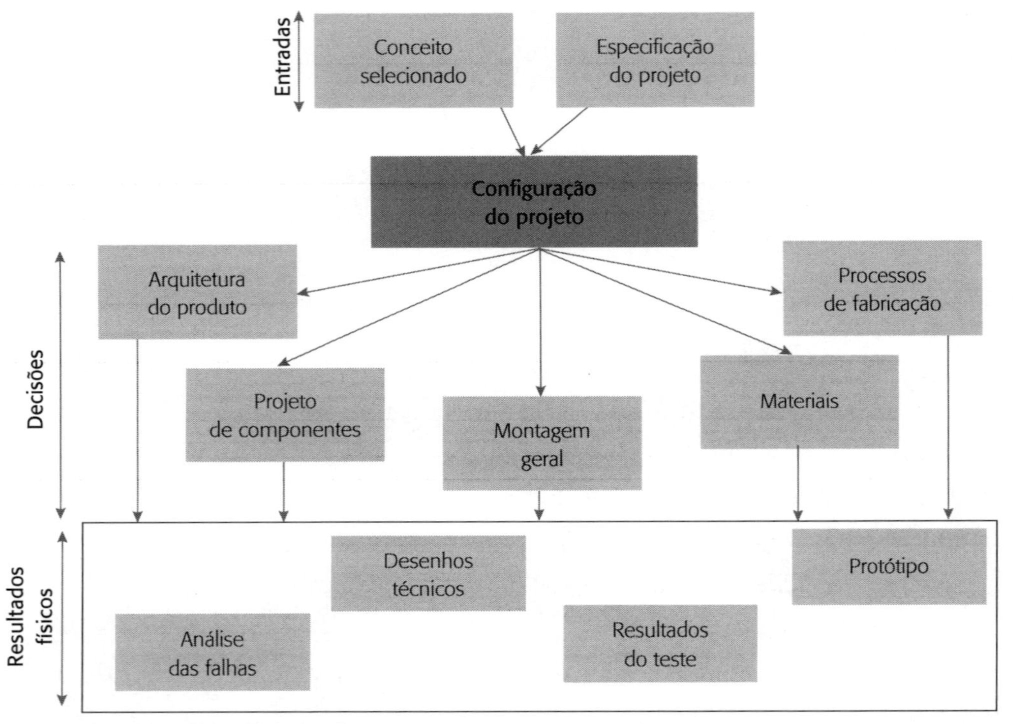

Figura 9.1 ■ Entradas e principais resultados da fase de configuração do projeto.

Ao final do processo de configuração, deve-se tomar decisão sobre a arquitetura do produto (como o produto é organizado em blocos de componentes para ser montado), a forma e função de cada componente, processo de montagem e os tipos de materiais e processos de fabricação a serem usados na produção. Tudo isso deve estar contido no memorial descritivo do projeto, desenhos técnicos e protótipos, assim como na análise de falhas e resultados dos testes com os protótipos.

O projeto detalhado (Figura 9.2) trabalha a partir desses resultados da configuração, determinando como o produto será produzido. Isso envolve decisões de fabricar (produzir na empresa) ou comprar os componentes de terceiros. Para cada componente, deve haver uma descrição do processo produtivo (operações), as ferramentas a serem utilizadas e os materiais empregados. Ao final do projeto detalhado, deve existir um conjunto completo de especificação do produto, que são instruções para a fabricação do produto, derivadas da especificação do projeto. Enquanto a especificação do projeto apresenta metas para o desempenho e aparência do produto, a especificação do produto deverá detalhá-lo em desenhos técnicos e procedimentos para o controle de qualidade, permitindo conferir se essas metas serão alcançadas durante a produção.

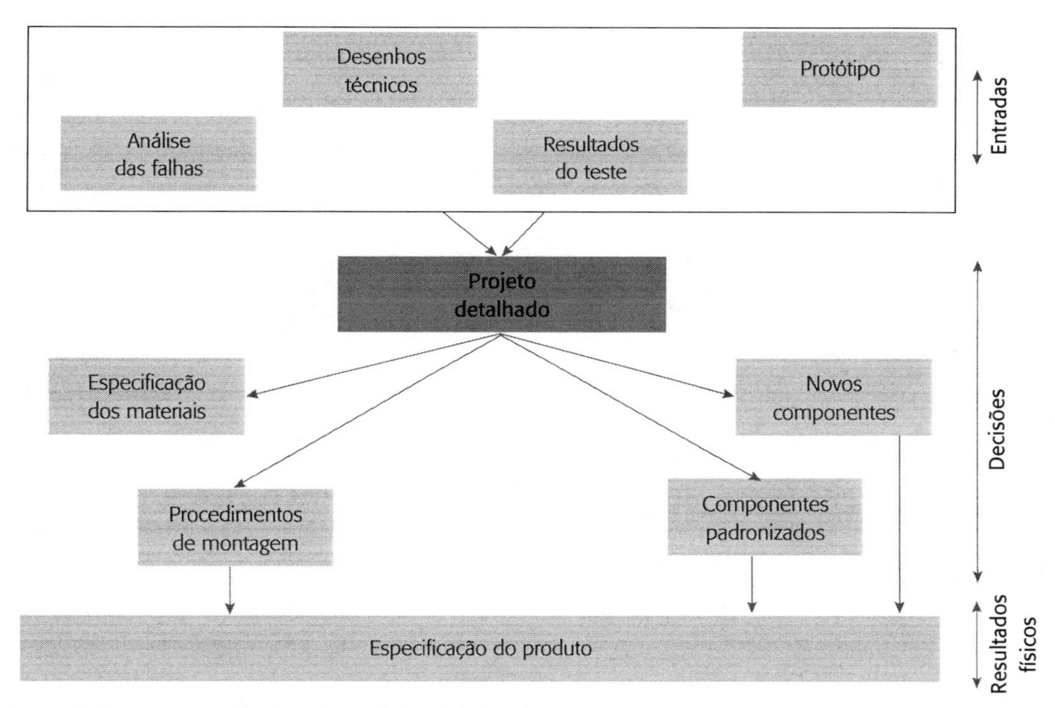

Figura 9.2 ■ Entradas e resultados do projeto detalhado.

À medida que se avança, a partir do projeto conceitual, na direção da configuração e projeto detalhado, o projeto passa a exigir, cada vez mais, conhecimentos sobre materiais e processos de fabricação. Esses tipos de conhecimentos especializados não cabem em um livro como este, que trata genericamente do processo de projeto do produto. O que podemos fazer é apresentar as técnicas e procedimentos gerais de projeto para alguns tipos de produtos e dar alguns exemplos específicos.

ARQUITETURA DO PRODUTO

Um produto pode ser descrito em termos funcionais ou físicos. Os **elementos funcionais** são aqueles que executam operações ou transformações, contribuindo para o desempenho global do produto. Um aparelho de ar-condicionado tem a função de "resfriar o ar" e "controlar a temperatura ambiente". Se examinarmos mais detalhadamente, cada componente terá as suas próprias funções, como já vimos no caso do saca-rolhas (Figura 7.24).

Os **elementos físicos** de um projeto são constituídos pelas peças, componentes e subconjuntos que exercem as funções do produto. No caso do aparelho de ar-condicionado, os elementos físicos são o compressor, ventilador, filtro de ar e assim por diante. Esses elementos físicos vão se tornando mais definidos com o avanço do projeto.

Os elementos físicos do produto podem ser organizados em diversos blocos. Cada bloco é composto de um certo conjunto de componentes que executam algumas funções do produto. O estudo das interações entre esses blocos e o arranjo físico dos mesmos, constituindo a configuração do produto, chama-se arquitetura do produto.

A arquitetura do produto é classificada em modular e integrada. A arquitetura **modular** é aquela em que os blocos são arranjados em módulos, com as seguintes propriedades:

- Cada módulo exerce um ou alguns elementos funcionais de forma completa, ou seja, não existem funções compartilhadas entre dois ou mais módulos.
- As interações entre os blocos são bem definidas e geralmente são fundamentais para a realização da função principal do produto.

A melhor arquitetura modular é aquela em que cada elemento funcional do produto é exercido por um bloco físico. Nesse tipo de arquitetura, o projeto pode ser feito de bloco em bloco, e um bloco pode ser modificado sem alterar os demais blocos; eles são projetados de forma independentes, uns dos outros.

Uma grande vantagem da arquitetura modular é a possibilidade de se padronizar os blocos. Isso se torna possível quando cada bloco exerce apenas um elemento funcional ou um pequeno conjunto dos mesmos. Dessa maneira, o mesmo bloco poderia ser utilizado em vários modelos do produto. As variações entre esses modelos poderiam ser conseguidas com diferentes combinações dos blocos. A padronização permite, à empresa, produzir os blocos em maior número, reduzindo os custos de produção, ao mesmo tempo que mantém flexibilidade para usá-los em diversos modelos do produto. Essa padronização pode beneficiar também os fornecedores, que passam a fabricar peças e componentes padronizados, que podem ser vendidos para diversas empresas montadoras.

Muitos produtos eletrônicos adotam esse conceito de arquitetura modular. O exemplo mais notável é o dos computadores PC, onde um bloco pode ser retirado e substituído, mesmo que seja de outro fabricante. As inovações tecnológicas podem ser incorporadas pela simples substituição de alguns blocos, que os próprios consumidores podem realizar.

Outra grande vantagem da arquitetura modular é na manutenção. Se ocorrer um defeito, é possível testar cada bloco separadamente, até a localização do problema. Nesse caso, o bloco danificado pode ser simplesmente retirado e substituído.

O oposto da arquitetura modular é a arquitetura **integrada**, que apresenta uma ou mais das seguintes características:

- Os elementos funcionais do produto são distribuídos em mais de um bloco.
- Um bloco exerce muitos elementos funcionais.
- As interações entre os blocos são mal definidas e nem sempre são fundamentais para a função principal do produto.

Nesse caso, as fronteiras entre os blocos não ficam bem delimitadas e, às vezes, nem existem, sendo que o produto pode ser considerado como um bloco único. Muitos elementos funcionais podem ser combinados em poucos elementos físicos, a fim de reduzir as suas dimensões. A principal desvantagem da arquitetura integrada é a dificuldade de introduzir mudanças no projeto. A simples modificação de uma característica pode exigir a uma revisão completa do projeto. Em consequência, a manutenção também fica mais difícil. Por exemplo, o motor de um carro pode ser considerado uma arquitetura integrada, assim como uma motocicleta.

A gerência do projeto é diferente para a arquitetura modular e integrada. A arquitetura modular exige um cuidadoso planejamento na fase de definição do sistema e subsistemas do produto, até se chegar à definição dos blocos. Daí para a frente, o desenvolvimento de cada bloco pode ser atribuído a uma equipe diferente de projeto. A coordenação do projeto deve acompanhar o desenvolvimento desses blocos, para que o mesmo se realize dentro dos prazos, custos e qualidades previstos. A arquitetura integrada pode exigir menos planejamento e especificações durante a fase de projeto do sistema, mas a coordenação durante o projeto detalhado é mais trabalhosa, exigindo vários tipos de decisões e solução de conflitos durante o projeto.

Entretanto, na prática, esses dois tipos de conceitos podem aparecer misturados. Dificilmente existem produtos completamente modulados ou completamente integrados. A maioria deles combina aspectos da arquitetura modulada com a integrada.

CARACTERÍSTICAS FUNCIONAIS

A Figura 9.3 mostra um procedimento adotado para evitar a tentação de "queimar" etapas. Os princípios funcionais e de estilo, do projeto conceitual, são decompostos em seus elementos-chaves. Esse processo de análise é semelhante ao descrito na Ferramenta 8, Capítulo 4.

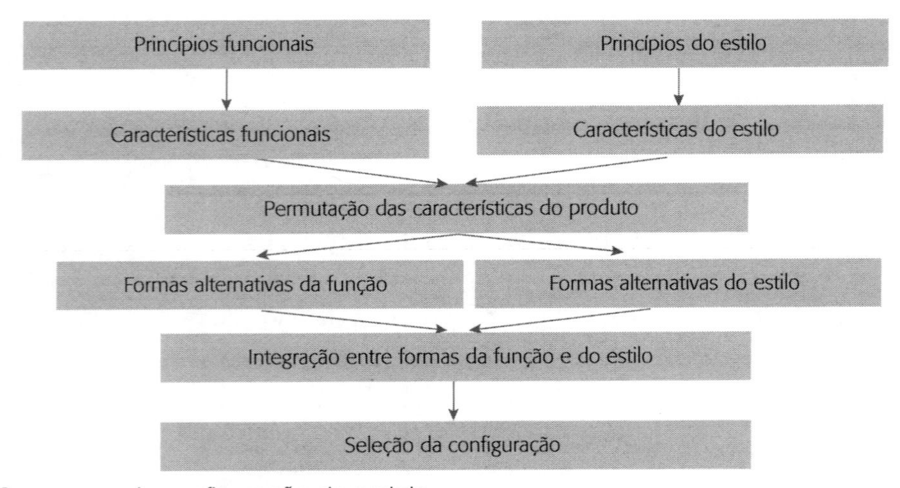

Figura 9.3 ■ O processo de configuração do projeto.

A função básica do produto já foi decidida na fase do projeto conceitual. Agora precisamos pensar em características físicas do produto que exerçam essa função. Vamos voltar ao exemplo do descascador de batatas. O projeto conceitual selecionou um novo tipo de descascador, com uma lâmina giratória (ver Capítulo 7). Depois, surgiu a ideia de colocar o mecanismo giratório no próprio cabo. Os outros conceitos, como o rolo de descascar, o lixador e o ralador de batatas, por exemplo, foram considerados como novos conceitos, mas foram rejeitados (ver Figura 7.7). Agora precisamos nos concentrar naquele conceito selecionado e pensar como ele pode ser realizado na prática.

Podem-se extrair cinco características funcionais do descascador giratório (Figura 9.4). Existe a lâmina, o limitador de profundidade, o cabo, a goiva e o mecanismo giratório. Analisando essas características, chegou-se à conclusão que a lâmina e o limitador de profundidade estavam ligados e poderiam ser considerados como peça única. Além disso, foi decidido que o mecanismo giratório deveria ser colocado entre o cabo e a lâmina, podendo ser incorporado ao próprio cabo. Com isso, as características funcionais foram reduzidas a três: o cabo, a lâmina e a goiva.

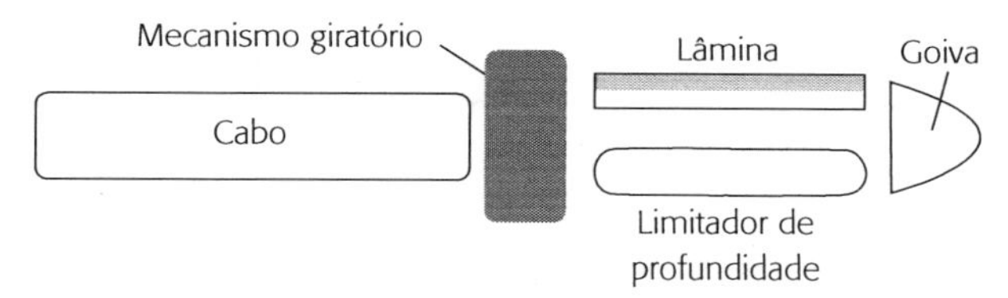

Figura 9.4 ■ Características funcionais do descascador de batatas.

PERMUTAÇÃO DAS CARACTERÍSTICAS DO PRODUTO

Podem-se fazer várias permutações entre as características do produto, para analisar as suas alternativas de arranjo. Essa técnica, desenvolvida pelo *designer* dinamarquês Eskild Tjalve,[2] é uma poderosa fonte de ideias. A Figura 9.5 mostra como as três características do descascador, cabo (H), lâmina (B) e goiva (G), podem ser arranjadas, nas diversas permutações possíveis. Nem todas as combinações são fisicamente viáveis. Como se poderia, por exemplo, embutir a lâmina no cabo e continuar a segurá-lo? Contudo, em 18 combinações apresentadas na Figura 9.5, parece que existem 6 alternativas viáveis.

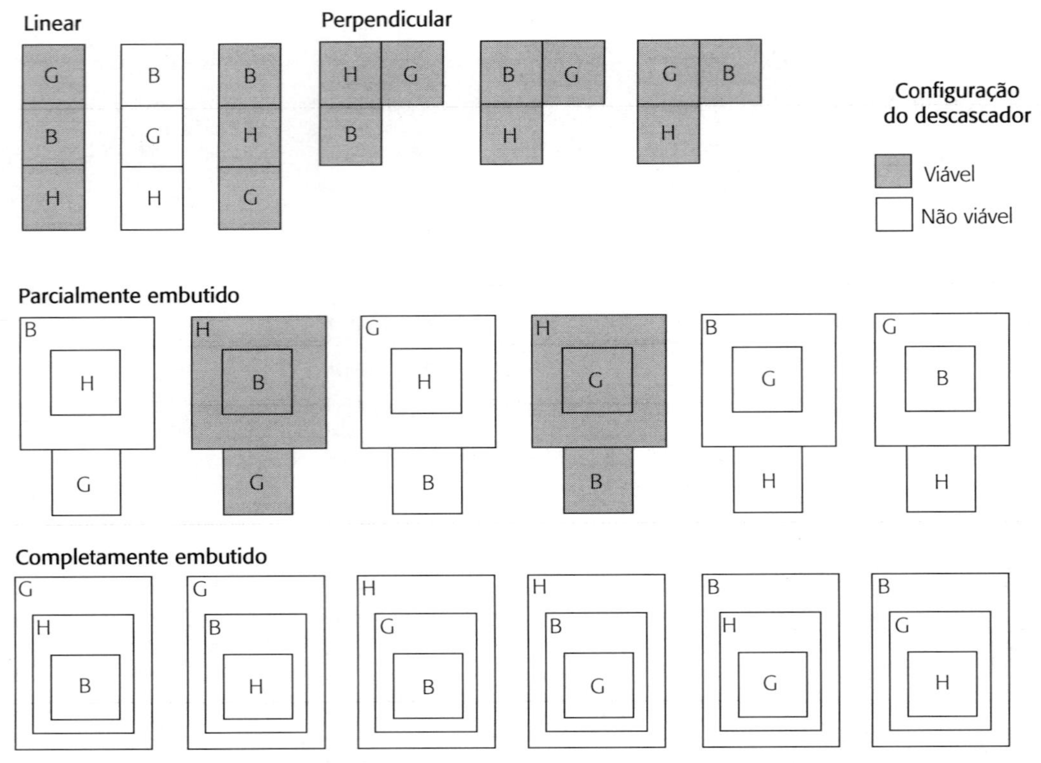

Figura 9.5 ■ Permutações possíveis entre as três características funcionais do descascador de batatas.
H = cabo;
B = lâmina;
G = goiva.

A Figura 9.6 apresenta esboços de 16 descascadores que usam as permutações consideradas viáveis. Como a Plasteck restringiu o projeto conceitual a uma lâmina móvel, com cabo, foram selecionados 9 modelos (marcados com o sinal *) para um exame posterior.

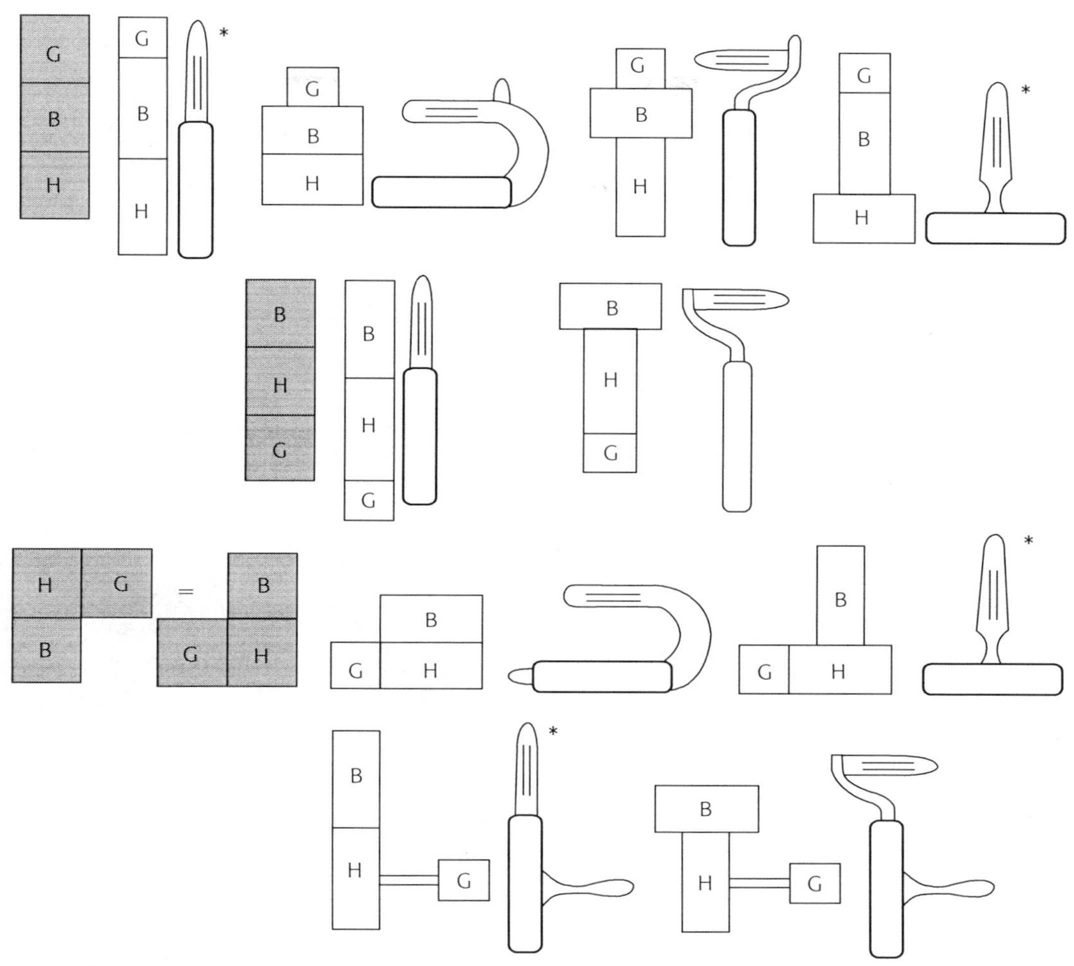

Figura 9.6 ▪ Diferentes permutações entre os componentes do descascador de batatas. Os astericos indicam conceitos mais viáveis. (*continua*)

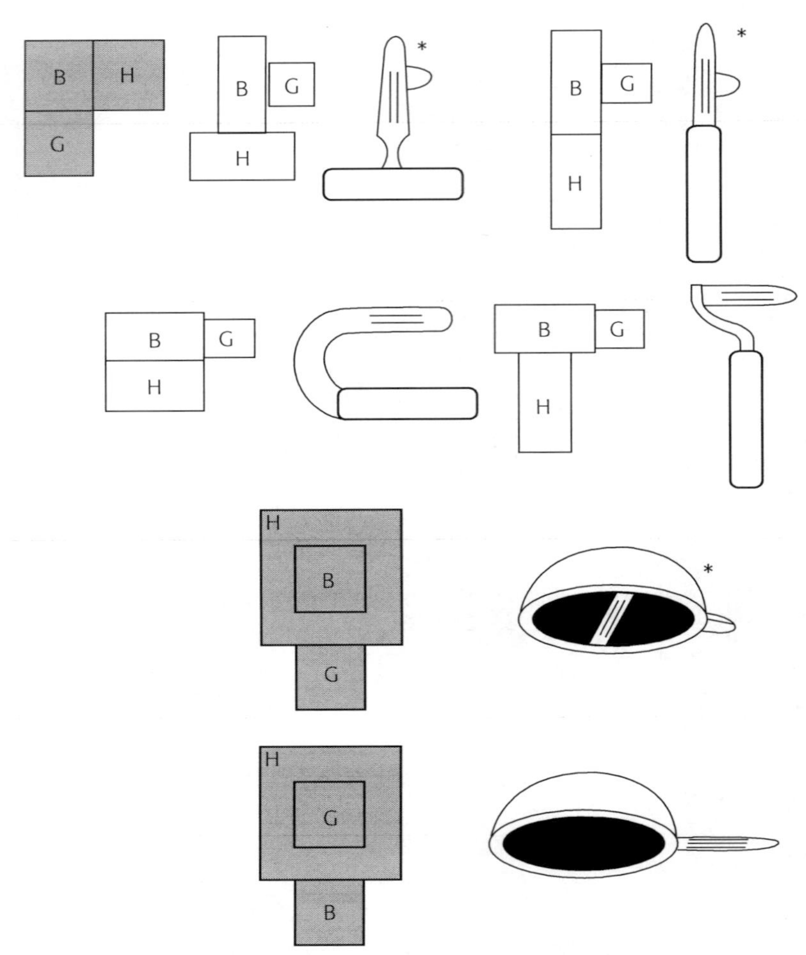

Figura 9.6 ■ Diferentes permutações entre os componentes do descascador de batatas. Os astericos indicam conceitos mais viáveis (*continuação*).

Pode-se também estimular a criatividade para a configuração empregando-se uma lista de verificação (*checklist)* para a melhoria do produto. Uma delas é apresentada na Ferramenta 11, conhecida pela sigla MESCRAI. Ela sugere "modificar, eliminar, substituir, combinar, rearranjar, adaptar ou inverter" o produto. Essa técnica é mais útil quando se pretende introduzir apenas algumas mudanças superficiais no produto. Imagine que a Plasteck já produz um modelo de descascador de batatas e pretende apenas melhorá-lo. Ela deve saber quais são as necessidades do consumidor e conhecer as reclamações mais frequentes dos mesmos, a fim de direcionar esse trabalho.

Vamos apresentar um exemplo simples de introdução de diferenciações no produto. Existem 12 tipos de descascadores oferecidos no mercado, para que o consumidor possa escolher um deles. Como a Plasteck pode diferenciar o seu produto, de modo que ele se destaque no meio dos demais? Usando-se a lista do MESCRAI, podem-se identificar 9 diferentes tipos de possíveis melhorias do produto (Tabela 9.1).

Tabela 9.1 ■ Aplicação lista MESCRAI (modificar, eliminar, substituir, combinar, rearranjar, adaptar e inverter) para desenvolver ideias de novas configurações do produto.

MESCRAI	Melhoria do descascador	Benefício
1. Modificar (aumentar)	Lâmina mais longa	Melhor para descascar batatas grandes
2. Modificar (diminuir)	Lâmina mais curta	Mais seguro dentro da gaveta
3. Modificar (curvar)	Curvar a lâmina	Acompanha a curvatura da batata
4. Eliminar	Eliminar o plástico – fazer peça única de metal	Aparência metálica mais limpa
5. Substituir	Cabo com material diferente	Cabo de borracha, mais confortável ao manejo
6. Combinar	Combinar descascador com outras funções	Descascador com escova para lavar batatas
7. Rearranjar	Ângulo de 120° com o cabo	Aperfeiçoamento ergonômico da pega
8. Adaptar	Adaptar descascador para outros usos	Descascador de batata, cenoura e pepino
9. Inverter	Goiva na base do cabo e não na ponta da lâmina	Manejo mais fácil

INTEGRAÇÃO DO PROJETO

Agora que já temos ideias para a configuração do projeto, geradas pela permutação de características do produto ou pela aplicação da lista MESCRAI, chegamos ao ponto de passarmos ao projeto físico. Todas as ideias sobre necessidades do consumidor, conceitos funcionais e de estilo e as possíveis configurações foram integradas em uma única configuração. Finalmente chegou a hora de se fazer alguma coisa que você consiga tocar, testar e até jogar fora para começar tudo de novo. Todos os *designers* ficam ansiosos para atingir essa etapa, na qual finalmente será feito o produto, principalmente se teve de passar por todos os tipos de análises apresentados nos capítulos anteriores.

O conceito da integração do projeto pode ser considerado em dois níveis diferentes: amplo e específico.

Integração no nível amplo. No nível mais amplo, a integração do projeto refere-se ao projeto de uma configuração única, englobando todos os princípios funcionais e de estilo para o novo produto. Vamos ilustrar esse conceito examinando o caso do descascador de batatas da Plasteck. Temos três princípios funcionais que devem ser incorporados ao novo descascador da Plasteck: queremos uma lâmina fixa; queremos um cabo com mecanismo giratório; queremos uma goiva que possa ser usada sem a necessidade da mão colocar-se sobre a lâmina. Temos também três princípios de estilo: o produto deve parecer limpo e higiênico; deve parecer afiado; deve parecer eficiente.

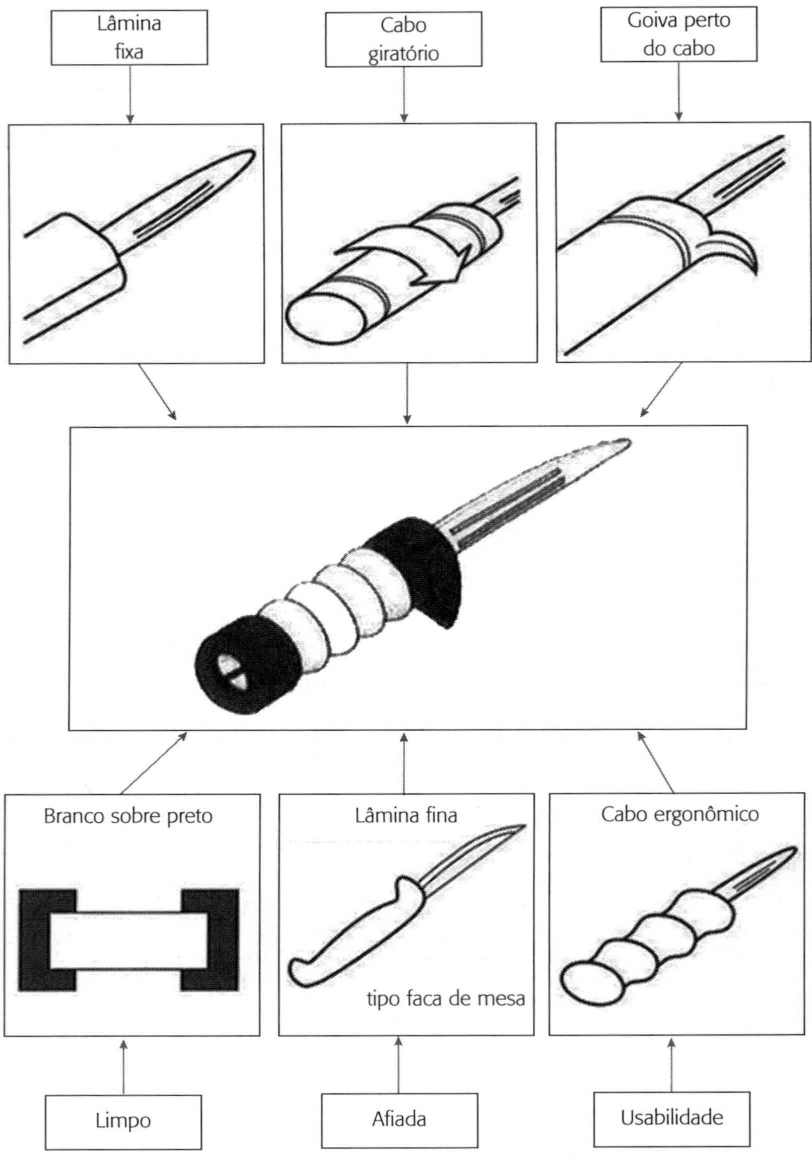

Figura 9.7 ■ Configuração do produto integrando os princípios funcionais e de estilo.

Todos esses requisitos do produto podem ser colocados nas margens de uma folha de papel em branco. O espaço que resta no meio da página fica para você começar a esboçar os produtos que satisfaçam aos requisitos escritos nas margens. Talvez você possa começar por etapas. Comece esboçando ou descrevendo os elementos do produto que atendam aos requisitos separadamente. Depois junte esses elementos para constituir um único produto. A Figura 9.7 mostra esses dois estágios para o descascador de batatas. Naturalmente, não se espera que tudo dê certo de uma só vez. Depois que você colocou os princípios funcionais e de estilo no papel (quadros nas partes superior e inferior da Figura 9.7), deixe a parte central em branco e tire 10 a 20 cópias. Use-as para gerar 10 a 20 configurações diferentes, na parte central do papel, combinando esses princípios. Use a permutação das características do produto (Figura 9.5) e a técnica MESCRAI, para ajudá-lo a encontrar essas alternativas. Para selecionar a alternativa que melhor atenda às especificações do projeto, use a matriz de avaliação (Tabela 6.3).

Integração no nível específico. Mais especificamente, integração do projeto significa incorporação de todas as características num objeto simples e mais elegante possível. O descascador de batatas não é um bom exemplo aqui porque é um produto simples, composto de um cabo injetado e uma lâmina estampada, já bem integrados. Um outro exemplo simples mas muito elegante é o projeto de um acessório para bicicleta *mountain bike.* Essas bicicletas não são equipadas com bomba de ar. A bomba de ar é vendida separadamente, e os fabricantes ganham mais dinheiro com isso. Como resultado, as *mountain bikes* não foram projetadas para carregar as bombas. Acrescentar a bomba parece ser um problema relativamente simples, do ponto de vista conceitual. Seria necessário algum tipo de mecanismo que abraçasse o tubo do quadro da bicicleta. Ele deve ser ajustável, para se adaptar aos diferentes diâmetros. Esse mecanismo deve ter também um pino que se encaixe no furo existente na extremidade da bomba. Para cada bicicleta deve haver dois fixadores desse tipo, para segurar as duas extremidades da bomba. Esses requisitos são mostrados no princípio conceitual da Figura 9.8.

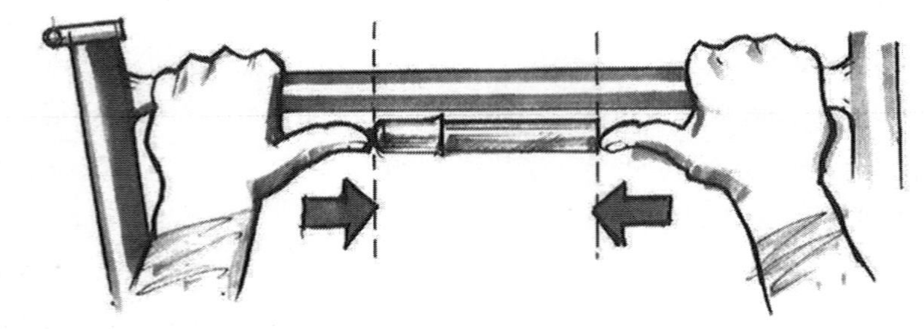

Figura 9.8 ■ O princípio conceitual do fixador da bomba de ar na bicicleta.

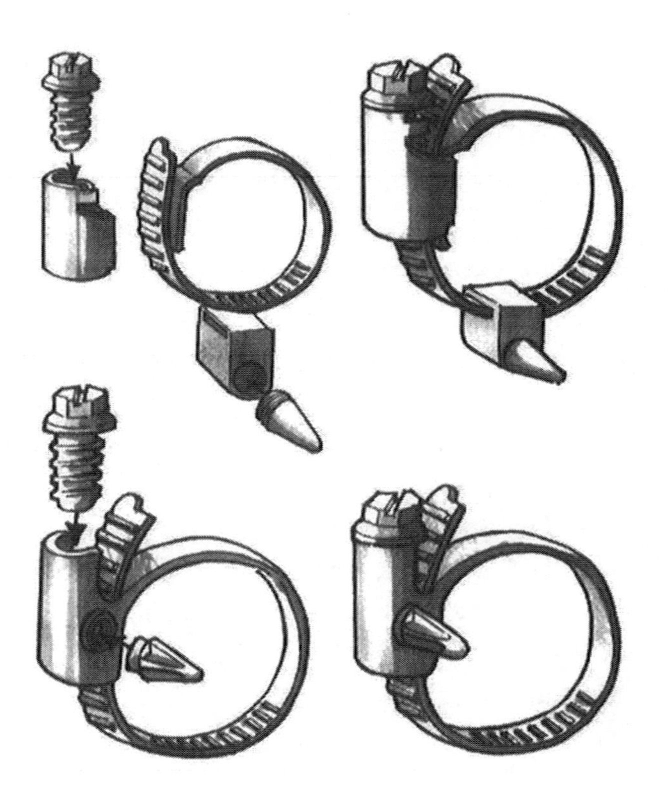

Figura 9.9 ■ As primeira ideias para integrar os componentes de um fixador de bomba de ar na bicicleta.

O primeiro esboço feito para atender a esse princípio conceitual foi uma braçadeira para fixar um par de pinos no quadro da bicicleta. Isso funcionaria bem, mas pensou-se que o projeto de configuração poderia ser mais integrado, proporcionando uma solução mais elegante ao problema. Analisando-se a braçadeira, descobriram-se 5 componentes (Figura 9.9). No primeiro estágio de integração do projeto, chegou-se à conclusão que o produto poderia ser reduzido a três componentes, juntando-se o pino ao parafuso, numa única peça moldada. O desafio era chegar a uma única peça moldada com um só molde de injeção. Isso foi conseguido, como mostra a Figura 9.10. Um único molde produz o cinto, a porca e o parafuso (Figura 9.11). O parafuso é destacado para ser colocado na posição para apertar o cinto. A Figura 9.12 mostra o produto acabado e em uso.

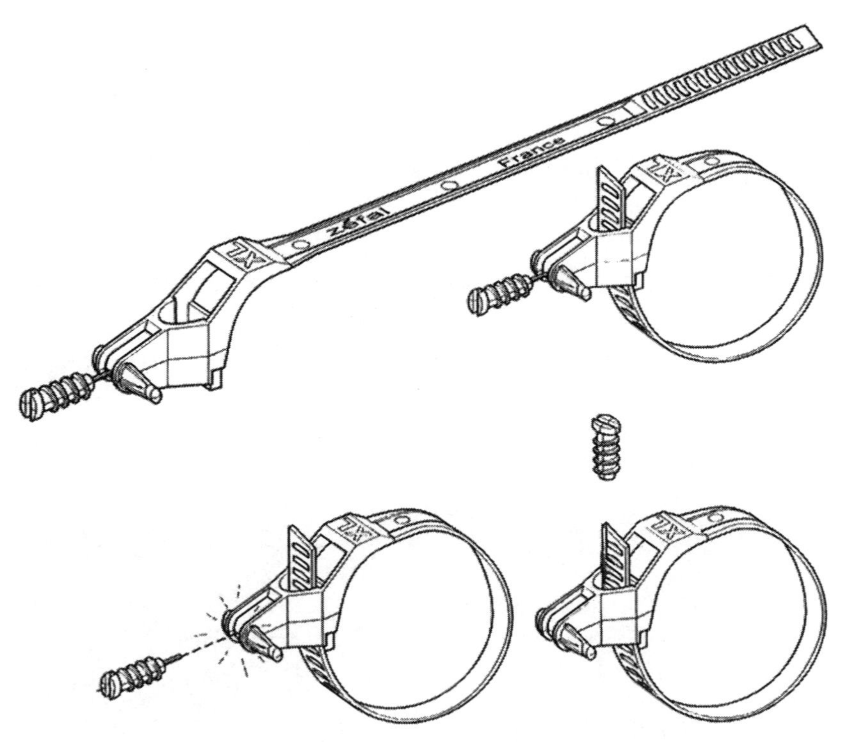

Figura 9.10 ■ Simplificação do produto para um único componente moldado.

Assim, pela integração do projeto, um produto relativamente complexo e caro foi reduzido a um produto simples, elegante e barato. Naturalmente, esse foi um exemplo relativamente simples. A integração do produto pode ser mais difícil, no caso de produtos mais complexos. Muitas vezes, os produtos complexos precisam ser decompostos em subsistemas, para que a integração possa ser feita efetivamente.

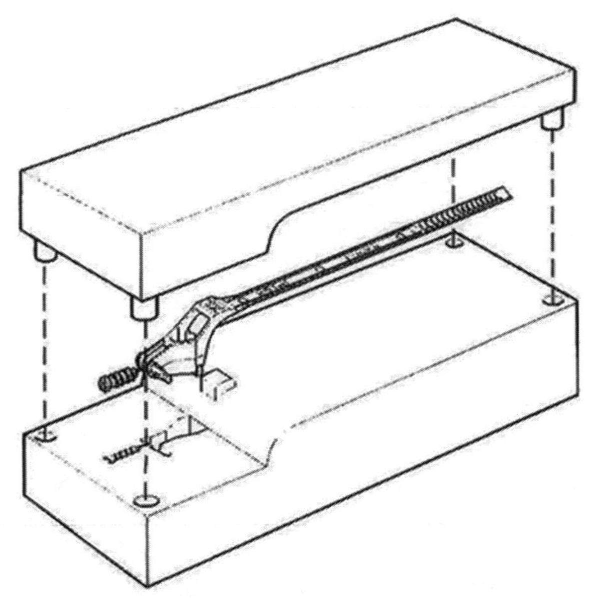

Figura 9.11 ■ O fixador pode ser produzido em um único molde de duas partes.

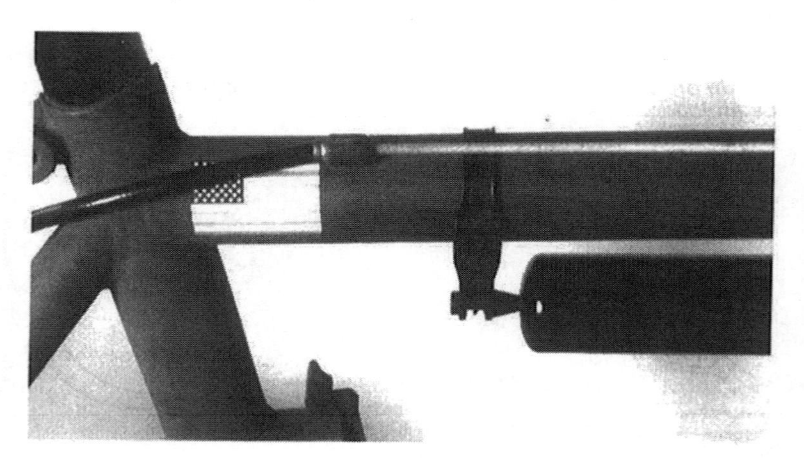

Figura 9.12 ■ Produto acabado em uso, fabricado pela Zefal, França.

O processo de configuração do projeto pode ser visto como uma espécie de funil de decisões gerenciais (Figura 9.13), semelhante ao que já foi apresentado na Figura 2.2. O controle de qualidade da configuração deve basear-se em critérios fornecidos pelas especificações de oportunidade e do projeto. Contudo, elas são transformadas em um conjunto de princípios funcionais e de estilo do projeto conceitual. Os princípios conceituais constituem as entradas para o projeto de configuração, que acontece em três etapas. Primeiro, as ideias de configuração são geradas usando-se técnicas da permutação das características do produto e a técnica MESCRAI. Segundo, as ideias geradas são integradas amplamente, juntando-se os requisitos funcionais e de estilo. Então, finalmente, as características do projeto de configuração são integradas entre si, para se constituir em peças fabricáveis, com um desenho mais simples e elegante possível.

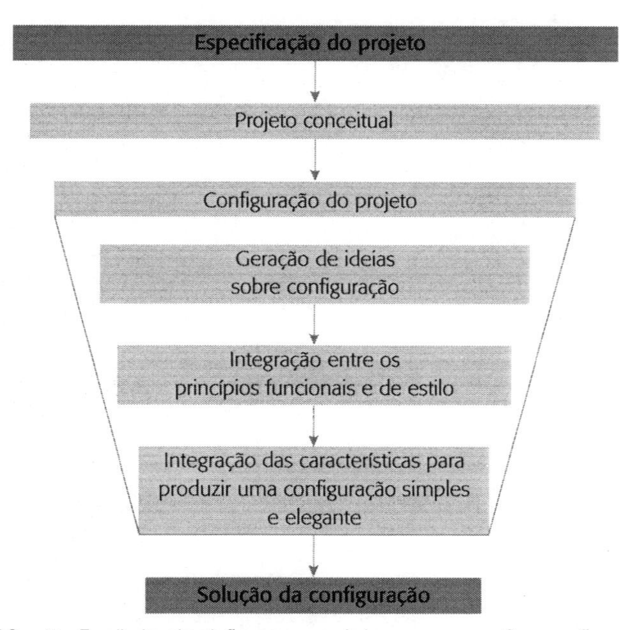

Figura 9.13 ▪ Funil de decisões gerenciais para a configuração do projeto.

▪ CONSTRUÇÃO E TESTE DO PROTÓTIPO

Tendo-se alcançado uma solução para a configuração do produto, é necessário verificar se essa solução atende aos objetivos propostos. Para isso, é necessário construir e testar o protótipo do novo produto. A construção do protótipo é importante para o desenvolvimento do produto, mas pode tomar um tempo muito grande, em relação ao valor que pode adicionar ao projeto. Muitos *designers* têm o hábito de construir protótipos para cada estágio do projeto, como forma de demonstrar que atingiram esse estágio (por exemplo, ao completar o projeto conceitual). Contudo, se esses protótipos não forem essenciais, pode ser um desperdício de tempo e de dinheiro.

Os modelos têm diversas utilidades no desenvolvimento de produtos (Figura 9.14). Pode ser um excelente meio para apresentar o novo produto aos consumidores potenciais e outras pessoas da empresa.

Pode ajudar o *designer* a desenvolver novas ideias, principalmente quando se trata de produtos com complexidade tridimensional, que dificilmente seriam visualizados no papel. Eles podem ser usados também para visualizar a integração entre os diversos componentes do produto.

<table>
<tr><th>Objetivo do modelo</th><th>Aplicações</th></tr>
<tr><td>Comunicação</td><td rowspan="4">Projetos inovadores</td></tr>
<tr><td>• com consumidores</td></tr>
<tr><td>• com gerentes</td></tr>
<tr><td>• com outros membros da equipe de projeto</td></tr>
<tr><td>Desenvolvimento do projeto</td><td rowspan="3">Formas geométricas complexas ou princípios operacionais complexos</td></tr>
<tr><td>• novas ideias sobre o projeto a partir da forma tridimensional</td></tr>
<tr><td>• muito útil para especificação da fabricação e instruções de montagem do produto</td></tr>
<tr><td>Teste e verificação do projeto</td><td rowspan="4">Redução dos riscos baseada na análise de falhas</td></tr>
<tr><td>• curto prazo: operação normal</td></tr>
<tr><td>• médio prazo: operação extrema</td></tr>
<tr><td>• longo prazo: teste de duração (vida)</td></tr>
<tr><td colspan="2">Modelos e protótipos
O termo modelo, no sentido técnico, geralmente é uma representação física ou matemática de um objeto como um aeroporto ou de um sistema abstrato ou modelo matemático, como crescimento populacional. No projeto do produto, modelo refere-se a uma representação do produto ou parte do produto. Em geral, o termo modelo é usado para representar modelos computacionais (como desenho de apresentação de um produto, feito no CAD ou programas gráficos) ou representações físicas da aparência visual dos produtos. Esses modelos para apresentação visual também são chamados de maquetes, palavra de origem francesa, que foi usado pelos escultores, para a elaboração dos modelos preliminares em gesso. Na língua inglesa usa-se o termo mock-up. O protótipo significa, literalmente, "o primeiro de um tipo". No início da era industrial, o protótipo era o produto feito pelo mestre, que depois deveria ser produzido em massa. No projeto de produtos, a palavra protótipo refere-se a dois tipos de representação dos produtos. Primeiro, no sentido mais preciso da palavra, refere-se à representação física do produto que será eventualmente produzido industrialmente. Em segundo lugar, usa-se o termo protótipo no sentido mais lato, para qualquer tipo de representação física construída com o objetivo de realizar testes físicos.
Em geral, há três diferenças entre modelos e protótipos: escala, material e funcionamento. Os modelos podem ser feitos em escala reduzida ou ampliada, enquanto os protótipos são feitos na escala natural (1:1). Os materiais dos modelos podem ser muito variados, desde papel, papelão, madeira, gesso ou espuma, enquanto o protótipo é feito com os mesmos materiais do produto final. Os modelos geralmente se destinam ao estudo formal dos objetos e não contém os mecanismos funcionais, enquanto os protótipos são dotados de todos os mecanismos, inclusive para a realização de testes de seu funcionamento.</td></tr>
</table>

Figura 9.14 ■ Uso de modelos e protótipos.

Diversos tipos de modelos do produto podem ser construídos de acordo com o objetivo. Para se estudar a forma global do produto, pode-se construir um modelo simples em papelão, argila, gesso, madeira ou espuma. Esses modelos para estudos formais, construídos com material diferente do produto final, geralmente são chamados de maquetes ou *mock-ups.* O protótipo geralmente é construído com os mesmos materiais do produto final e tem os mecanismos necessários, que o fazem funcionar (podem ser ligados à tomada). Dessa forma, são usados nos testes funcionais do produto. Uma classificação dos diferentes tipos de modelos é apresentada na Figura 9.15.

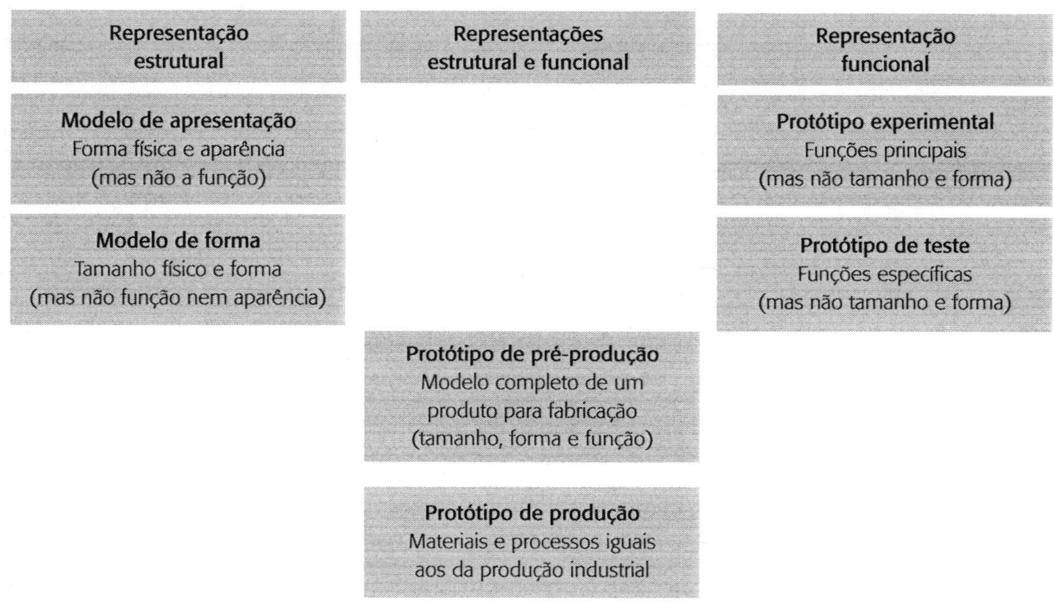

Figura 9.15 ■ Tipos de modelos usados no projeto de produtos.

PRINCÍPIOS DE DESENVOLVIMENTO DE PROTÓTIPOS

A regra geral no desenvolvimento de protótipos é: *só* **faça se for estritamente necessário**. Como já dissemos, a construção de protótipo consome tempo e dinheiro, além de desviar a atenção do grupo, que poderia estar se dedicando a outras atividades que adicionem mais valor ao produto. Assim:

- Só construa protótipo quando você esgotar todas as demais fontes de informação.
- Substitua protótipos por esboços ou desenhos de apresentação, sempre que possível.
- Desenvolva protótipo com o mínimo grau de complexidade e sofisticação, o necessário apenas para você obter a resposta que procura.

Já falamos da "regra do jogo" de Robert Cooper, no Capítulo 2. Ele sugere que as apostas devem ser baixas quando os riscos são elevados e que as apostas só devem ser aumentadas quando o risco se reduzir. Em relação à construção de protótipos, isso significa que os protótipos devem ser simples e baratos nos estágios iniciais do desenvolvimento, quando se tem pouca certeza da viabilidade comercial do produto. Essa simplicidade tem um benefício nos estágios iniciais do processo de desenvolvimento. No início, você quer verificar se os consumidores, gerentes e engenheiros de produção aceitam a sua ideia sobre o produto. Para isso, você precisa dar apenas uma ideia geral do que será o produto e como ele se diferenciará dos seus concorrentes. Isso pode ser conseguido com esboços, *rendering* ou um modelo simples em bloco. Se você apresentar um protótipo detalhado, parecendo com um produto fabricado, as pessoas opinarão sobre esses detalhes. Não está muito grande? A pega está cômoda? Será mesmo dessa cor? Naturalmente, essas são exatamente as perguntas que você **não** quer ouvir, quando está pensando apenas na viabilidade, em princípio.

À medida que o produto se desenvolve, as informações aumentam e os riscos tendem a diminuir. Surgem necessidades também de respostas a questões mais específicas. Nesse ponto, pode-se aumentar a sofisticação e complexidade dos protótipos. A Figura 9.16 mostra essa progressão e mostra diversos protótipos construídos durante o desenvolvimento de uma prancheta para segurar papel.

Etapas do projeto	Atividades necessárias	Resultados procurados	Materiais de teste
Projeto conceitual	Teste de *marketing* dos princípios funcionais e de estilo	Os princípios em que se baseiam foram bem-aceitos e os conceitos entendidos?	Esboços ou *renderings* do produto conceitual
		A inovação proposta pelo conceito é válida?	Quadro contendo informações do ponto de venda ou sobre o uso do produto
		Como se compara com os princípios de outros produtos existentes?	Modelos simples de blocos
Configuração e projeto detalhado	Desenvolvimento do projeto	Formas das peças componentes	Modelos em papelão, espuma ou madeira
	Estudo de falhas do produto	Avaliação das possíveis falhas, e correções do projeto para evitá-las	Protótipo físico e estrutural de peças ou funções de produtos, projetados para testes específicos
	Teste de fabricação e montagem	O produto fabricado e montado atende às especificações?	Componentes iguais aos que serão fabricados
	Teste de mercado	O produto oferece valor suficiente pelo preço?	Protótipo de fabricação ou produção
Desenho conceitual para teste inicial de *marketing*	Modelo em espuma para estudo da forma e componentes	Modelo em papelão para o primeiro estudo da configuração	Protótipo, como será fabricado, para teste de mercado

Figura 9.16 ■ Os protótipos podem evoluir de um modelo simples para outros mais completos, à medida que o desenvolvimento avança.[3]

■ TESTE DE FALHA DO PRODUTO

A decisão sobre uso ou não de protótipos para comunicação ou para o desenvolvimento do projeto é relativamente simples. Você sabe o que deve ser comunicado e a quem essa comunicação deve ser dirigida. Você está em condições de decidir se o esforço para construir o protótipo é compensador. Porém, a decisão sobre o uso de protótipo para teste de falha em produto é mais complicada. As falhas podem ocorrer fora do seu controle.

A abordagem clássica é feita do **particular para o geral**. Ela parte das falhas dos pequenos componentes do produto e procura extrapolar as suas consequências para o produto como um todo. Os materiais podem falhar de diversas maneiras, produzindo diferentes falhas em componentes do produto. As interações entre componentes (por exemplo, nas juntas ou ligações) também podem falhar de diversas maneiras. Esse tipo de análise pode levar a diversas dificuldades práticas. Em primeiro lugar, as falhas estão relacionadas com o tipo de uso do produto. Segundo, a análise pode prever determinadas falhas, mas que não terão forte impacto sobre o consumidor. Podem ocorrer, por exemplo, características do produto importantes para a montagem, mas que perdem importância quando os produtos já estiverem montados. Essas falhas, portanto, não terão consequências danosas ao consumidor.

No caso de produtos mais complexos como móveis, eletrodomésticos e automóveis, existem laboratórios especializados, que realizam testes, seguindo procedimentos normatizados. Muitas vezes, esses testes simulam o uso dos produtos durante toda a sua vida útil. Existem máquinas que simulam os diversos tipos de vibrações que os produtos são submetidos durante o transporte ou as condições atmosféricas desfavoráveis, como frio e calor intensos, umidade e maresia. Em muitos países, esses testes são realizados por órgãos públicos (como o Inmetro) e associações de defesa dos consumidores.

O custo desse teste pode ter um bom retorno, se considerarmos que ele pode antecipar o aparecimento de determinadas falhas, antes que os produtos cheguem ao mercado. Assim se evitam os dispendiosos *recalls* e as demandas judiciais que os consumidores podem mover contra os fabricantes, no caso de acidentes. Há também o custo intangível do "arranhão" na imagem da empresa, que pode ser muito maior e de difícil recuperação.

ANÁLISE DAS FALHAS[4]

Para superar as dificuldades anteriormente apontadas, desenvolveu-se uma metodologia de análise de falhas, que parte do **geral para o particular**. Ela começa com as funções valorizadas pelo consumidor. A seguir, identificam-se as falhas potenciais dessas funções, estimam-se as ocorrências e a gravidade dessas falhas (como elas afetam o consumidor). Tudo isso é convertido em um número indicador de risco, que representa a importância de cada tipo de falha, na percepção do consumidor. Assim, podem-se identificar os tipos de falhas esperadas, para se descobrir um meio de evitá-las, aperfeiçoamento o projeto do produto. A análise das falhas indica qual é o tipo do protótipo mais indicado para testar o produto, durante o seu desenvolvimento.

Vamos examinar como poderíamos fazer a análise das falhas para o descascador de batatas. O processo completo é longo e termina com um documento volumoso. Sendo, assim vamos examinar apenas a falha esperada de uma das funções do descascador: o novo cabo giratório. Essa análise é feita com o uso de 9 descritores de falhas, sendo que três deles são avaliados quantitativamente, na escala de 1 a 10, conforme está descrito na Ferramenta 34. Multiplicando-se as avaliações obtidas dessas três variáveis, obtém-se um valor numérico, chamado de **indicador de risco**. Na Tabela 9.2 pode-se verificar que os maiores indicadores de risco são decorrentes da sujeira, que pode ficar incrustada no mecanismo giratório, danificando o descascador e também pode bloquear o mecanismo giratório, impedindo o seu movimento.

Tabela 9.2 ▪ Análise das falhas do mecanismo giratório do cabo do descascador de batatas.

Função	Tipo de falha potencial	Causa	Ocorrências	Efeito	Gravidade	Verificação do projeto	Detecção da falha	Indicador de risco
Cabo giratório	Trava do mecanismo giratório	Rebarbas da moldagem	8	O cabo não gira	4	Precisão da matriz de moldagem	2	64
		Tolerâncias apertadas	3	O cabo não gira	4	Protótipo e teste	4	48
		Acúmulo de sujeira	6	O cabo não gira	4	Protótipo e teste	9	216
	O cabo prende a mão	Tolerâncias frouxas	3	Dor na mão	8	Protótipo e teste	4	96
	Cabo anti-higiênico	Tolerâncias frouxas	3	Descascador não utilizável	6	Protótipo e teste	4	72
		Sujeira incrustada	6	Descascador não utilizável	6	Protótipo e teste	9	324
	Mecanismo giratório se quebra	Baixa resistência ao impacto	2	Perda do movimento	4	Calcular força do impacto	3	24
		Falha na moldagem	2	Perda do movimento	4	Análise do fluxo no	3	24

O primeiro passo é realizar a análise das funções do produto. Isso já foi feito para o descascador no Capítulo 7 e foi usado na geração de conceitos. A partir disso, selecionou-se a função "cabo giratório" (inicialmente pensou-se em fazer a lâmina giratória até surgir a ideia de fazer o cabo giratório).

ESPECIFICAÇÕES PARA FABRICAÇÃO

Terminando-se a configuração do produto, com sua avaliação em relação às especificações e análise das falhas, resta elaborar as especificações para fabricação. Essas especificações dependem dos processos de fabricação a serem utilizados. Naturalmente, esses processos já devem ter sido pensados no estágio do projeto conceitual e no início da configuração. Mas agora, com a configuração do projeto acabada, devem-se produzir os desenhos técnicos e as especificações para produção. Isso significa especificar o material, as máquinas e ferramentas a serem utilizadas, e os acabamentos necessários. Deve haver também um fluxograma indicando como serão realizadas as montagens das peças.

As informações mais detalhadas sobre processos de fabricação fogem do objetivo deste livro. Podem ser encontradas em livros que tratam de processos de manufatura, como Klapakjian.[5] Existem também livros que focalizam os desenhos necessários para a produção, como Boothroyd, Dewhurst e Knight, *Product Design for Manufacturing and Assembly.*[6]

Ferramenta 33:

Conceitos-chaves da configuração

O que faz a configuração

A configuração desenvolve um protótipo completo, pronto (ou quase ponto) para a fabricação. Ela parte de um conjunto de princípios funcionais e de estilo (que resultam do projeto conceitual).

Geração e seleção de ideias

A configuração segue o procedimento básico da criatividade: gerar muitas ideias sobre possíveis soluções e então selecionar a melhor delas, em comparação com as especificações do projeto.

Integração do projeto

O sucesso da configuração depende da integração do projeto. Isso ocorre em dois níveis. Primeiro, há uma integração dos princípios funcionais e de estilo em um único produto. Segundo, há uma integração de todos os aspectos funcionais e de estilo em um projeto com o mínimo de complexidade, mínimo de peças, mínimo custo e máxima facilidade de fabricação.

Análise das falhas

Quando a melhor configuração for selecionada, realiza-se a análise das falhas, para detectar as falhas potenciais do produto. Depois, desenvolve-se o protótipo para testar as possíveis falhas, obtendo-se dados para o aperfeiçoamento do projeto, visando corrigi-las antes do produto ser colocado na linha de produção e chegar ao mercado.

Ferramenta 34:

Análise das falhas

A análise das falhas é um método para estimar as falhas potenciais de um produto, avaliando-se a sua importância relativa. Essa análise considera separadamente os tipos de falhas e seus efeitos sobre o consumidor. Esse procedimento é conhecido como "método de projeto certo da primeira vez" e procura antecipar as falhas potenciais durante o projeto, para eliminá-las antes que elas ocorram. Como resultado dessa análise, obtém-se uma lista de mudanças prioritárias, que devem ser introduzidas no produto. Como consequência, o projeto do produto pode ser aperfeiçoado ou, em caso contrário, o projeto pode ser cancelado, se forem constatadas falhas insolúveis no mesmo.

A análise das falhas procura identificar todas as possibilidades de falhas do produto durante a execução das funções para as quais foi projetado (ver Tabela 9.18). As causas de cada falha são avaliadas numa escala de 1 a 10, de acordo com as estimativas de sua **ocorrência**. A seguir, avaliam-se as **gravidades** dos efeitos dessas falhas, numa escala de 1 a 10. Depois se avalia a possibilidade de **detecção** e corrigir a falha durante uma revisão do projeto, também numa escala de 1 a 10 (o maior grau corresponde à baixa possibilidade de detecção). Tendo-se essas três avaliações (ocorrência, gravidade e detecção), pode-se calcular o **indicador de risco**, multiplicando-se as mesmas. Por exemplo, se uma ocorrência for de 5, a gravidade 2 e a possibilidade de detecção 7, o indicador de risco será 5x2x7 = 70. Finalmente, pode-se elaborar uma lista de recomendações para eliminar as causas da falha, levando em consideração o indicador de risco para priorizar as ações.

Elementos da análise de falhas

O objetivo da análise de falhas é a identificação da falha potencial do produto, fazendo- se uma avaliação dos mesmos, para se chegar ao indicador de risco de cada tipo de falha. Para isso, são considerados os seguintes elementos.

1. **Análise das funções do produto**. A falha de um produto, no sentido amplo, é a não realização de uma função. Portanto, a primeira etapa da análise de falhas é a análise de funções, usando o método descrito na Ferramenta 29.

2. **Tipo de falha potencial**. As funções identificadas são examinadas uma a uma. Para cada função, identificam-se os tipos de falhas possíveis. Um tipo de falha é descrito com duas ou três palavras, expressando o modo como a função deixaria de ser executada. As falhas são descritas em termos físicos — o que o produto "faz" ou "não faz" para falhar. Para muitas funções do produto, podem existir muitos tipos de falhas. Por exemplo, o alarme de um instrumento eletrônico tem a função de "dar o alarme". Ele pode apresentar várias modalidades de falha: "falha na ativação", "ativação indevida", "som inaudível" ou "falha na reativação".

3. **Causa da falha**. Podem existir muitas causas para um tipo de falha do produto. No exemplo do alarme de um instrumento eletrônico, a falha "ativação indevida" pode ser causada por um sensor que é acionado por uma ligação errada ou um curto-circuito. As causas devem ser descritas em termos físicos e de maneira resumida. Em geral, as causas das falhas em produtos são de dois tipos. Primeiro, devido a produtos ou componentes fabricados ou montados incorretamente, ou seja, fora das especificações. Segundo, as falhas podem ocorrer também nos produtos fabricados de acordo com as especificações.

4. **Ocorrência da falha**. As diferentes possibilidades de ocorrência das falhas no produto são avaliadas em uma escala de 1 a 10, da mesma maneira que a gravidade da falha (veja item 6). Quando a probabilidade de falha for elevada, a nota atribuída deve ser alta, pois constitui uma debilidade maior do produto. Sempre que for possível, essas ocorrências devem ser quantificadas, por exemplo, 1 falha em 1000 operações ou 1000 horas de funcionamento.

Escala de ocorrência de falhas

Avaliação	1	2	3	4	5	6	7	8	9	10
	Quase nunca									Quase sempre

5. **Efeito das falhas**. Uma falha provoca uma consequência, que geralmente é percebida pelo consumidor. Existem muitos efeitos possíveis de uma falha e eles podem ser classificados em uma ordem hierárquica aproximada: 1) afeta uma parte ou componente do produto (ex.: começa a vibrar); 2) afeta o produto inteiro (ex.: para de funcionar); 3) afeta o consumidor (ex.: risco de acidentes ou insatisfação do consumidor); 4) o efeito vai além do consumidor (ex.: risco de incêndio, poluição atmosférica). A descrição do efeito da falha deve ser tão concisa quanto possível, embora deva apresentar informação suficiente para a avaliação de sua gravidade. Um aquecedor elétrico, por exemplo, que apresente um "risco de queima", significaria queimar a ponta do dedo do usuário ou teria o risco de incendiar a casa inteira?

6. **Gravidade da falha**. A gravidade da falha é avaliada numa escala de 1 a 10, sendo 1 para efeitos insignificantes e 10 para efeitos desastrosos. Pode-se preparar uma escala, com descrições de falhas de

diferentes gravidades. Entretanto, haverá diferenças significativas para produtos de tipos diferentes. Considere, por exemplo, as consequências mais severas para a falha de um clipe de papel e, por outro lado, de uma usina nuclear! A seguir, se apresenta uma tabela com exemplo de uma escala de gravidade:

Escala de gravidade	Nota
Séria lesão pessoal (requer atendimento médico)	10
10 Moderada lesão pessoal (requer primeiros socorros)	9
Pequena lesão pessoal (não requer atenção)	8
Falha irreparável na função principal do produto	7
Falha corrigível na função principal do produto	6
Operação intermitente	5
Inconveniente/desconfortável ao uso (evita o uso)	4
Falha irreparável na função secundária do produto	3
Falha corrigível na função secundária do produto	2
Inconveniente/desconfortável ao uso (irritação)	1

7. **Verificação do projeto**. A falha do produto pode ter diferentes significados e o problema deve ser descoberto antes de chegar ao consumidor. Isso dá a oportunidade de corrigir o problema ou substituir o produto. A verificação do projeto tem o objetivo de identificar as falhas do projeto e suas causas. Essa verificação pode ser feita no papel, em comparação com outros casos conhecidos ou aplicando-se critérios de segurança. As resistências de diferentes tipos de materiais, por exemplo, podem ser encontradas em tabelas. Pode-se verificar o comportamento de uma peça submetida a um esforço, com os cálculos de engenharia. Entretanto, a verificação mais comum se realiza no modelo físico, com teste do produto, antes que ele deixe a fábrica. Isso pode ser um simples teste de operação (por exemplo, ligando o interruptor para verificar se a máquina funciona), até um teste mais complexo e demorado, como o teste de durabilidade (quantas vezes o produto pode ser ligado e desligado, antes de falhar). De preferência, esses testes devem simular o uso que os consumidores farão do produto. Também não adianta inventar testes simulando usos que jamais serão feitos no produto.

8. **Detecção da falha**. Avalia-se a possibilidade de detectar uma falha, em uma escala de 1 a 10. As falhas "quase certas de serem detectadas" são avaliadas em 1, e as falhas "quase impossíveis de serem detectadas" recebem avaliação 10.

9. **Indicador de risco**. O indicador de risco é um número que resume todas as informações coletadas sobre as falhas do produto. Ele é obtido pela multiplicação das três notas obtidas: (gravidade, ocorrência, e detecção). O indicador de falha cresce com o aumento da gravidade da falha, com maior ocorrência das falhas e dificuldade crescente em detectar as falhas. Representa o risco do fabricante, e quanto maior for o seu valor, maior e mais urgente será a necessidade de uma medida preventiva ou corretiva.

NOTAS DO CAPÍTULO 9

1. O livro mais didático sobre a configuração do projeto é Pahl, G. e Beitz, W., *Projeto na Engenharia: Fundamentos do Desenvolvimento Eficaz de Produtos – Métodos e Aplicações.* São Paulo: Blucher, 2005.
2. A permutação das características do produto é uma técnica criada por Tjalve, E., *A Short Course in Industrial Design.* London: Newnes-Butterworths, 1979 (da p. 19 em diante).
3. Os esboços e o protótipo mostrados foram desenvolvidos no DRC, baseados na ideia de um inventor, dentro do Programa Brunel de Inventores.
4. A análise de falhas é descrita em O'Connor, RD.T., *Practical Reliability Engineering* (3ª ed.) Chichester, UK: Wiley, 1991. Uma aplicação deste modelo é apresentada no Dale, B. G., e Shaw, P., *Failure Modes and Effects Analysis: a Study of its Use in the Motor Industry.* Manchester, UK, Manchester School of Management, 1989.
5. Klapakjian, S., *Manufacturing Engineering and Technology* (2ª ed.) Reading, Massachusetts: Addison-Wesley Publishing Co., 1992.
6. Boothroyd, G., Dewhurst, P. e Knight,W., *Product Design for Manufacturing and Assembly.* New York: Mareei Dekker Inc., 1994.

Bibliografia

ABEYSEKERA, J. D. A. E SHAHNAVAZ, H., Body Size Variability Between People in Developed and Developing Countries and its Impact on the Use of Imported Goods, *International Journal of Industrial Ergonomics.* 1989,4:139-149.

AMERICAN SUPPLIER INSTITUTE INC., *Quality Function Deployment: Practioner Manual.* Dearbourn, Michigan: American Supllier Institute, 1992.

ANGIER, R. P., The aesthetics of unequal division. *Psychological Monographs,* Suplementos, 1903.4:541-561.

ASHALL, F., *Remarkable Discoveries.* Cambridge: Cambridge University Press, 1994.

ASHBY, P., *Ergonomics Handbook 1: Body Size and Strength.* Pretória: SA Design Institute, 1979.

BEECHING, W. A., *Century of the Typewriter.* London: Heinemann Ltd. 1974.

BELBIN, M.R., *Management Teams: Why they Succeed or Fail.* Oxford: Butterworth Heinemann Ltd., 1994.

De BONO, E., *Serious Creativity.* London: Harper Collins Publishers, 1991.

BOOTHROYD, G., DEWHURST, P. e KNIGHT, W., *Product Design for Manufacturing and Assembly.* New York: Marcel Dekker Inc., 1994.

BOOZ-ALLEN AND HAMILTON INC., *New Product Management for 1980's.* New York: Booz-Allen and Hamilton Inc., 1982.

BSI, *Guide for Managing Product Design – BS 7000,* London: British Standards Institution, 1989.

BRIDGER, R. S., *Introduction to Ergonomics*, New York: McGraw-Hill Inc., 1995.

BRUCE, V. e GREEN, P., *Visual Perception: Physiology, Psychology and Ecology* (2ª ed.). London: Lawrence Erlbaum Associ. 1990.

CHURCHILL, G. A. Jr., *Basic Marketing Research* (2ª ed.) USA: The Dryden Press, 1992.

COOK, T. A., *The Curves of Life,* London: Constable & Co., 1914.

COOPER, R. G., *Winning at Nezu Products,* Boston: Addison-Wesley Publishing Co., 1993.

CROZIER, R., *Manufactured Pleasures: Psychological Responses do Design.* Manchester, UK: Manchester University Press, 1994.

DALE, B. G. e SHAW, P., Failure Modes and Effect Analysis: A Study of its Use in the Motor Industry. Manchester: Manchester School of Management, 1989.

DAVIS, G. A. e SCOTT, J. A., *Training Creative Thinking,* New York: Holt, Rinehart and Winston Inc., 1971.

DESIGN COUNCIL, *UK Product Development: A Benchmarking Survey.* Hampshire, UK: Gower Publishing, 1994.

DIAMANTOPOULOS, A e MATHEWS, B., *Making Pricing Decisions: A Study of Managerial Practice.* London: Chapman & Hall, 1995.

FECHNER, G. T., *Vorschule der Aesthetik.* Leipzig: Breitkopf & Hartel, 1876.

FOX, M. J., *Quality Assurance Management,* London: Chapman & Hall, 1993.

FREEMAN, C., *The Economics of Industrial Innovation* (2ª ed.). London: Francis Pinter Publishers, 1988.

GALER, I. *Applied Ergonomics Handbook* (2ª ed.). London: Butterworths, 1987.

GORDON, W. J. J., *Synectics,* New York: Harper & Row, 1961.

GOULD, S. J., The Pandas Thumb: More Reflections in Natural History. London: Penguin Books, 1980.

GREENHALGH, R *Quotations and Sources on Design and the Decorative Arts.* Manchester, UK: Manchester University Press, 1993.

GRUENWALD, G., *New Product Development.* Lincolnwood, Illinois, NTC Business Books, 1988.

GRIFFIN, A e HAUSER, J. R., The Voice of the Customer, *Marketing Science,* 1993, Vol. 12.

HARGITTAI, I. e HARGITTAI, M. *Simmetry: a Unifying Concept.* Bolinas, California: Shelter Publications Inc.: 1994.

HAUSER, J. R. e CLAUSING, D., The House of Quality. *Harvard Business Review,* 1988, 66: 63-73.

HENDERSON, S., ILLIDGE, R e McHARDY, P, *Management for Engineers,* Oxford, UK: Butterworth Heinemann Ltd., 1994.

HENRY, J. e WALKER, D., (ed.) *Managing Innovation.* London: Sage Publications Ltd., 1991.

HIGBEE, K. L. e MILLARD, R. J., Visual Imagery and Familiarity Ratings for 203 Sayings. *American Journal of Psychology,* 1983, 96:211-222.

HINDE, R. A., The Evolution of Teddy Bear, *Animal Behaviour,* 1987.

HOLLINS, B e PUGH, S., *Successful Product Design.* London: Butterworth & Co., 1987.

HUNTLEY, H. E., *The Divine Proportion: a Study in Mathematical Beauty.* London: Dover Publications Ltd., 1970.

INGRASSIA, P. e WHITE, J. B., Comeback: The Fali and Rise of the American Automobile Industry. New York: Simon & Schuster, 1994.

INWOOD, D. e HAMMOND, *J., Product Development: An Integrated Approach.* London: Kogan Page Ltd., 1993.

JOHNSON, G. e SCHOLES, K. *Exploring Corporate Strategy.* London: Prentice Hall, 1993.

KANIZSA, G., Organisation in Vision: Essays on Gestalt Perception. New York: Preager, 1979.

KLAPAKJIAN, S., *Manufacturing Engineering and Technology* (2ª ed.), Reading, Massachusetts: Addison-Wesley Publishing Co., 1992.

KENJO, T., *Electric Motors and their Controls.* Oxford: Oxford University Press, 1991.

KHATENA, J., The use of Analogy in the Production of Original Verbal Images. *Journal of Creative Behaviour,* 1972, 6: 209-213.

KOESTLER, A. *The Act of Creation,* London: Hutchinson & Co., 1964.

KOFFKA, K. *Principies of Gestalt Psychology.* New York: Harcourt Brace, 1935.

KOHLER, W., Gestalt Psychology: an Introduction to New Concepts in Modem Psychology. New York: Liveright Publishing Company, 1947.

KRIPPENDORF, K. e BUTTER, R. Where meanings escape functions. *Design Management Journal'*, Primavera 1993, 29-37.

LAWSON, B., *How Designers Think* (2ª ed.), London: Architectural Press, 1994.

LEWALSKI, Z. M., *Product Esthetics: an Interpretation for Designers.* Carson City, Nevada: Design & Development Engineering Press, 1988.

LORENZ, C., *The Design Dimension.* Oxford: Basil Blackwell, 1986.

LORENZ, K., *Studies in Human and Animal Behaviour,* Vol. 2. London: Methuen & Co., 1971.

MARROQUIN, J. L., *Human Visual Perception of Structure.* M.Sc. Thesis. Boston: Massachusetts Institute of Technology, 1976.

MARRAS, W.S. e KIM, J.Y., Anthropometry of Industrial Populations. *Ergonomics,* 1992,36: 371-378.

McCULLOCH, W. S., *Embodiments of Mind.* Cambridge, Massachusetts: The MIT Press, 1960.

MINGO, J., *Hoia the Cadillac Go its Fins.* New York: Harper Business, 1994.

MINTEL MARKETINTELLIGENCE, *Cookware,* London: Mintel International Group, julho 1992, 8-9.

MOORE, W. L. e PESSEMIER, E. A, Product Planning and Management: Designing and Delivering Value. New York: McGraw-Hill Inc., 1993.

MORITA, A., Selling to the World: the Sony Walkman Story. *In* Henry, J. e Walker, D. (ed.), *Managing Innovation* London: Sage Publications Ltd., 1991.

MORRIS, W. C. e SASHKIN, M., Phases of Integrated Problem Solving (PIPS). *In* Pfeiffer, J. W. e Jones, J. E. (ed.), *The 1978 Handbook for Group Facilitators.* La Jolla, California: University Associates Inc., 1978, p. 105-116.

NAYAK, PR. KETTERINGHAM J. M. e LITTLE, A. D., *Breakthroughs!* Didcot, Oxfordshire, UK: Mercury Business Books, 1986, p. 29-46.

O'CONNOR, P. D. T., *Practical Reliability Engineering* (3ª ed.). Chichester, UK: Wiley, 1991.

PALMER, A. e WORTHINGTON, I., *The Business and Marketing Environment,* Berkshire, UK: McGraw-Hill, 1992.

PAGE, A. L., *New Product Development Practices Survey: Performance and Best Practices.* Artigo apresentado na PDMA 15th Annual Conference, Outubro, 1991.

PAHL, G. e BEITZ, W., *Engineering Design: a Systematic Approach.* London: Design Council, 1987.

PHEASANT, S., *Ergonomics: Standards and Guidelines for Designers.* Milton Keynes, UK: British Standards Institute, 1987.

PICKFORD, R. W., *Psychology and Visual Aesthetics.* London: Hutchinson Educational Ltd., 1972.

PROCTOR, T., Product Innovation: the Pitfalls of Entrapment. *Creativity and Innovation Management,* 1993, 2: 260-265.

PUGH, S., Total Design: Integrated Methodsfor Successful Product Engineering. Workingham, UK: Addison-Wesley Publishing Co., 1991.

REINERTSEN, D. G., Whodunnit? The Search for new Product Killers. *Electronic Business,* Julho 1983.

SCHNAARS, S. P., *Managing Imitation Strategies,* New York: The Free Press, 1994.

SMITH, P. G. e RHEINERTSEN, D.G., *Developing Products in Half the Time,* New York: Van Nostland Reinhold, 1991.

STARCK, P. (Texto de Olivier Boissiere), *Starck,* Koln, Germany: Benedict Taschen & Co., 1991.

SULLIVAN, L. P., Quality Function Deployment. *Quality Progress,* Junho 1986,39-50.

THAMIA, S. e WOODS, M. F., A Systematic Small Group Approach to Creativity and Innovation, *R&D Management* 1984,14:25-35.

THURSTON, J. B. e CARRAHAR, R. G., *Optical Illusions and the Visual Arts,* New York: Van Nostland Reinhold, 1986.

TJALVE, E., *A Short Course in Industrial Design* London: Newnes-Butterworths, 1979.

ULRICH, K. T. e EPPINGER, S. D., *Product Design and Development.* New York: McGraw-Hill, 1995.

URBAN, G. L. e HAUSER, J. R., *Design and Marketing of New Products* (2ª ed.). Englewood Cliffs, New Jersey: Prentice Hall Inc., 1993, p. 357-378.

UTTAL, W. R., *On Seeing Forms.* London: Lawrence Erlbaum Associates Inc., 1988.

VAN GUNDY, A., *Techniques of Strutured Problem Solving.* (2ª ed.), New York: Van Nostland Reinhold, 1988.

VON OECH, R., *A Whack on the Side of the Head: How you can be More Creative.* Wellingborough, UK: Thorsons Publishing Group, 1990.

WALLAS, G., *The Art of Though.* New York: Harcourt, 1926.

WALSH, V. ROY, R. BRUCE, M., e POTTER, S., Winning by Design: Technology, Product Design and International Competitiveness. Oxford, UK: Blackwell Business, 1992.

WATERMAN, R. H. Jr., *Adhocracy: The Power to Change.* Knoxville, Tennessee: Whittle Direct Books, 1990.

WHEELWRIGHT, S. C. e CLARK, K. B., Revolutionising Product Development: Quantum Leaps in Speed, Efficiency and Quality. New York: Free Press, 1992.

WHICH? Sitting Safely, *Which?* (Revista da associação de consumidores). Agosto 1993, 34-38.

ZANGWILL, W. I., *Lightning Strategies for Innovation.* New York: Lexington Books, 1993.

Índice